战略性新兴领域"十四五"高等教育系列教材

智能制造业新模式新业态

U0241050

主　编　于　颖　刘丽兰

副主编　施战备　唐　堂　王　亮

参　编　杨　敏　樊蓓蓓　任　彬　许鸿伟

　　　　张文娟　段春艳

机械工业出版社

本书围绕智能制造业新模式新业态进行讲解,分析了在新一代人工智能技术引领下,制造业模式与业态的演进趋势,以及新模式新业态的支撑技术,重点介绍了智能服务、网络协同制造、大规模个性化定制、服务型制造及智能运维服务等模式的内涵、特点及关键技术,并以近年世界及我国的智能制造科技进展作为案例,具体说明了新模式新业态在不同行业的应用。全书体系完整、主线清晰,是智能制造工程专业课程体系的一部分。

本书既可作为智能制造工程本科专业必修课程的教材,也可作为其他专业学生选修智能制造课程的教材以及智能制造企业人员的培训教材。

图书在版编目(CIP)数据

智能制造业新模式新业态 / 于颖,刘丽兰主编.
北京 : 机械工业出版社,2024.12. -- (战略性新兴领域"十四五"高等教育系列教材). -- ISBN 978-7-111-76745-9

Ⅰ. TH166
中国国家版本馆 CIP 数据核字第 20240CK009 号

机械工业出版社(北京市百万庄大街22号 邮政编码100037)
策划编辑:余 皞 责任编辑:余 皞 何 洋
责任校对:刘雅娜 张 征 封面设计:严娅萍
责任印制:郜 敏
三河市航远印刷有限公司印刷
2024年12月第1版第1次印刷
184mm×260mm·12印张·287千字
标准书号:ISBN 978-7-111-76745-9
定价:42.00元

电话服务 网络服务
客服电话:010-88361066 机 工 官 网:www.cmpbook.com
          010-88379833 机 工 官 博:weibo.com/cmp1952
          010-68326294 金 书 网:www.golden-book.com
封底无防伪标均为盗版 机工教育服务网:www.cmpedu.com

在新一代信息技术特别是人工智能技术的引领下，制造业的生产技术、组织方式、管理方式及竞争策略都将面临重大调整，为制造业新模式新业态的形成与发展提供了可能。制造业在实践中不断涌现因开展智能服务而产生的新模式新业态，并逐步向多领域拓展。我国《"十四五"智能制造发展规划》中，将培育推广智能制造新模式作为开拓制造业转型升级的新路径。2024 年《工业和信息化部等七部门关于推动未来产业创新发展的实施意见》中围绕制造业主战场加快发展未来产业，提出要开拓新型工业化场景，面向设计、生产、检测、运维等环节打造应用试验场，加快推动产业链结构、流程与模式重构，开拓未来制造新应用，加快建设多元化未来制造场景，以场景创新带动制造业转型升级。智能制造可以有效促进产业和资源要素深度融合，推动形成以科技为引领的新质生产力，为制造业高端化、智能化、绿色化发展提供有力支撑。

人才培养是实现智能制造的关键，是实现制造强国的基础。本书是战略性新兴领域"十四五"高等教育系列教材之一，对应智能制造工程专业课程体系中的"智能服务与制造新模式"部分。本书围绕开展智能服务而产生的新模式新业态进行介绍，意在使读者掌握智能制造业新模式新业态的内涵、特点，理解其演进趋势，掌握实现智能制造业新模式新业态的支撑技术及关键技术，具备对新模式新业态开展探索、创新学习的能力。本书可以配合项目管理、综合实践等环节，对其中一种新模式新业态开展小组合作模式的项目设计、课程设计，以提高学生对相关技术的运用能力，并深刻理解新模式新业态在智能制造中的作用。

全书共 6 章，由于颖、刘丽兰构思全书的框架和大纲，并在编写组集体研讨基础上细化了各章结构。第 1 章绪论引出以智能服务为核心的新模式新业态，是全书的体系指引，由于颖、张文娟、段春艳编写；第 2 章介绍智能制造新模式新业态的支撑技术，包括传感器、物联网、新一代通信网络、人工智能等技术，由王亮、施战备编写；第 3 章从制造与服务的关系入手，围绕智能服务内涵、特征、进展、框架、模式等展开，由任彬、刘丽兰编写；第 4 章由许鸿伟、施战备编写；第 5 章由樊蓓蓓编写；第 6 章由唐堂编写。数字资源的制作由于颖、杨敏完成。

本书的编写得到了国内众多专家学者及兄弟单位的支持，感谢福建理工大学搭建虚拟教研室及会议研讨平台，感谢同济大学陈明教授、上海犀浦智能系统有限公司陈云教授参加编写研讨，感谢中国机械工程学会提供的数字资源，感谢余皞主任和机械工业出版社为本书出版付出的努力，感谢本书编写中参考的各类文献和资料的作者及其单位。在本书编写过程中，同济大学机械与能源工程学院傅前亮、魏小涛、唐新元、王鸿浚、邵颖诗、董元泉、蒋福琦、周涵等同学，上海大学机电工程与自动化学院孙衍宁、陈群龙、许珂迪、仵梦晗、任鹏宇等同学参与了部分章节资料的收集工作，在此一并致谢！

　　鉴于编者对智能制造业新模式新业态理解和认识的局限，书中错误在所难免，敬请读者批评指正。

编　者

目　录

教学大纲

知识图谱

绪 论

1.1 智能服务概述

1.1.1 服务是制造业产品全生命周期的重要组成部分

新一轮科技革命和产业变革蓬勃发展，推动传统产业打破边界，形成具有更高效率、更高价值的新型产业形态。通过相互嵌入、衍生、转化、合成、赋能，制造业产业结构逐渐向"制造 + 服务""产品 + 服务"转型升级，成为全球经济增长和现代产业发展的重要趋势。服务型制造是先进制造业和现代服务业深度融合的重要方向。作为智能制造的延伸，智能服务是服务型制造的重要模式之一，是制造业产品全生命周期的重要组成部分。

全生命周期管理是在产品生命周期管理（Product Lifecycle Management，PLM）和服务生命周期管理（Service Lifecycle Management，SLM）基础上演化而来的服务型制造发展新理念。全生命周期管理作为一种服务模式，能够助力服务型制造协同创新，提升全生命周期服务水平。全生命周期管理的内涵包括以下三点：

1）体现从产品导向到客户流程导向的服务拓展。产品导向型服务注重产品的功能服务（如零部件更换、维修等）、使用服务（如预防性维护、远程监测等）及效用相关服务（如节能环保等）。客户流程导向型服务更加以客户为中心，侧重产品与服务的无缝对接。

2）注重产品生命周期管理与服务生命周期管理的整合。制造业企业的产品和服务不再是孤立的对象，而是不可分割、互为依托，构成一个系统，即产品服务系统（Product Service System，PSS）。制造业企业从卖产品向卖产品服务系统的商业范式转变。

3）强调利用新一代信息通信技术打造产品数字孪生体和数字化平台。以 5G、工业互联网、大数据和人工智能等为代表的新一代信息通信技术正在加速向工业制造领域渗透，通过系统构建网络、平台、安全体系，打造人、机、物全面互联，加速产品与服务的融合，并加快线下物理产品、服务组合与线上数字虚体、服务组合的互动。

1.1.2 智能服务是一种新型服务形式

智能服务是传统服务、数字化服务以及多种数智技术的组合，其核心特征是基于数据、基于平台、以人为本，可以帮助企业实现商业模式的变革，促进服务型制造模式的发展。工业智能服务主要包括以下几种类型：

1. 基于物联网应用的预防性维修维护服务

在这方面应用得比较成熟的是设备制造商，他们通过传感器与物联网技术，及时采集设备数据、监测设备状态，为客户提供预防性的主动服务，确保用户的关键设备正常运行；并通过帮助客户及时更换备品备件带动销售；还通过分析产品运行的状态，帮助客户带来商业机会。

2. 面向客户的个性化服务

企业通过开发面向客户服务的 App，促进客户购买除智能硬件产品本身以外的附加内容与服务，实现产品功能的升级；并通过随时跟踪客户的需求，提供个性化服务以拓展商机。

3. C2B 模式的个性化定制服务

基于互联网和模块化设计思维，为客户提供产品的个性化定制。目前，这种服务形式在家具、服装等行业应用广泛，汽车行业也开展了一些尝试，如某些汽车车型实现了个性化定制，定制参数包括颜色、外观装饰、内饰、发动机、天窗等。

4. 基于互联网的制造外包和服务外包

这种形式通过将企业闲置的设计、制造、检测、试验、维修维护、设备租赁、3D 打印、工程仿真和个性化定制等服务借助互联网平台发布出去，承接外包服务，使资源得到充分利用，从而实现服务双方的共赢。

1.1.3　发展智能服务的背景

在 19 世纪和 20 世纪上半叶，两个主要的经济部门是农业和工业，服务业被定义为上述两个经济部门之外的剩余部门。近年来，服务业已经成为世界各大经济体中占比最大的部分，也是增长最快的一部分。在就业方面，在主要发达国家服务业已经成为对就业贡献最大的部分，几乎所有新出现的工作都来自服务业。而发展中国家服务业带来的就业比重同样在不断增加。数字经济时代，工业部门面临制造业服务化和数字化转型两方面的显著变化，这也是提高企业市场竞争力、实现产业高质量发展的重要路径。而智能技术群与产品结合催生了智能服务，使传统生产中的要素分配与组织关系发生了根本变化，并改变了服务的性质、客户的体验以及客户与服务提供商之间的关系。智能服务的发展主要源于以下两个方面的变化：

1. 制造业服务化

从发展趋势来看，服务化是制造业差异化竞争的重要手段，服务创新已经成为制造业创新的一种重要形式。因此，制造业服务化已成为全球产业发展的一个重要趋势。越来越多的制造业企业将服务作为获得市场竞争力的重要手段，从单纯提供产品和设备向提供全生命周期管理及系统解决方案转变，服务要素在制造业企业生产经营活动中的重要性逐渐提升。

制造业服务化概念首次于 1988 年提出，主要是指企业从简单的生产制造与产品提供不断向提供"产品 - 服务"包转变。这个"产品 - 服务"包是指物品、服务、支持、自我服务和知识的集合，并且服务在其中占据主导地位，是增加值的主要来源。随后，制造业服务化被视为制造业企业角色转变的动态演变过程，即由生产物品、提供物品的制造商向制造物品、提供物品以及相关配套服务一体化的服务商转变。

当前与智慧地球等从产业角度提出的概念相比，智能服务更多地站在用户角度，强调按需和主动特征，通过满足个性化的消费需求来带动服务行业从低端走向高端。而要实现产业升级，必须依靠智能服务。

2. 数字化转型

当今经济发展日益受到所有产品和流程数字化的影响，智能服务是数字化（也称为数字革命）背景下发展的必然结果。连接到互联网的智能产品的使用产生了大量数据，基于数据、基于互联网的服务越来越多地被开发并被跨行业引入。

数字化和智能化是制造业企业服务化转型的基础。制造业企业通过在研发、生产、管理、运营、销售等生产全过程中应用多种信息技术，提升和改变在供给侧的动态能力和需求侧的业务模式，改进生产过程、改善顾客体验，降低综合成本，提升产品和服务质量；数字化转型还能通过与服务创新的深度融合推动价值链升级，进而提升全要素生产率，催生出新的生产服务型制造模式；在制造业企业提供服务的过程中，智能化能够通过互联网技术更精准地把握市场需求及其变动，生产出与消费者需求更为匹配、更加优质、个性化的产品和服务。

1.1.4 实现智能服务需要关注的要素

智能服务实现的是一种按需和主动的智能，即通过捕捉用户的原始信息，通过后台积累的数据，构建需求结构模型，进行数据挖掘和商业智能分析，除了可以分析用户的习惯、喜好等显性需求外，还可以进一步挖掘与时空、身份、工作生活状态相关联的隐性需求，从而主动为用户提供精准、高效的服务。这里需要的不仅仅是传递和反馈数据，更需要系统地进行多维度、多层次的感知和主动、深入的辨识。

智能服务的实现涉及要素包括行为要素和促进要素两类。其中，基本的行为要素是参与方的行为和资源；促进要素则是支持和促进价值共创实现的要素，主要是指制度和数字技术。因此，智能服务的实现需要同时关注行为交互、资源整合、制度及制度安排、数字技术四项要素。

1. 行为交互

行为交互可划分为对话（Dialog）、信息传递（Communicate）和学习（Learning）三种类型。其中，对话是参与方建立联系、共同推演，形成群体共识的过程。在对话的过程中，参与方之间交换信息，建立"熟络"关系，对他人价值创造的资源和能力进行评估。信息传递是参与方向受众提供信息的行为。信息传递通畅可以保障各参与方协同开展工作。学习是比对话和信息传递更深入的一种行为交互，是参与方之间隐性和显性知识与技能的交叉融合，能够推动组织的不断进步，并产生新的隐性和显性知识。

2. 资源整合

资源整合被定义为将一个参与者的资源整合到与其他参与者共同创造价值的过程中。资源整合在实现价值共创的过程中至关重要，参与者通过整合可获得利益的可用资源为价值共创做出贡献。资源整合可分为同质性资源整合和异质性资源整合。同质性资源整合是整合类似或相同的资源，其效果表现为相加性，即整体等于部分之和，没有生成新资源。

部分学者提出只有异质性资源整合才能带来价值共创，形成新资源。异质性资源整合是指将来自不同层次、来源和内容的资源进行整合，会产生涌现价值，其效果表现为整体大于部分之和。

3. 制度及制度安排

斯科特（Scott，2008）将制度划分为规制性（Regulative）制度、规范性（Normative）制度和认知性（Cognitive）制度，得到了学界的广泛认可。

规制性制度是指由权威机构发布的强制性规则、法规或标准等，这些规定必须被全体成员遵守，否则会受到处罚。规范性制度是指规范成员的行为和活动的非强制性规范，可以是道德、行业标准、规章制度等形式，遵守规范性制度通常被认为是一种职业操守和社会责任。认知性制度是指在特定社会文化背景下形成的信念、信仰和认知框架，其遵守的基础来源于成员对内容的理解与认同。

制度安排也称为制度逻辑或机制，它包含一个特定的社会建构解释系统，解释了参与者是如何在相应的制度背景下运作的。制度逻辑可以被理解为"协调和指导参与者的认知和行动的深层结构规则"，或者"社会建构的物质实践、假设、价值、信仰和规则的模式，个体通过这些模式开展生产和再生产，并为社会做出贡献"。

4. 数字技术

数字技术可以分成功能性技术和协同性技术两类。功能性技术具有可供性特征，通过将声音、文字、图片等信息进行数字化处理，可以提高工作效率。协同性技术具有收敛性和自生长性特征，能够连接不同参与方并提供个性化服务。功能性技术在解决特定业务问题上能发挥重要作用，注重提高生产效率和成本效益，但不具备协同性技术的收敛性和自生长性。同时，高安全性是智能服务的基础，没有安全保障的服务是没有意义的。只有通过端到端的安全技术和法律法规实现对用户信息的保护，才能建立用户对服务的信任，进而形成持续的消费和服务升级。

1.2　智能制造新模式新业态

1.2.1　智能制造新模式新业态的内涵

智能制造，顾名思义，其最通俗、直接的理解就是"将制造智能化"。然而，在实际制造企业实施智能化的过程中，并非结合了所有先进技术就能够实现智能制造。为了方便读者能够简单快速地理解智能制造及其衍生的智能制造新模式新业态的相关内涵，这里先介绍关于智能制造的具体定义。

2016 年，我国工业和信息化部（简称工信部）在发布的《智能制造发展规划（2016—2020 年）》中定义智能制造：基于新一代信息通信技术与先进制造技术深度融合，贯穿于设计、生产、管理、服务等制造活动的各个环节，具有自感知、自学习、自决策、自执行、自适应等功能的新型生产方式。该定义较全面地解释了智能制造的含义与本质。

我国 2022 年开始实施的国家标准 GB/T 40647—2021《智能制造　系统架构》中进一步对"智能制造"这一术语解释概括为"通过综合和智能地利用信息空间、物理空间的过程和资源，贯穿于设计、生产、物流、销售、服务等活动的各个环节，具有自感知、自决策、自执行、自学习、自优化等功能，创造、交付产品和服务的新型制造"。该标准从生命周期、智能特征和系统层级三个维度指出了智能制造的技术架构，同时也直接揭示了智能制造的发展目标。

因此，基于以上对智能制造内涵的理解，本书继而对智能制造新模式与新业态进行研究探讨。

随着云计算、大数据、物联网、移动互联网等新一代信息技术的发展与应用，智能制造作为新一代信息技术与先进制造业深度融合的产物，通过利用工业大数据汇聚、智能分析和敏捷开发等条件功能，全面连接各生产制造环节，推动制造业向数字化、网络化、智能化发展，实现产业技术变革和优化升级，从而帮助制造业产业模式和企业形态得到创新发展。同时，产品市场的饱和、行业竞争的加剧以及制造业的数字化、网络化、智能化转型，使得制造业企业以产品的设计和生产为中心的发展理念逐渐向以客户服务为中心的发展理念转变。由此，制造业不断催生培育出新模式、新业态。

早在 2015 年，工信部在印发的《2015 年智能制造试点示范专项行动实施方案》文件中指出开展六方面试点示范专项行动，提出了以个性化定制、网络协同开发、电子商务为代表的智能制造新模式与新业态的试点示范。

为了贯彻落实《中国制造 2025》，在 2015 年专项行动的基础上，《智能制造试点示范2016 专项行动实施方案》明确提出：开展离散型智能制造、流程型智能制造、网络协同制造、大规模个性化定制、远程运维服务五种智能制造新模式的试点示范。随后，《智能制造工程实施指南（2016—2020）》文件针对智能制造工程的组织实施，提出"培育推广五种智能制造新模式"的要求，明确了五种智能制造新模式各自关键要素。

根据 2021 年国家发布的《"十四五"智能制造发展规划》可总结，近十年来，我国智能制造发展取得了长足进步，涌现出离散型智能制造、流程型智能制造、网络协同制造、大规模个性化定制、远程运维服务等新模式、新业态。我国已有智能制造新模式成型且稳步发展。

以上文件中对多种智能制造新模式与新业态的提出以及对相关要素条件的详细说明，能够为我们理解智能制造新模式与新业态提供一定的指导作用。下面将结合智能制造新模式、新业态的发展历程，逐步揭示其内涵与特征。

随着智能制造技术的不断进步，制造业正在经历一场由以产品为中心向以客户为中心的根本变革，不断涌现出智能化设计、网络协同制造、大规模定制、共享制造、智能运维服务等新模式。这种转变带来了由数字化、网络化、智能化技术推动的产品服务体验的兴起，形成了技术驱动的智能服务趋势。在这种智能服务趋势的推动下，制造业通过创新发展以客户为中心，以个性化定制、柔性化生产和社会化协同为主要特征的智能服务网络，促进自身在生产、组织和产业模式上深刻革新，从而不断形成以智能服务为核心的智能制造新模式、新业态。制造企业提供的不再只是简单的物理产品，而是包括提升体验、提高效率和确保安全等多方面的产品服务价值，以加强自身与客户之间的联系，并提升客户在产品全生命周期中的重要性。因此，在这种商业模式下，制造和服务业的深度融合催生了智能制造新模式、新业态。

关于智能制造新模式与新业态的定义本身，中国工程院智能制造办公室首席专家屈贤明认为，制造业的新模式是指在先进制造技术推动下，制造企业利用单元、系统和管理组织等方面创新，优化生产过程，提升产品服务价值的新方法和新路径；新业态则主要强调资源整合方式和价值增值方式的改变，指向产业系统性变化，是产业发展层次和阶段的外化体现；同时指出一般情况下，多个新模式才能够推动形成一个新产业业态。由于少有文献资料对智能制造新模式与新业态进行清晰且科学合理的定义，因此本书基于上述已有定义并结合智能制造新发展，尝试对其内涵做出简单概括。

智能制造新模式是制造企业通过深度融合利用新一代信息技术和先进制造技术在产品、过程、系统和组织等方面的创新应用，从而提高生产流程效益，创造产品服务价值，以适应市场和客户的多样化需求。智能制造新业态则是在智能制造背景下，制造企业为形成新型产业形态，进行企业间价值链整合的层级变化体现。

由于智能制造仍在迅速发展，可以预想，随着国家对智能制造工程的支撑推进以及发展路径、方法等层层明确，智能制造工程在未来的应用实施过程中将形成包含更广阔技术功能的新模式、新业态，并通过整合企业间价值链层级，逐渐推广以智能服务为核心的多种智能制造新兴模式，以形成新型产业形态。下面列出《"十四五"智能制造发展规划》提及的五个新模式，以便读者能够对智能制造新模式、新业态的本质有更直观、更深刻的理解。

1. 智能化设计

随着云计算、大数据、物联网、人工智能、建筑信息模型（BIM）等数字化技术的不断完善，智能化设计新模式通过集成全专业、全过程数据，能够重构生产关系，从而形成新的生产力。

具体而言，智能化设计是指基于"技术 + 工具"集成人工智能算法、工业软件与产品数据管理（PDM）、产品生命周期管理（PLM）等管理系统，建设通用件优选管理平台、组件模型库等设计知识库，实现产品的多学科设计优化、设计数据的协同统一和高效复用、通用化和标准化组件的快速调用及组合设计，帮助企业节约研发成本、提高设计效率、提升产品质量的新模式。

2. 网络协同制造

网络协同制造是指利用工业互联网等技术，将分散在不同地区的生产设备资源、智力资源和各种核心能力通过协同云平台的方式集聚，实现设计、供应、制造和服务等环节的并行组织和协同优化，提高制造质量和效率，降低制造成本和风险，增强制造创新能力和竞争力。

3. 大规模定制

大规模定制也称大规模个性化定制。根据 GB/T 40647—2021《智能制造　系统架构》中的定义，大规模定制是指通过新一代信息技术和柔性制造技术，以模块化设计为基础，以接近大批量生产的效率和成本满足客户个性化需求的服务模式。

4. 共享制造

根据工信部 2019 年印发的《关于加快培育共享制造新模式新业态促进制造业高质量发展的指导意见》，共享制造是共享经济在生产制造领域的应用创新，是围绕生产制造各环节，运用共享理念将分散、闲置的生产资源集聚起来，弹性匹配、动态共享给需求方的新模式、新业态。

5. 智能运维服务

智能运维服务是指通过运用智能化而非人工实时监控和过度干预的运维手段,基于实时采集对设备(系统)的状态进行远程监测和健康诊断,实现对复杂系统快速、及时、正确诊断和维护,全面分析设备现场实际使用运行状况,为设备(系统)设计及制造工艺改进等后续产品的持续优化提供支撑的新服务模式。

回顾历史,制造技术的变革、市场需求的变化促进了制造业的创新发展。随着制造业的数字化、网络化、智能化转型,新一代信息技术以及先进制造技术的应用推动制造企业不断深入客户群体。制造企业不仅持续关注产品设计与生产,更加以产品服务作为企业发展的关键要素,加速了以"个性化定制、网络化协同、智能化生产和服务化延伸"为代表的新兴制造模式的发展,充分代表了《工业互联网体系架构》中描述的不同工业智能化典型场景。

由此可见,以智能服务为核心的智能制造新模式、新业态具备以下特征:

1)制造企业从以产品为中心向以客户为中心转变,服务占据越来越突出的地位,制造业开始发展全球化、远程化、实时化、全程化的服务。

2)数据要素的开发利用决定了产业的竞争优势,企业间的竞争转向数据平台、企业集群竞争,成本竞争转向满足个性化需求的竞争,低成本劳动竞争转向知识型员工竞争。

在半个多世纪的迅速发展时期中,我国制造业与现代服务业有机融合,通过以客户为核心的理念转变,产业模式与产业形态以智能服务为核心方向创新发展,并在生产模式、组织模式和产业模式方面相应实现根本性的模式变革:生产模式开始走向规模定制化生产;组织模式逐渐成为竞合——竞争与协同共享;产业模式快速迈向生产服务型制造和服务型制造共存的阶段。

本节后续内容将展开关于智能制造新生产模式、新组织模式以及新产业模式的相关介绍。

1.2.2 新生产模式

生产模式是按照制造系统的运行逻辑而制定形成的运作形式,它反映了企业的组织结构、经营管理、生产技术和技术系统的特点和规律。从世界制造业的发展历史来看,生产模式经历了从手工作坊生产到机械化工厂生产,再从批量流水线生产到敏捷制造与精益生产,并不断向大规模定制生产发展的演变过程。我国目前正处于向智能制造新生产模式——规模定制化生产转型的关键时期。

1. 规模定制化生产的内涵

规模定制化生产是一种旨在快速响应客户需求,同时兼顾规模生产效益的生产制造模式。它将客户个性化定制生产的柔性与大规模生产的低成本、高效率相结合,寻找两者的有效平衡点。

规模定制化生产最早能够追溯到20世纪70年代,当时著名的未来学家阿尔文·托夫勒(Alvin Toffler)在其《未来的冲击》一书中对大规模定制生产进行了预言:融合规模生产及定制生产各自的优势,其实现逻辑是通过优化产品结构和制造流程,利用新材料技术、柔性生产技术、信息技术等高科技手段,实现产品的大规模批量定制,让每个用户都能以较低的价格获得自己想要的商品，同时保证企业的生产成本、生产周期能够控制在一定的合理范围内。

在新消费时代，用户需求成为企业竞争的核心，用户流量不再是唯一的衡量标准，用户时间和用户需求更为重要。企业要想获得竞争优势，就必须提供符合用户个性化需求的定制产品，进而提升用户的购物服务体验。

规模定制化生产是一种能够同时实现大规模生产和定制生产的制造模式，有助于减轻库存压力、降低生产成本，因此受到了很多制造业企业的青睐。已有很多大型制造业企业都在积极尝试这一模式。例如，丰田汽车公司利用 CAD 系统，使用户能够根据自己的喜好，选择不同的标准化模块来定制汽车。通过规模定制化生产，许多国外企业顺应市场发展，满足用户个性化需求，打造企业核心竞争力，从而获得了明显的竞争优势，戴尔公司、安盛公司、李维斯牛仔裤品牌、日本松下自行车品牌等都是成功的案例。

这种生产模式对传统的批量生产模式造成了巨大的冲击。其关键特征在于客户需求驱动、信息技术支撑、产品生产模块化及标准化、企业运营及供应链管理高度灵活，因此也被认为是未来制造业中的主流生产模式。

2. 案例：面向批量定制的自适应可重构柔性控制技术

中国科学院沈阳自动化研究所牵头研发的"面向批量定制的自适应可重构柔性控制技术"（见图 1-1），旨在解决个性化定制产品批量生产过程中的一系列挑战，入选"2023 中国智能制造十大科技进展"。

视频

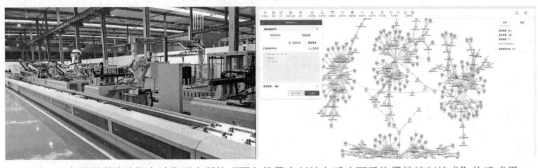

图 1-1　中国科学院沈阳自动化研究所的"面向批量定制的自适应可重构柔性控制技术"构建成果

首先，由于个性化定制产品批量生产过程中的产品设计变化会导致生产工序工步与控制程序离线调整周期过长，针对该难题，"面向批量定制的自适应可重构柔性控制技术"科技成果研制出基于知识图谱的工艺工序自动推荐及可编程逻辑控制器（PLC）程序自动生成软件，突破了非结构化工艺知识高效提取、工艺知识主动推荐及 PLC 程序自动生成与转换等技术；其次，针对复杂环境下机器人离线编程效率低、程序可重用性差的难题，开发出机器人自主操作及程序生成软件，突破了复杂约束下机器人快速路径寻优、机器人程序自动生成等技术。

该科技成果代表的创新软件解决方案——融合在线工艺知识学习与推理、自动编程为一体的工艺与控制一体化、自动化架构，能够高效提取非结构化工艺知识，主动推荐工艺知识，并自动生成与转换 PLC 程序。这不仅缩短了产品设计变化时的生产工序工步和控制程序的离线调整周期，而且提高了机器人离线编程的效率和程序的可重用性。这些技术的突破，特别是在复杂约束条件下实现机器人快速路径寻优和程序自动生成，最终成功开发了批量定制过程自适应可重构柔性控制系统，为批量定制提供了更大的灵活性和适应性。

上述技术已经在电梯行业的高度个性化定制批量生产中得到应用，显著缩短了电梯批量个性化定制的交付周期。此外，它还被逐步推广至航空航天领域的柔性制造，支持航空航天装备的高效、柔性生产。该技术成果不仅在理论上具有创新性，而且在实际应用中也显示出强大的实施能力和广泛的应用前景。

随着该技术成果的进一步发展和应用，其关键技术预计将在更多行业中发挥重要作用，推动中国智能制造的进步和创新。

1.2.3 新组织模式

制造业组织模式包含两个方面：企业组织——企业内部的组织模式（Intra-Firm）和产业组织——产业内部、企业之间的组织模式（Inter-Firm）。

企业内部的组织模式是指企业内部的组织结构和管理方式，如功能型、事业型和矩阵型等。不同的组织模式有不同的优缺点，企业应根据自身的特点和目标选择合适的组织模式，并不断优化和调整组织架构，且逐渐转变为扁平化管理，以适应市场需求的变化。

产业内部、企业之间的组织模式是指企业与外部合作伙伴的关系和协作方式，如原始设备制造商（OEM）、原始设计制造商（ODM）、原始品牌制造商（OBM）、联合开发（JDM）和合同制造（CMT）等。不同的组织模式有不同的利益分配和风险承担，企业应根据自身的能力和市场定位选择合适的组织模式，并建立良好的合作关系，以提高市场竞争力。

产业内部、企业之间关系是制造业变革的核心。在新时代的发展理念下，创新、协同、绿色、开放、共享成为各企业的共同追求。各企业通过在市场中保持竞争与合作并行的关系，建立起密切联系和协作的网络，形成复杂而有意义的互利关系。同时，随着智能制造技术的推动发展，这种紧密的关系网络使得制造业企业间的组织模式呈现出竞合的特征——既有竞争，又有协同共享，从而引领了以协同制造、共享制造为代表的多种智能制造新模式。

1. 协同创新与共享的内涵

协同创新与共享制造是一种智能制造新组织模式。它是指在生产制造各环节，运用共享理念将分散、闲置的生产资源聚集起来，弹性匹配、动态共享给需求方，同时通过互联网平台加强企业、科研院所、政府、协会等创新主体之间的互动合作，实现制造能力、创新能力、服务能力的协同发展。

协同创新作为一种创新模式，它最早由美国麻省理工学院斯隆中心的研究员彼得·格洛尔（Peter Gloor）提出。他认为协同创新是指一群人通过网络形成一个小组，共同制定一个愿景，利用网络平台进行思想、信息和技术的交流和协作，达成一个共同的目标。而随着共享经济的萌芽、发展以及转型升级，"共享"这一概念的内涵也逐渐扩大。其本质是利用互联网和信息技术平台进行资源整合匹配，从而实现更高效的利用与更多价值的创造。

在制造业中，企业之间的协同与共享组织模式主要涉及三个方面：生产制造的协同与共享、创新设计的协同与共享和制造服务的协同与共享。这三个方面都是通过共享资源、知识、技术和能力，实现制造业的高效、高质、高价值的发展。

2. 案例：差别化聚酯长丝高效规模化智能制造工厂

由新凤鸣集团打造的"差别化聚酯长丝高效规模化智能制造工厂"被评选为"2023 中国智能制造十大科技进展"之一，如图 1-2 所示。该工厂通过融合 5G、人工智能、数字孪生、工业互联网和先进制造工艺等前沿技术，成功解决了超 1300 万吨产能和超 500 亿元产值带来的管理挑战。此外，该工厂还解决了装置分段式运作、数据链不完善、产业链协同管理能力低等问题，建立了"1（凤平台）+2（双网融合）+4（四链协同）+N（N 家企业输出服务）"的智能工厂新模式。

视频

图 1-2　新凤鸣集团的"差别化聚酯长丝高效规模化智能制造工厂"构建成果

这一模式不仅实现了产业协同化、产业数字化、管理现代化和数字产业化，而且还推出了 5G 多接入边缘计算（MEC）云网融合、5G 飘丝巡检机器人等创新应用方案，提高了生产效率和管理水平。新凤鸣集团的这一系列创新举措，不仅展示了现代纺织企业在生产协同管理、网络技术创新、绿色共享制造等方面的卓越成就，而且其解决方案的可复制性和可推广性，对于推动纺织行业整体的智能化升级、实现产业转型具有重要意义。

上述技术成果的实施应用，标志着中国智能制造在高效协同化生产与创新管理方面迈出了重要一步，为纺织行业乃至更广泛的制造业提供了宝贵的经验和样板。

1.2.4　新产业模式

制造业的产业模式是指制造业在不同的发展阶段和环境下，采取不同的组织形式、技术手段、创新方式和竞争策略，为适应市场变化和提升竞争力而总体呈现的方法路径。

近年来，以云计算、大数据、物联网、移动互联网、人工智能等新一代信息技术为代表的新一轮科技革命和产业变革在全球范围内兴起，进一步为制造业赋能，使制造业企业可以基于大数据分析和人工智能算法优化为用户提供更多个性化定制的服务。同时，随着生活水平的提高，人们对产品的需求不再局限于功能和质量，而更加注重个性化、体验化、智能化等方面。这种变化推动制造业转移聚焦产品本身生产环节的业务中心，而是通过提供产品与服务的组合，来满足消费者的多样化、差异化、定制化的需求。因此，制造业逐渐推广形成了智能运维服务、"即服务"等基于服务型制造的代表性智能制造新模式。

1. 服务型制造的内涵

服务是指产品提供者与用户接触过程中所产生的一系列活动的过程及其结果。《服务型制造标准体系建设指南（2023 版）》中指出，服务型制造是制造与服务融合发展的新型制造模式和产业模式，是制造业转型升级的重要方向。在服务型制造中，制造企业通过创新优化生产组织形式、运营管理方式和商业发展模式，不断增加服务要素在投入和产出中的比重，从以加工组装为主向"制造 + 服务"转型，从单纯出售产品向出售"产品 + 服务"转变，从而延伸和提升价值链，提高全要素生产率、产品附加值和市场占有率。

与服务型制造类似相关概念的提出已有三十多年的历史，更多的国外学者使用服务化（Servitization）等概念描述制造企业的服务化转型，服务型制造则是针对不断涌现的越来越多服务活动而提出的中国特色化概念。根据贝恩斯（Baines）和莱特福特（Lightfoot）对制造企业所提供服务活动的划分，其可分为基础服务、中级服务以及高级服务三个层次。区别于聚焦产品为用户提供基本直接效用的基础服务，其他两类服务是基于所生产制造的产品的增值服务。因此，服务型制造可以理解为制造业面向用户实现制造企业产品的增值服务，将服务融入产品生命周期的各个环节，从而创造更大的潜在价值。

2. 案例：燃气轮机全寿命周期一体化关键技术研究与应用

入选"2023 中国智能制造十大科技进展"的"燃气轮机全寿命周期一体化关键技术研究与应用"由中国船舶重工集团公司第七〇三研究所和中船重工龙江广瀚燃气轮机有限公司共同研发（见图 1-3），旨在全面建设燃气轮机数字化工厂，实现燃气轮机全寿命周期的数字化管理。

视频

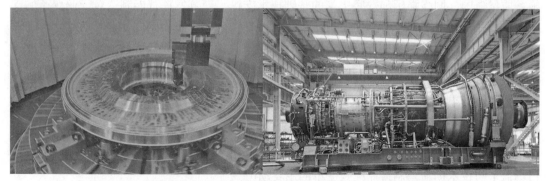

图 1-3 "燃气轮机全寿命周期一体化关键技术研究与应用"构建成果

该技术成果的核心在于整合新一代信息技术如大数据、云计算、物联网等，以联合攻克燃气轮机从设计到制造再到维修的全寿命周期一体化研制中的关键技术难题。通过技术的创新融合，他们不仅研发出了拥有独立知识产权的工业燃气轮机，而且还确保了其在天然气输送、油气开采、分布式能源和应急供电等多个领域的成功应用。

此项技术成果的实施，为燃气轮机的全生命周期研制提供了全面的支持，包括从多个角度对整个产业链的赋能。它实现了研发设计的数字化转型、制造过程的可视化管理、试验数据的有效资产化以及服务保障的智能化升级。这些进步显著提高了全要素生产率，有效缩短了研发到市场的周期，推动了整个行业的技术进步和生产效率的提升。这一成就不仅展示了中国在智能制造领域的创新能力，也为未来相关技术的发展和应用奠定了坚实的基础。

这项技术的成功应用，标志着中国在智能制造领域的一个重要突破，展示了中国在高端装备制造领域的自主创新能力和技术进步。

1.3　智能制造新模式新业态的演进趋势

智能制造包含三个基本范式：第一个基本范式是数字化制造，称为第一代智能制造；第二个基本范式是数字化网络化制造或者"互联网+"制造，称为第二代智能制造；第三个基本范式是即将到来的新一代智能制造——数字化网络化智能化制造。

数字化网络化制造或者"互联网+"制造是新一轮工业革命的开始。新一代智能制造的突破和广泛应用将推动形成这次工业革命的高潮，重塑制造业的技术体系、生产模式、产业形态，并将引领真正意义上的"工业4.0"，实现第四次工业革命。

数字化网络化智能化技术引发了产品和生产翻天覆地的变化，同样也引发了制造服务翻天覆地的变化。数字化网络化智能化技术正在深刻地改变着产品服务的方方面面。

先进制造业与现代服务业深度融合，催生制造业产业模式和产业形态的根本性转变，实现从"以产品为中心"向"以用户为中心"的根本性转变，完成深刻的供给侧结构性改革。这主要体现在生产模式、组织模式和产业形态的根本性转变上：①制造业生产模式从大规模流水线生产转向定制化规模生产；②制造业组织模式从竞争与垄断走向竞争与协同共享；③制造业产业形态从生产型制造向服务型制造转变。

智能制造是制造业数字化、网络化、智能化发展的必由之路，是新时代建设制造强国、质量强国、网络强国和数字中国的基础技术支撑。充分发挥智能制造对产业变革的支撑引领作用，强化智能制造支撑产业与要素的融合创新功能，形成新质生产力，推进制造业全方位现代化升级转型，加快培育形成产业发展新动能，加快建设形成现代化产业体系，是夯实我国全面建成社会主义现代化强国的物质技术基础。

1.3.1　智能制造新模式新业态发展的主要动力

智能制造新模式和新业态的发生和发展是一个持续复杂的动态过程，也是数字化技术和工业化技术融合的过程，其本质是需求侧改变和供给侧变革相互对接的动态演化过程。市场需求与技术创新是制造业模式变革的主要动力。

一方面，这种变化是以消费者为中心的，消费者的需求升级，既不再满足于产品的可用，希望在商品的设计和生产中注入独有观念和个性，又更加重视产品及配套服务的双重品质，在这种需求牵引下，制造企业的核心任务已经从传统的扩大规模向满足用户的个性化需求、为用户提供全流程个性化体验、为用户提供更好的服务方向转变；另一方面，在多样化市场需求牵引的同时，物联网、大数据、云计算等新一代智能技术的出现，为满足消费者需求提供了更多可能。制造企业通过创新优化生产组织形式、运营管理方式和商业发展模式，不断增加服务要素在投入和产出中的比重，从以加工组装为主向"制造+服务"转型，从单纯出售产品向出售"产品+服务"转变，延伸和提升价值链，提高全要素生产率、产品附加值和市场占有率。

新一代智能技术的发明与应用为制造业生产模式走向规模定制化生产提供了可能性和经济性，竞合-竞争与协同共享逐渐成为制造业新的组织模式，进而制造业的产业模式与产业形态迅速迈向生产服务型制造和服务型制造。大量基于智能制造技术的新模式和新业态已成为产业创新的主导力量，也正成为新产业革命的传导机制和实现路径。

制造企业正从以产品为中心向以用户为中心转变，服务占据越来越突出的地位，实现了全球化、远程化、实时性和全流程服务；数据元素的开发利用决定了行业的竞争优势，企业之间的竞争转向数据平台和企业集群的竞争，成本竞争转向满足个性化需求的竞争，生产方式将逐渐从少样多量转向少量多样的制造。智能制造将人、设备、系统三要素连接起来，形成新的系统价值链。在商业模式方面，制造业服务正成为决定价值的主要动力，制造业与技术的融合使创造高价值产品成为可能，形成以智能服务为核心的制造业新模式和新业态。

1.3.2 以平台和生态圈为载体的新模式新业态发展

在产业平台化发展生态培育过程中，由传统龙头企业、互联网企业、服务类企业等共同参与的数字平台是核心。数字平台以数字技术为基础，通过整合数据、算法、算力，实现居中撮合、连接多个群体以促进其互动的服务中枢，可以为人类的生产、生活提供生产、分配、交换、消费、服务等相关信息的收集、处理、传输以及交流展示等数字交易服务和技术创新服务，是数字经济时代的重要基础设施。数字平台的发展，有利于大中小企业的融合融通发展，有利于创新链、产业链、资本链、人才链的有机结合，有利于构建资源富集、多方参与、利益共享的开放价值网络。

1. 移动化、平台化、智能化基础支撑架构不断夯实

随着移动智能终端在经济社会各领域的快速渗透，计算和服务平台实现集中统一，以移动智能终端为载体、云计算平台为支撑、智能服务为内容、线上线下深度融合的新模式新业态发展架构加速形成。多领域企业纷纷参与到数字生态建设之中，通过嫁接软硬优势资源，开展各类端到端服务的有益探索，未来有望带动一批新的产业主体、应用平台和新模式新业态蓬勃兴起。例如，京东物流推出了智能拍照量方工业手机，解决了快递员上门揽件时包裹测量和数据录入的问题。又如，施耐德研发的 Wiser 无线智能家居系统，可以让消费者通过手机远程操控环境调节、照明控制、能效管理、遮阳管理、人身安全看护、家庭安全看护、场景联动等功能，真正做到在千里之外掌控居家环境。硬终端、泛平台、软服务的一体化加剧了数字经济生态系统的竞争，将吸引更多服务主体加入，衍生出多元化商业模式。

2. "产品＋内容＋场景"深度融合新形态日益丰富

线上购物时代已经到来，便捷的购物场景、高效的购物环节、碎片化的购物时间、快捷的物流配送，随时随地下单已成为消费者的日常购物习惯，产品已演变成为被内容、场景所包裹的一种体验。成功的互联网产品往往是"内容为王"的。内容的来源、组织、呈现方式和质量对产品的运营效果都会产生很大的影响：通过满足用户获取信息、打发时间、消费决策和深度阅读等内容消费需求，可以提升产品的活跃度和用户对品牌的认知度；通过将产品嵌入生活场景，用产品卖点触及用户的痛点、痒点，引起情感共鸣，激发购买欲望，从而达到商业目的。例如，喜马拉雅将音频接入车载智能终端，实现音频收听场景的顺延，达到优化用户体验、增加用户黏性的目的。

3. 以数转型、用数管理成为价值创造主攻方向

数据要素的崛起和快速发展不仅改变了传统生产方式，也推动企业管理模式、组织形态的重构。随着新一代信息技术的快速发展，企业的数据积累加快，越来越多的企业开始探索由数据驱动的服务模式转型、组织管理变革以及发展战略制定等新模式，实现决策方式从低频、线性、长链路向高频、交互、短链路转变，组织形态从惯于处理确定性事件的静态组织向快速应对不确定性的动态组织转变，管理对象从进行重复性劳动的经济人向独立自主、具有强烈自我价值实现需求的知识人转变。

4. 多方参与、资源共享、价值共创新生态加速形成

产业链全球化对企业的供应链韧性、全市场流程把控、全产品生命周期服务提出了更高要求。企业需更精准定义用户需求、更大范围动态配置资源、更高效提供个性化服务，发展远程诊断维护、全生命周期管理、总集成总承包、精准供应链管理等新服务模式。新业态在新发展理念的作用下，更加注重由创新、绿色、服务等高质量要素驱动，并在价值链各环节深挖利益空间，颠覆旧的商业模式，呈现产品快速迭代、用户深度参与、边际效益递增、创造消费需求等特征。同时，企业与员工、客户、供应商、合作伙伴等利益相关者的互动更加频繁、关系更加紧密，共享技术、资源和能力，实现以产业生态构建为核心的价值创造机制、模式和路径变革，围绕数字化底层技术、标准和专利掌控权的竞争将更为激烈。

1.3.3　先进制造业与现代服务业深度融合

随着信息技术的发展和扩散，一些基于工业经济时代大规模专业化分工的产业，边界逐渐模糊或消融，并在原有的产业边界融合发展出新的产业形态，成为经济增长和企业价值增长新的动力源泉。一般认为这就是产业融合。产业融合是建立在高度专业化分工基础之上的，其实质是产业间分工的内部化，即把社会化分工转化为产业内分工。专业化分工深化细化是产业融合的基础和前提。

先进制造业和现代服务业深度融合发展随着科技革命和产业变革不断演进、升级，是一个主体多元、路径多样、模式各异、动态变化、快速迭代的过程。这个过程既包括先进制造业和现代服务业相互渗透和互动、嵌入彼此产业链价值链体系，从而形成紧密关系，也包括制造业和服务业融为一体，形成新产业新业态。从要素层面看，服务特别是生产性服务作为制造业中间投入要素的比重不断提高，服务业在整个产业链、价值链中创造的产出和价值不断提高；从技术层面看，技术创新是先进制造业和现代服务业融合发展的重要基础和前提条件，特别是新一代信息技术、人工智能等应用加速了产业融合进程，催生出众多融合新业态；从企业层面看，企业转型升级步伐加快、路径增多，一些制造企业转型为"制造＋服务"或服务型企业，一些服务业企业向制造环节延伸；从产业层面看，制造业、服务业的专业化水平不断提高，同时也会产生两者融为一体的新产业。

以数智技术创新驱动现代服务业与先进制造业深度融合已成为全球价值链发展的新趋

势。数智技术的无边界属性可以拓宽产业融合的横向边界、延长纵向产业链，而借助产业链的横向延伸和纵向拓展，服务业与制造业深度绑定，产业链上下游、新旧业态之间，甚至企业内部都表现出更大限度的融合和协同。数智技术创新还可以推进需求侧的消费及投资变化，打破既有产业边界，拓展人、财、物和知识等产业资源的获取空间，通过"资源内化"方式降低其资源的获取和使用成本，从而提升现代服务业与先进制造业融合在全球价值链中的价值层级。数智技术创新驱动现代服务业与先进制造业深度融合所带来的生产方式改变及其效率提升，将为加快形成新质生产力提供关键驱动力。

习 题

1. 试论述新一代人工智能技术如何推动制造业从大规模生产向规模定制化生产的转变，并分析这一转变对企业竞争策略的影响。

2. 试分析智能运维服务、网络协同制造等新一代智能制造模式在提高制造业效率和价值创造方面的作用。

3. 数字技术可以分成"功能性技术"和"协同性技术"两类。你认为在智能服务应用中，哪些功能性技术和协同性技术比较重要？请分别举出三种技术，并简要说明理由。

科学家科学史

"两弹一星"功勋科学家：最长的一天

第 2 章

智能制造新模式新业态的支撑技术

PPT 课件

智能制造新模式新业态的发展是在数字化、网络化的基础上，通过大数据挖掘、算法、算力等智能化领域技术的革命性突破，并在制造业的广泛应用而不断演化并发展出来的。在此驱动下，新模式新业态逐步演化和发展。很多关键技术是新模式新业态不断演化发展的技术基础和重要支撑。

2.1　数字化技术

2.1.1　数据采集、数据通信与数据存储

1. 数据采集

数据采集是指从传感器和其他待测设备等模拟和数字被测单元中自动采集非电量或者电量信号，送到上位机中进行分析、处理。

工业数据主要来源于机器设备数据、工业信息化数据和产业链相关数据。从数据采集的类型上看，不仅包括基础的利用设备和传感器采集的周期性状态数据，以及从控制系统中获取的工艺数据，还将逐步包括其他数据类型，如文档数据（包括工程图样、仿真数据、设计的 CAD 图等，还有大量的传统工程文档）、视频数据（工业现场会有大量的视频监控设备，这些设备会产生大量的视频数据）、图像数据（工业现场各类图像设备拍摄的图片，如巡检人员用手持设备拍摄的设备、环境信息图片）、音频数据（包括语音及其他声音信息，如操作人员的通话、设备运转的音量等），以及越来越多有潜在意义的各类数据（如遥感遥测信息、三维高程信息等）。

2. 数据通信

数据通信结合了通信技术和计算机技术。工业生产设备数据通信有三种方式：直接联网通信、工业网关通信和远程 IO 通信。

（1）直接联网通信　直接联网是指借助数控系统自身的通信协议、通信网口，不添加任何硬件，直接与车间的局域网进行连接，与数据采集服务器进行通信，由服务器上的软件进行数据的展示、统计、分析，一般可实现对机床开机、关机、运行、暂停、报警状态的采集，以及报警信息的记录。高端数控系统都自带用于进行数据通信的以太网口，通过

不同的数据传输协议，即可实现对数控机床运行状态的实时监测。

（2）工业网关通信 对于没有以太网通信接口或不支持以太网通信的数控系统，可以借助工业以太网关的方式连接数控机床的 PLC，实现对设备数据的采集，实时获取设备的开机、关机、运行、暂停、报警状态。工业通信网关可以在各种网络协议间做报文转换，即将车间内各种不同种类的 PLC 的通信协议转换成一种标准协议，通过该协议实现数据采集服务器对现场 PLC 设备信息的实时获取。

（3）远程 IO 通信 对于不能直接进行以太网口通信，又没有 PLC 控制单元的设备，可以通过部署远程 IO 进行设备运行数据的采集，通过远程 IO 的方式可以实时采集到设备的开机、关机、运行、报警、暂停状态。

远程 IO 模块是工业级远程采集与控制模块，可提供无源节点的开关量输入采集，通过对设备电气系统的分析，确定需要的电气信号，接入远程 IO 模块，由模块将电气系统的开关量、模拟量转化成网络数据，通过车间局域网传送给数据采集服务器。

3. 数据存储

数据存储是指将数据保存在各种介质或设备中，以便将来可以随时访问、检索和进行后续分析。智能制造环境会产生大量数据，涵盖了从车间的传感器读数到云端的供应链数据，数据存储应保证将各类数据保存在可靠的存储系统中。为了有效地利用智能制造中产生的数据，企业需要制定合理的数据存储策略，包括确定数据的存储位置、存储方式、备份和恢复策略等。选择适当的数据存储设备可以提高数据读写的速度和可靠性。传统的硬盘驱动器（HDD）提供了较大的存储容量，但相对较慢；而固态硬盘（SSD）具有更快的读写速度和更低的延迟，适合处理实时生成的大量数据。

常见的数据存储技术包括：

（1）数据库管理系统 智能制造中常用的数据库管理系统包括关系型数据库（如 Oracle、MySQL 和 SQLServer）和非关系型数据库（如 MongoDB、Cassandra 和 Redis）。这些系统可以高效地存储、查询和处理数据。

（2）数据仓库 数据仓库是一种对不同来源的大量数据进行收集、存储和管理的技术。它特别适用于为生产运营提供数据整合，从而支持报告、分析和数据挖掘等功能。

（3）时序数据库 时序数据库专门用于存储和分析由传感器、物联网设备和监控系统产生的时序数据。这对于智能制造环境中的实时数据存储和分析非常重要。

（4）分布式文件系统 分布式文件系统可以用于存储原始的生产数据和大型文件，如 3D 模型和工艺图样。

2.1.2 数据挖掘技术

从广义上讲，数据挖掘是从大量数据中提取准确和以前未知信息的过程。这些信息应采用可理解、可执行和可用于改进决策过程的形式。显然，有了这个定义，数据挖掘涵盖了一系列广泛的技术，包括数据仓库、数据库管理、数据分析算法和可视化。这项新技术的吸引力在于数据分析算法，因为它们提供了筛选数据和提取有用信息的自动化机制。这些算法的分析能力，加上当今的数据仓库和数据库管理技术，使企业和工业数据挖掘成为可能。

数据挖掘可以视为数据库中知识发现过程的一个基本步骤。知识发现过程如图 2-1 所示，由以下步骤组成：

1）数据清理（消除噪声或不一致数据）。

2）数据集成（多种数据源可以组合在一起）。

3）数据选择（从数据库中提取与分析任务相关的数据）。

4）数据转换（数据转换或统一成适合挖掘的形式，如通过汇总或聚集操作）。

5）数据挖掘（基本步骤，使用智能方法提取数据模式）。

6）模式评估（根据某种兴趣度度量，识别提供知识的真正有用的模式）。

7）知识表示（使用可视化和知识表示技术，向用户提供挖掘的知识）。

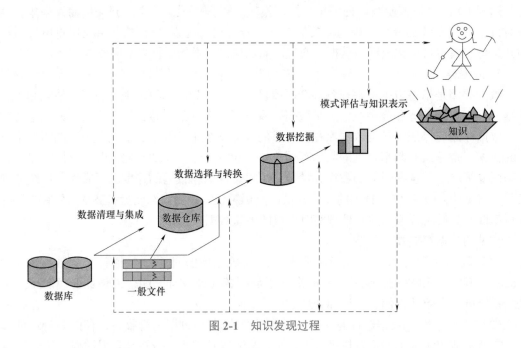

图 2-1　知识发现过程

1. 数据预处理

在工业现场采集到的数据通常会存在缺失值、重复值等，在使用之前需要进行数据预处理。数据预处理没有标准的流程，通常针对不同的任务和数据集属性而有所差异。数据预处理的主要内容包括去除唯一属性、处理缺失值、属性编码、数据标准化（正则化）。

（1）去除唯一属性　唯一属性通常是一些 ID 属性，这些属性并不能刻画样本自身的分布规律，所以简单地删除这些属性即可。

（2）处理缺失值　缺失值的处理方法有三种：直接使用含有缺失值的特征；删除含有缺失值的特征（该方法在包含缺失值的属性含有大量缺失值而仅仅包含极少量有效值时是有效的）；缺失值补全。

在数据较少的情况下，补全缺失值能有效地提高数据的利用率，也是工业应用中最难以实现的方法。常见的缺失值补全方法包括均值插补、同类均值插补、建模预测、高维映射、多重插补、极大似然估计等。

（3）属性编码　具体有以下两种方法：

1）特征二元化。特征二元化的过程是将数值型的属性转换为布尔值的属性，设定一个阈值作为划分属性值为 0 和 1 的分隔点。

2）独热编码（One-Hot Encoding）。独热编码采用 N 位状态寄存器来对 N 个可能的取值进行编码，每个状态都由独立的寄存器来表示，并且在任意时刻只有其中一位有效。

独热编码的优点：能够处理非数值属性；在一定程度上扩充了特征；编码后的属性是稀疏的，存在大量的零元分量。

（4）数据标准化（正则化）　数据标准化或称数据正则化是指将样本的属性缩放到某个指定的范围，如［0，1］或［-1，1］。在多指标评价体系中，由于各评价指标的性质不同，通常具有不同的量纲和数量级。当各指标间的水平相差很大时，如果直接用原始指标值进行分析，就会突出数值较高的指标在综合分析中的作用，相对削弱数值水平较低指标的作用。因此，为了保证结果的可靠性，需要对原始指标数据进行标准化处理。其中，min-max 标准化和 z-score 标准化是最常见的两种标准化方法。

1）min-max 标准化（归一化）。对于每个属性，设 min$A$ 和 max$A$ 分别为属性 A 的最小值和最大值，将 A 的一个原始值 x 通过 min-max 标准化映射成在区间［0，1］中的值 x'。其公式为

$$新数据 =（原数据 - 最小值）/（最大值 - 最小值）$$

2）z-score 标准化（规范化）：基于原始数据的均值（mean）和标准差（standard deviation）进行数据的标准化，将 A 的原始值 x 使用 z-score 标准化到 x'。z-score 标准化方法适用于属性 A 的最大值和最小值未知的情况，或有超出取值范围的离群数据的情况。其公式为

$$新数据 =（原数据 - 均值）/ 标准差$$

2. 数据挖掘算法

数据挖掘算法（也称数据分析算法）根据其信息提取的性质可以分为三大类：预测建模（也称分类或监督学习）、聚类（也称分割或无监督学习）和频繁模式提取。

（1）预测建模　预测建模基于用于分类和回归建模的技术。表格数据集中的一个字段被预先标识为响应变量或类变量。这些算法为该变量生成一个模型，作为数据集中其他字段的函数，这些字段被预先识别为特征或解释变量。如果响应变量是离散值，则采用分类建模；如果响应变量是连续值，则使用回归建模。该算法簇所解决的主要问题是在存在噪声的情况下，通过使用数据集作为解释变量实例与响应变量实例之间关系的示例，为响应变量产生预测准确的函数近似。一旦生成相应的模型，该模型就可以利用给定的解释变量来预测响应变量的值。

这项建模工作源于经典统计学，尽管最近的许多进展来自其他领域，包括模式识别、信息理论和机器学习。这里发生的建模范式的重要转变是向非参数技术的转变，如神经网络、决策树和决策规则，在这些技术中，不对数据中的任何潜在分布进行假设。所有预测建模算法的两个关键技术是：①它们在数据中存在噪声的情况下生成模型的能力；②它们强调对生成的模型产生准确的误差估计。目前已经开发了许多用于噪声处理和误差估计的技术，并为大多数现代预测建模方法提供了基础。

基于决策树和规则建模的数据挖掘算法以符号表示法产生输出，非常易于检查和解释。这一特性使业务最终用户和分析师能够理解数据中潜在的决策边界，并根据这些边界

采取行动。尽管神经网络等替代技术可以产生预测准确的模型，但它们的输出本质上是高度定量的，不容易理解。然而，当从给定的一组备选方案中评估和确定要使用的建模技术时，用户必须权衡预测准确性、可理解性水平和计算需求之间的折中。通常，这些替代方案需要相互权衡，因为算法往往会为了在另一个方案中获得性能而妥协。

（2）聚类　聚类是另一类主要的数据挖掘算法。使用前面描述的相同表格数据模型，这些算法试图自动将数据空间划分为一组区域或簇，表中的每个示例都被确定地或概率地分配给这些区域或簇。这些算法使用的搜索过程的目标是以某种最佳方式识别数据中的所有相似示例集。

显然，相似性的概念是高度主观的。基于模式识别的早期研究，以及最近在贝叶斯统计学和神经网络中的研究，用于识别相似性的一个更流行的标准是欧几里得距离。在许多情况下，聚类结果只能根据最终用户感知的价值来判断，没有像预测建模那样严格的评估准则。

虽然早期的模式识别工作产生了适用于连续值空间的聚类方法，但数据挖掘需求已经引起了人们对可以对不需要连续值的变量进行操作的新技术的兴趣。其中，基于关系投票的技术越来越受欢迎。这里的想法是根据示例一致的特征数量来确定示例之间的相似性，而不是根据它们在欧几里得空间中的接近程度。很明显，这种方法在具有离散值变量的数据集上效果良好。然而，现实世界中的数据既有连续值数据，也有离散值数据，欧几里得技术和关系技术的组合需要用于商业和工业应用。

（3）频繁模式提取　最后一类数据挖掘算法是频繁模式提取。其目标是从表格数据模型中提取数据中存在的变量实例化的所有组合，这些组合具有某种预定义的规则性。通常，要提取的基本模式是一种关联：两个集合的元组，在两个集合之间具有单向因果含义，即 $A \rightarrow B$。这个元组附有两个统计指标——置信度和支持度。置信度测量指当 A 存在时 B 在数据中存在的次数比例。支持度测量指 A 出现的次数占总数据的比例。因此，具有非常高的置信度和支持度的关联是一种在数据中经常发生的模式，对于最终用户来说应该是显而易见的；置信度和支持度极低的模式应被视为无显著性的异常值；正是具有置信度和支持度的中间值组合的模式为用户提供了有趣的和以前未知的信息。

这种基本关联模式的许多变体已经被公式化，并可以使用算法来提取。有些模式还附有时间戳；从时间模式组之间频繁出现或频繁匹配的角度来看，提取的时间关系可能具有重要意义。

数据可能有多种格式（结构化、半结构化或非结构化）、不同大小，并且有各种来源，为了获得有价值的信息，得出结论并为决策提供支持，有必要对数据进行检查、清理、转换和建模。

为了使所有这些数据挖掘算法发挥作用，数据选择、清理和转换的方法发挥着必要和关键的作用。对于数据选择，需要从不同的数据库中提取数据，并进行连接，也许还需要对数据进行采样。数据一旦选定，就可能需要清理数据。如果数据不是同一数据库派生的，则在不同数据库中可能还使用不同符号来表征数据。

此外，某些值可能需要特殊处理，因为它们可能意味着信息丢失或未知。在选择和清理过程之后，可能需要进行某些转换。这些转换包括从一种类型的数据到另一种类型数据的转换，以及使用数学或逻辑公式推导出新的变量。很多时候，如果数据仓库尚不存在，则对于大型业务数据集，选择、清理和转换步骤可能会占用高达80%的数据挖掘作业。

3. 数据挖掘系统

如图2-2所示，典型的数据挖掘系统具有以下主要组成部分：

（1）数据库、数据仓库或其他信息库　这是一个或一组数据库、数据仓库、展开的表或其他类型的信息库，可以在数据上进行数据清理和集成。

（2）数据库或数据仓库服务器　根据用户的数据挖掘请求，数据库或数据仓库服务器负责提取相关数据。

（3）知识库　这是领域知识，用于指导搜索或评估结果模式的兴趣度。这种知识可能包括概念分层，用于将属性或属性值组织成不同的抽象层。用户确信方面的知识也可以包含在内。可以根据非期望性评估模式的兴趣度使用这种知识。领域知识的其他例子有兴趣度限制或阈值和元数据（如描述来自多个异种数据源的数据）。

（4）数据挖掘引擎　这是数据挖掘系统基本的部分，由一组功能模块组成，用于特征、关联、分类、聚类分析、演变和偏差分析。

（5）模式评估模块　通常，该部分使用兴趣度度量，并与数据挖掘模块交互，以便将搜索聚焦在有趣的模式上。它可能使用兴趣度阈值过滤发现的模式。模式评估模块也可以与数据挖掘模块集成在一起，这依赖于所用的数据挖掘方法的实现。对于有效的数据挖掘，建议尽可能地将模式评估推进到挖掘过程之中，以便将搜索限制在有兴趣的模式上。

（6）图形用户界面　该模块在用户和数据挖掘系统之间通信，允许用户与系统交互，指定数据挖掘查询或任务，提供信息、帮助搜索聚焦，根据数据挖掘的中间结果进行探索式数据挖掘。此外，该模块还允许用户浏览数据库和数据仓库模式或数据结构，评估挖掘模式，并以不同的形式对模式可视化。

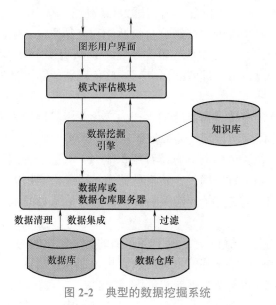

图2-2　典型的数据挖掘系统

2.1.3　传感器技术

智能制造的演变对全球制造业的未来产生了深远而持久的影响。基于工业4.0的智能工厂融合了物理技术和网络技术，使所涉及的技术更加复杂和准确，在物联网时代提高了制造过程的性能、质量、可控性、管理和透明度。先进的低成本传感器技术对于收集数据并利用数据实现制造企业和供应链的有效性能至关重要。不同类型的低功耗／低成本传感器允许在整个制造过程中大大扩展不同设备上的数据收集。

智能工厂由智能机器、设备和控制设备组成，用于监控制造过程的重要参数。这些改进不仅改变了工厂车间的基础设施，促进了机器之间稳定而精确的协作，而且也改变了机械要求，增加了对可靠传感器的需求。本节简要介绍智能工厂中使用的关键传感器。

1. 被动传感器

当前的制造系统由不同的技术定义，但使用的主要技术是传感器、执行器、效应器、控制器和控制回路。传感器在智能工厂中发挥着至关重要的作用，因为它们收集并将准确的数据应用到制造过程中，以提高产品质量。传感器是由敏感材料组成的电气、光电或电子设备，有助于确定特定实体或功能的存在。在许多情况下，使用传感器将物理刺激转换为电信号，然后可以对其进行评估和分析，以便对正在进行的操作做出决策。传感器技术的最新发展使制造商能够前所未有地方便控制和获取数据。

传感器可以主动或被动操作。当主动操作时，需要特定的物理刺激来使传感器工作。例如，颜色识别传感器是有源的，因为它们需要可见光来照亮物体，使传感器可以接收物理刺激。在被动的情况下，物理刺激已经存在，不必提供。例如，红外设备是被动的，因为刺激已经从与身体温度相关的红外辐射中产生。

较多类型的传感器已被开发并成功地用于工业过程控制。智能工厂使用各种传感器类型，从基本的温度和湿度监测到复杂的位置和产品传感。这些传感器通过帮助工厂提前运营来提高制造效率，如移动产品、控制机器人和铣削过程以及感知环境因素。工厂环境中的主要测量和控制参数是温度、位置、力、压力和流量。

（1）温度传感器　由于温度直接影响材料性能和产品质量，因此它是工业工厂中需要测量和控制的关键参数之一。温度传感器是一种能够从资源中收集温度相关信息的设备，然后将其转换为另一个设备可以理解的信息。这些传感器能够测量气体、液体和固体的热特性。

（2）压力传感器　压力传感器能够捕捉压力变化并将其转换为电信号，电信号的大小与施加的压力相关，可以用于识别气体或液体压力。

（3）位置传感器　位置传感器具有位置跟踪能力，有助于确定设施内在制品、工具和其他生产相关物品的精确位置。另外，运动传感器（通过检测物体的移动来触发诸如点亮泛光灯之类的动作）和接近传感器（检测物体是否进入传感器的范围内）的功能与位置传感器类似。

（4）力传感器　力传感器被指定用于将施加的力（如拉伸力、压缩力等），通过电子信号来反映力的大小。然后，这些信号被发送到指示器、控制器或计算机，通知操作员有关过程，或作为输入，帮助实现对机器和过程的控制。

（5）流量传感器　流量传感器具有感测管道或导管内的气体、液体或固体的运动的能力。这些传感器在加工工业中有广泛的用途。

2. 智能传感器

在最近的技术进步中，智能传感器因其潜在的重要性和广泛的应用领域而备受关注。

随着计算机和物联网在工业过程中的集成，普通传感器已经转变为智能传感器，能够利用收集的数据进行复杂的计算。智能传感器的组成单元如图2-3所示。智能传感器除了功能增强外，还变得非常小巧和灵活。智能传感器配备了信号调理、嵌入式算法和数字接口，已成为具有检测和自我意识能力的设备。这些传感器被构建为物联网组件，将实时信息转换为可以传输到网关的数字数据。这些能力使智能传感器能够预测和监控真实的时间场景，并在瞬间采取纠正措施。复杂的多层操作，如收集原始数据、调整灵敏度、过滤、运动检测、分析和通信是智能传感器的主要功能。例如，无线传感器网络（WSNs）是智能传感器的应用之一，其节点与一个或多个其他传感器和传感器集线器连接，从而形成某种通信技术。此外，来自多个传感器的信息可以结合起来，以推断有关现有问题的结论，比如温度和压力传感器数据可以用来推断机械故障的发生。

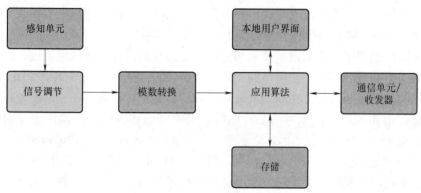

图2-3　智能传感器的组成单元

2.2　网络化技术

2.2.1　工业网络

1. 工业网络概述

在全球第四次工业革命的浪潮下，人、机、物通过工业互联网彼此交互、相互协同，形成更为高效智能的运作系统。为了满足不同应用的各种特定要求，工业网络不仅需要被无缝集成到企业IT网络中，同时还需要在恶劣环境中确保良好的网络性能。

工业互联网时代，工业企业生产流程之间实现互联互通、数据共享，工厂内和工厂间通过网络协同实现柔性生产，将极大提升企业乃至行业的生产效率；但同时工业网络也将呈现规模大、复杂度高的特点，相关成本也将同步升高。因此，如何实现高效低碳也是新一代工业网络面临的一大挑战。一方面，提升企业整体信息系统效率、资源共享、数据互通，带来业务转型，实现能效的大幅提升；另一方面，降低网络本身能耗，支持网络资源的共享和弹性伸缩，目的是在动态工作负载情况下实现网络和计算资源的高效利用，如支持资源动态线性扩展的能力。

工业互联网典型场景涉及产线、车间、园区、办公楼宇、仓储等各种区域，而这些区域涉及生产、研发、物流、办公等各类业务。在这些场景中，要考虑工业控制、高清视频监控、AR 质检、智慧仓储、数字孪生等工业互联网典型业务，并结合各场景应用用户的分布，需要同时考虑承载确定性、设备移动性、用户接入密度、定位精度、超大带宽等特征可能对网络系统造成的影响。

在工业自动化早期，专用的工业网络占据主导地位，减少自动化金字塔下层的通信鸿沟是专用通信基础设施的本质。在工厂的自动化系统中，其数据流主要是面向有线网络，该领域有两种主要技术：现场总线（FB）和实时以太网（RTE）协议。其中，FB 系列包含几个专门用于实时约束操作的协议，这些标准通常在工厂中用作 ISA-95 模型中的底层通信。大多数 RTE 协议以类似的方式工作，基于循环更新和时分访问，它可以在 ISA-95 模型的所有级别上统一工厂结构中所有级别的数据交换，在物理层使用来自办公网络的廉价收发器。有线网络的主要优点是确定性操作，包括在某些情况下以同步模式工作的可能性。这一领域的主要问题是可用标准种类繁多、互操作性低。

跨不同通信层使用的不同通信技术和协议的复杂性则需要工业网络的进一步发展，但是，计算机网络的发展却给工业网络的发展带来了较长时间的中断。在 20 世纪 90 年代中后期，互联网技术不断发展并在商业上取得了成功，但基于以太网的网络缺乏保证实时的能力，因此没有出现基于以太网的工业网络，工业网络领域仍然主要使用专用的工业网络。后来逐渐开发出一系列基于以太网的方法，包括 PowerLink、PROFINET、EtherCAT 等，以满足低延迟要求。在 21 世纪初期，随着无线网络的集成而发生网络演变。IEEE 802 协议系列被积极采用，以实现无线连接机器和设备所提供的灵活性。无线工业网络是一种使能技术，目前用于许多应用场合，如控制 AGV 或 RGV、降低布线成本、控制工业过程、促进预测性维护等。相对于有线网络来说，其可靠和实时性相对较差。

TCP/IP 即传输控制协议 / 互联网协议，是网络通信的基础。它是一套通用的、可靠的网络通信协议，几乎支持所有的网络通信。TCP/IP 分为四层：网络接口层、网络层、传输层和应用层，每一层都有其特定的功能和协议。在网络协同制造中，TCP/IP 用于连接不同的计算机网络和设备，支持数据的稳定传输。它的可靠性和广泛支持确保了制造过程中各个单元能够有效地交换信息。

OPC UA（开放平台通信统一架构）是专为工业自动化设计的一种通信协议。它不仅提供了数据访问的标准化方式，还支持报警和事件、历史数据访问等高级功能。OPC UA 具有平台无关性，可以在不同的硬件和操作系统上实现，非常适合复杂的工业环境。在网络协同制造中，OPC UA 可以用来连接和协调不同的生产设备、控制系统和数据处理系统，确保数据的准确和及时交换。

从是否使用物理传输介质来作为信号传输的角度来区分，通信方式可分为有线通信和无线通信。以太网技术是有线通信技术的代表，在工业控制系统中被广泛使用，因为它能提供稳定且高速的数据传输能力。以太网技术支持高数据传输速率，可达到 10Mbit/s~100Gbit/s 不等，极大地满足了数据密集型应用的需求，如实时监控、大规模数据处理等。此外，以太网技术的可靠性和安全性也得到了业界的广泛认可，通过物理隔离和加密技术可以有效保护数据安全。以太网技术常用于连接控制器、计算机、传感器和其他关键设备，确保数据快速、准确地在设备间传输，支持制造过程的高效运行。

随着无线通信技术的发展，Wi-Fi、蓝牙、ZigBee 等技术在制造领域的应用日益增多。这些无线技术提供了更高的通信灵活性，可以支持移动设备的接入，减少布线的复杂性和成本，尤其适用于动态变化或空间受限的制造环境。Wi-Fi 技术支持较高的数据传输速率，适用于数据传输量大的应用场景。它的覆盖范围较广，易于部署，适合工厂内部的大范围无线通信。蓝牙技术以其低功耗和短距离通信的特点，在小范围内的设备连接中表现出色。特别是在设备间的点对点通信中，蓝牙技术能够提供稳定可靠的数据传输。ZigBee 技术以其低功耗和高安全性的特点，在工业自动化和物联网应用中占有一席之地。它支持构建大规模的设备网络，适合传感器数据的收集和传输。

有线通信和无线通信技术在实际应用中仍面临着一系列挑战。例如，无线通信环境中的干扰问题、有线通信的布线成本和复杂性以及不同通信技术之间的兼容性问题等。此外，随着制造过程对数据通信速度和可靠性要求的提高，如何进一步提升通信技术的性能，以保证数据传输的实时性和准确性，也是未来发展的关键方向。为了应对这些挑战，制造企业和技术供应商需要持续探索和创新，如采用更先进的通信协议和标准、开发更智能的通信管理策略、引入机器学习和人工智能技术优化通信性能等；同时，加强不同通信技术之间的融合与协同，提高系统的整体通信效率和稳定性。

目前，工业通信还是现场总线、以太网和无线解决方案的混合体，这些解决方案变得复杂、难以升级或更改，在工业自动化向前迈出重要一步之前，仍然是一个需要克服的挑战。已经发展起来的新网络方法包括物联网（IoT）和网络物理系统（CPS），这两种方法都应该在未来的工业自动化解决方案中占有一席之地。CPS 用于工业自动化背后的理念是创建一个工业生态系统，允许机器和系统之间进行更全面、更细粒度的互联。将业务逻辑迁移到云是信息处理金字塔应用层的一个很有前途的趋势。工业物联网有两种众所周知的参考体系结构：工业 4.0 参考体系结构模型（RAMI 4.0）和工业互联网参考体系结构（IIRA）。RAMI 4.0 在描述第四次工业革命的空间时使用了三个维度，即生命周期、物理世界和基于 IT 的商业模型的映射。一些总部位于德国的领先行业公司发起并正在推动 RAMI 4.0。此外，工业互联网联盟在美国开发了 IIRA，IIRA 侧重于四个不同的观点，包括功能、使用、业务和实施。

从功能上分，工业网络的结构可分为信息网络（上）和控制网络（下）上下两层。信息网络是企业数据共享和传输的载体；控制网络与信息网络紧密地集成在一起，服从信息网络的操作，同时又具有独立性和完整性。在实现上，信息网络作为计算机网络，可由流行的网络技术构建，控制网络主要基于现场总线构建。

2. 工业网络 3.0

第二次工业革命时期，在生产系统中，面向基础自动控制设备、以模拟信号通信为主的自动控制网络，称为工业网络 1.0；在第三次工业革命时期，在车间中，面向数字化工业设备及信息化自控系统、以数据通信为主的工业总线和工业以太网，称为工业网络 2.0；随着第四次工业革命的来临，面向工业互联网生产要素全连接、生产过程高智能的目标，网络应用范围从局域扩展到广域，工业网络 3.0 应运而生。

工业网络 3.0 是面向 2030 年及未来，以工业互联网应用为驱动，支持人、机、平台协同创新应用，技术高融合、部署高灵活、服务可度量、接口可编程的新型工业网络。工业网络 3.0 以先进网络技术为基础，以泛在互联、确定承载、智能极简、高效低碳为目标，全面支撑机器与平台、人与平台、人与机器的互联互通互操作。

（1）泛在互联是基本要求　在新一轮科技革命的驱动下，新一代信息技术正深刻影响制造业发展，工业数据的横向与纵向集成正不断扩展延伸，工业网络3.0的范围不断扩展。一是传统的"聋""哑"设备将被数字化网络化设备替代，人、机、料、法、环、测实现全面的无死角网络覆盖和连接，从生产现场到云端将通过网络互联和数据互通，构建一套可互操作、可移植的开放架构体系。二是泛在安全成为工业网络的内生属性，通过增强主动防御、智能感知、协同处理等能力，实现网络设施和数据的稳定可靠、安全可信。

（2）确定承载是核心诉求　采集、传输、转发数据是网络的基础能力，更好的承载能力、确定的服务性能成为工业网络3.0的核心能力。①通过各类新型网络化技术实现端到端融合承载，面向不同垂直行业、多种业务混合传输需求，按需提供确定性网络保障。②实现多层级、广范围的确定性传输。车间级网络传输时延达到亚毫秒级，机械制造类的机台内部网络端到端通信响应时间缩减到微秒级；园区级网络反馈控制类业务的端到端传输时延达到毫秒级；城域级网络达到TB级的传输带宽，确定性端到端时延达到10ms级，承载接入服务器规模达到百万级以上。

（3）智能极简是内生需求　随着数字化节点的快速增加，灵活化生产的规模扩大，工业网络体系复杂度日益增加，人工辅组甚至无人化的"建、运、管、维"成为工业网络3.0的必然要求。①工业网络全生命周期智能化，通过在网络规划、部署、运维、优化各环节构建感知洞察能力、优化分析能力、决策部署能力等，实现人员成本降低、操作失误减少、故障快速定位解决，大幅提升工业网络支撑能力。②服务接口极简化，以数据为基础、以场景为导向、以算法为支撑，配合大数据处理和机器学习技术，免除烦琐的应用安装、部署、维护过程，降低工业网络管理、运营、维护的难度和技术门槛，实现人对系统接口的简洁化。

（4）高效低碳是更高追求　工业互联网数据流量的爆发式增长将导致网络能源消耗的大幅增加，工业网络3.0要实现效率与节能水平的同步提升。①通过新型转发技术和管控技术，提高网络对各种工业应用的适配支撑能力，一网多用，减少重复建设；提高网络流量的负载水平，重复利用链路带宽，物尽其用。②通过绿色节能技术降低网络设备能耗，实现设备级的高能效；通过设备间的协作平衡，实现网络级的高能效；利用可再生能源为系统供能，实现系统级的高能效。

围绕着"泛在互联、确定承载、智能极简、高效低碳"的整体愿景，工业互联网产业联盟2023年6月发布的《工业网络3.0白皮书》中给出了工业网络3.0的功能架构，其分为四个主要层次，如图2-4所示。

其中，应用层负责识别上层业务提出的需求并将其转换为工业网络内部的各种服务指标。编排层包含上下两个部分：行业应用平台根据应用层所理解的具体需求，对复杂任务进行拆解，并为不同业务建立特有的流量模型，同时根据服务指标监控业务和网络的质量；共性能力平台则将工业控制能力以及计算和网络资源融合为统一视图，并基于流量模型对其进行智能编排，进而实现自适应的网络构建。控制层感知当前网络状态并跨域管理网络资源，根据网络编排结果对网络设备进行管理配置，从而为上层业务提供资源保障。网络层提供了工业网络的基础功能：网络OS配合控制层的指令调整和监控设备配置，实现网络遥测与资源预留等功能；硬件设备则从硬件层次上保障了网络的确定性转发与实时模态转换，并将工业控制能力集成到网络设备中。

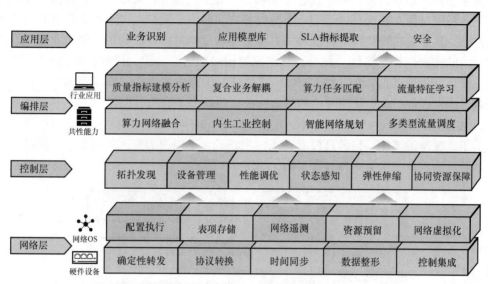

图 2-4　工业网络 3.0 的功能架构

在工业互联网场景下，工业控制网络与信息网络面临深度交融的趋势。工业网络 3.0 需要在传统工业网络确定性转发的基础上，通过功能架构支撑进一步实现实时可靠多模互联、深度智能网络规划以及网络内生工业控制。在时间同步、数据整形、协议转换、多类型流量调度等技术的支持下，工业网络 3.0 可以实现实时的、确定的跨模态跨协议数据传输。同时，面对柔性制造带来的越发多变的业务需求，工业网络 3.0 将通过自适应 AI 学习网络流量特征，从而针对不同需求进行智能化的网络规划和资源分配。此外，除了基本的数据通信功能，工业网络 3.0 将计算资源、网络资源和工业控制相结合，通过业务网络融合调度、确定性计算和控制能力集成等技术，实现网络内生的工业控制。

2.2.2　物联网

1. 物联网概述

制造业企业分布于各个行业，信息化水平各不相同，加工现场环境差异较大，同时制造技术不断更新迭代，使得生产车间中存在着多个国家不同企业的生产设备。智能制造需要将这些设备连接在一起，并使它们能协调完成制造任务。这不仅涉及数控机床、机器人、AGV（自动导向车）、PLC 等物理设备，而且涉及这些物理设备间的通信协议。由于这些通信协议在不同时期由不同厂家针对不同的应用场景相继推出，因此使用这些通信协议的物理设备间不能直接进行通信。

物联网是"工业 4.0"的赋能技术之一。它的目标是将人类与机器和智能技术联系起来。物联网是指快速交换大量数据的计算机设备（如传感器）的庞大互联网络。物联网是智能制造系统的核心构成，能够支撑与智能制造系统其他子系统（如 MES、MDC、DCM、ERP）无缝对接。

为了理解物联网在制造业中的有效使用，必须认识到不同的技术，特别是使制造企业在使用工业 4.0 时高效表现的传感器。通过物联网将日常物品与连接的设备相结合，可以收集信息、分析信息，并创建从过程中学习的动作。工业 4.0 概念的核心目标是描述高度数字化的制造过程，在这一过程中，不同设备之间的信息流在人类干预非常有限的环境中得到控制。基于云的物联网平台能够将真实世界与虚拟世界连接起来，使企业能够管理物联网设备的连接性和灵活性。此外，物联网架构必须足够灵活，以操作不同的无线协议，并适应新传感器输入的添加（如 USB）。这也可以在物理灵活性方面得到承认，包括可穿戴设备、携带设备、电池使用等。传感器的使用使这一点成为可能。

2. 物联网的架构

关于物联网的架构，目前还没有达成一致意见。不同的研究人员提出了不同的体系结构，最常见的则是三层架构和五层架构，如图 2-5 所示。

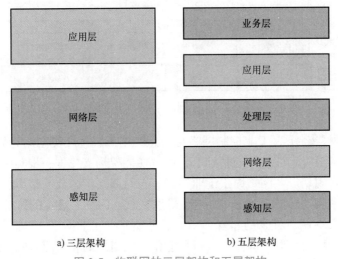

图 2-5   物联网的三层架构和五层架构

（1）三层架构   三层架构是最基本的体系结构。它是在该领域研究的早期阶段引入的，包括感知层、网络层和应用层。

1）感知层是物理层，具有用于感测和收集环境信息的传感器。它能感应一些物理参数或识别环境中的其他智能对象。

2）网络层负责连接其他智能事物、网络设备和服务器。它的功能还用于传输和处理传感器数据。

3）应用层负责向用户提供特定于应用的服务。它定义了可以部署物联网的各种应用程序。

（2）五层架构   三层架构定义了物联网的主要思想，五层架构则在三层架构的基础上增加了处理层和业务层。感知层和应用层的作用与三层架构的体系结构相同。其余三层的功能如下：

1）网络层通过无线、5G、LAN、蓝牙、RFID 和 NFC 等网络将传感器数据从感知层传输到处理层，反之亦然。

2）处理层也称为中间件层。它用于存储、分析和处理来自传输层的大量数据，可以管理并向较低层提供一组不同的服务。它采用了许多技术，如数据库、云计算和大数据处理模块。

3）业务层管理整个物联网系统，包括应用程序、业务和利润模式以及用户隐私。

消息队列遥测传输（MQTT）协议是在物联网和机器与机器（M2M）通信中有广泛应用的传输协议，它是一种轻量级的发布/订阅消息传输协议，特别适用于网络带宽有限、设备资源受限的环境。它设计简单，易于实现，能够在不稳定的网络环境中提供可靠的数据传输服务。MQTT常用于连接各种传感器、移动设备和轻量级客户端，支持实时数据的高效传输。

2.2.3　新一代通信网络技术

工业4.0趋势下，制造商开始利用数字化技术，实现对生产流程更透明的管控，以提高生产效率、降低生产成本和为客户提供更多的价值。工业4.0的前提是工厂拥有高效的连接解决方案，需要一个智能、稳定、安全的工厂网络，然后才能挖掘到所需的大数据，并将这些数据转换成价值。

在大多数工业网络环境中，工厂里90%以上的对象都需要连接网线。不过，这实现起来并不容易，尤其是老旧的生产设备成为信息孤岛，不允许对数据进行采集和分析，这样使得管理者无法进一步了解和管理这些设备。

过去的工厂网络大多采用有线连接方式，要改装设备的成本较高，重新架设线缆将产生难以估计的成本，而且会花费大量的时间，甚至导致生产停机，造成生产力和收入的下降。因此，厂商必须考虑重新布线带来的价值和成本是否符合投资回报预期。

未来工厂大量设备都要连网，包括机器人、AGV、机床及其他自动化设备，会让连接变得更复杂，对于有线连接方式来说将是一项巨大的工程。工厂需要一种易于部署、易于管理和易于使用的连接解决方案，以实现现场设备快速、轻松地相互通信。

无线网络给制造业生产过程创造了较大的灵活性，大大缩短了调试新生产线的时间，使生产线转换调整也便利了许多，从而使得制造商能够更快地响应并满足不断变化的客户需求。

1. Wi-Fi 6

Wi-Fi已成为当今世界无处不在的技术，为数十亿台设备提供连接，也是越来越多的用户上网接入的首选方式，并且有逐步取代有线接入的趋势。为适应新的业务应用和减小与有线网络带宽的差距，每一代802.11的标准都在大幅度提升其速率。

然而，随着视频会议、VR互动、移动教学等业务应用越来越丰富，Wi-Fi接入终端越来越多。IoT的发展带来了更多的移动终端接入无线网络，甚至以前接入终端较少的家庭Wi-Fi网络也将随着越来越多的智能家居设备的接入而变得拥挤。因此，Wi-Fi网络仍需要不断提升速度，同时还需要考虑是否能接入更多的终端，以适应不断增加的客户端设备数量以及不同应用的用户体验需求。

新一代Wi-Fi需要解决更多终端的接入导致整个Wi-Fi网络效率降低的问题。早在2014年IEEE 802.11工作组就已经开始着手应对这一挑战，在2019年正式推出的Wi-Fi 6标准将引入上行MU-MIMO、OFDMA频分复用、1024-QAM高阶编码等技术，将从频谱资源利用、多用户接入等方面解决网络容量和传输效率问题。

Wi-Fi 6 是下一代 Wi-Fi 6 标准的简称。一方面，随着 Wi-Fi 标准的演进，WFA（Wi-Fi 联盟）为了便于 Wi-Fi 用户和设备厂商轻松了解其设备连接或支持的 Wi-Fi 型号，选择使用数字序号来对 Wi-Fi 重新命名；另一方面，选择新一代命名方法也是为了更好地突出 Wi-Fi 技术的重大进步，它提供了大量新功能，包括增加的吞吐量和更快的速度、支持更多的并发连接等。根据 WFA 的公告，现在的 Wi-Fi 命名分别对应如表 2-1 所示的 802.11 技术标准。

表 2-1　802.11 技术标准

发布年份	802.11 标准	频段	新命名
2009	802.11n	2.4GHz 或 5GHz	Wi-Fi 4
2013	802.11ac wave1	5GHz	Wi-Fi 5
2015	802.11ac wave1	5GHz	
2019	802.11ax	2.4GHz 或 5GHz	Wi-Fi 6

Wi-Fi 6（802.11ax）继承了 Wi-Fi 5（802.11ac）的所有先进 MIMO 特性，并新增了许多针对高密部署场景的新特性。以下是 Wi-Fi 6 的核心新特性：

1）OFDMA 频分复用技术。

2）DL/UL MU-MIMO 技术。

3）更高阶的调制技术（1024-QAM）。

4）空分复用技术（SR）和 BSS Coloring 着色机制。

5）扩展覆盖范围（ER）。

Wi-Fi 6 设计之初就是为了适用于高密度无线接入和高容量无线业务，在工业互联场景下的产品、产线的 VR 规划设计、AR 辅助装配、车间现场高清晰视频回传、高密度 AGV 无人仓、物联网全连接工厂等。

在这些场景中，接入 Wi-Fi 网络的客户端设备将呈现巨大增长，还在不断增加的语音及视频流量也对 Wi-Fi 网络带来挑战。我们都知道，机器视觉质检（带宽要求 200Mbit/s/终端）、4K 视频流（带宽要求 30Mbit/s/终端）、语音流（时延小于 30ms）、VR 流（带宽要求 50Mbit/s/人、时延小于 15ms）对带宽和时延是十分敏感的，如果网络拥塞或重传导致传输延时，将对用户体验带来较大影响。

现有的 Wi-Fi 5（802.11ac）网络虽然也能提供大带宽能力，但是随着接入密度的不断增加，吞吐量性能遇到瓶颈；而 Wi-Fi 6（802.11ax）网络通过 OFDMA、UL MU-MIMO、1024-QAM 等技术，使这些服务比以前更可靠，不仅支持接入更多的客户端，同时还能均衡每个用户的带宽。在工业制造场，Wi-Fi 6 网络将更容易应对。

2. 5G/6G

5G 是第五代移动网络，是旨在提高数据传输效率的一代蜂窝网络。

在异构物联网中，2G/3G/4G/5G、Wi-Fi、蓝牙等无线技术已被用于连接数十亿台通过无线通信技术连接的设备。2G 网络用于语音，3G 用于语音和数据，4G 用于宽带互联网服务。4G 显著增强了蜂窝网络的能力，可以为物联网设备提供可用的互联网接入。5G 使物联网设备能够通过智能传感器与智能环境进行交互，通过提供更快的通信和容量，可以显著扩大物联网覆盖范围和规模，并且可以连接数十亿个智能设备，以创建智能设备交互的大规模物联网。5G 的普及促进了各种物联网应用的增加，这些应用需要大规模连接、超低延迟和安全性。

5G 物联网集成了许多技术，正在对物联网的应用产生重大影响。支持 5G 的物联网包括从物理通信到物联网应用的几项关键使能技术，包括 5G-IoT 架构、5G 使能无线连接、5G 云计算、5G 设备到设备通信、5G-IoT 应用等。物联网应用需要使用混合模型来实现实时通信。5G 网络的强大功能对于连接各种物联网设备至关重要。

5G 给移动通信市场带来的变革将实现更快的数据速度、超低延迟和巨大的互联设备数量。

5G 将需要对移动网络的各个方面进行改变。例如：

1）新的空中接口标准。空中接口将使用一种称为正交频分复用（OFDM）的新标准，该标准在多个载波频率上对数据进行编码。OFDM 将允许 5G 网络以更低的延迟运行，并通过低频和高频工作提供更大的灵活性。

2）对场地位置和尺寸的更改。5G 标准要求低于 1ms 的延迟和 20Gbit/s 的传输速度。为了实现这些标准，运营商将把 5G 站点定位在离用户更近的地方，同时缩小其规模。

3）软件定义的移动核心网络。通过用自动化取代通信基础设施的手动配置、控制和服务，软件定义的网络有望节约成本和提高灵活性。

4）增强的网络处理器。5G 环境中数据流量的复杂性和性能要求需要高性能的网络处理器，尤其是转发功能和相关服务。

5）新的安全方案。随着 5G 的发展，需要考虑更多的网络元素和端点，以及更多的站点，因而安全性的攻击范围变得更广。因此，需要新型的网络安全方案。

尽管人们认为 5G 是将所有东西连接在一起的手段，特别是对于物联网，但 5G 不足以让物联网设备实时交换各种类型的数据。需要解决的基本问题是更高的系统容量、更高的数据速率、更低的延迟、更高的安全性和改进的服务质量（QoS）。6G 技术正在兴起，预计将支持比 5G 网络更大的网络容量、更低的延迟和更快的数据传输。6G 目前正在开发用于支持蜂窝数据网络的无线通信技术。继 1G~5G 的五代移动通信系统之后，6G 代表了最新的移动通信网络。从理论上讲，6G 网络的数据传输速率可以提高 10 倍。

无线连接技术的每次发展大约相隔十年：3G 出现在 21 世纪初，4G 出现在 2010 年，5G 出现在 2020 年，而 6G 预计将于 2030 年投入商用。6G 标准化预计在 2028 年左右。6G 具有无缝连接、无处不在的无线智能、上下文感知的智能服务等诸多特性。在 6G 中将部署新技术，如太赫兹通信、超大规模天线和光通信。6G 将是一个复杂的系统，包括太赫兹通信技术、可见光通信技术、极化编码传输技术、多维资源分配技术、轨道角动量技术、全双工技术、人工智能信号处理技术、物联网驱动网络技术等关键使能技术。2020 年 11 月 6 日，中国成功发射了一颗 6G 技术候选试验卫星，该卫星旨在验证太赫兹（THz）通信技术在太空中的应用。在 6G 中，将探索无人机站和高吞吐量卫星作为不需要基于小区的移动网络的新通信节点。针对 6G 系统提出了将陆地、机载和卫星网络集成到无线网络中。在物联网连接方面，6G 将有助于实现万物互联。

我们对 6G 的愿景是，它将有四个新的范式转变：第一，为了满足全球覆盖的要求，

6G 将不局限于地面通信网络，而需要与卫星和无人机等非地面通信网络相补充，从而实现空天地海综合通信网络；第二，将充分探索所有频谱，以进一步提高数据速率和连接密度，包括亚 6GHz、毫米波、太赫兹和光学频带；第三，面对使用极其异构的网络、多样化的通信场景、大量天线、宽带和新的服务需求所产生的大数据集，6G 网络将借助人工智能和大数据技术实现一系列新的智能应用；第四，在发展 6G 网络时，必须加强网络安全。

2.2.4　网络安全

随着制造系统对网络技术的依赖日益增加，网络安全成为一个不可忽视的重要问题。网络安全的重要性不仅体现在保护企业资产和商业秘密上，更关系到制造系统的稳定运行和企业声誉。因此，构建一个全面、多层次的网络安全防御体系是保障网络协同制造成功的关键。

数据是网络协同制造系统的核心资产，数据加密是保护数据安全的第一道防线。数据在传输过程中易于被截获，如果未经加密，传输的数据可能被第三方窃取或篡改。因此，采用强大的加密技术对数据进行加密，无论是在数据传输过程中还是存储时都是至关重要的。加密不仅可以防止数据被未授权访问，还能确保即使数据被截获，其内容也无法被轻易解读。访问控制是网络安全的另一个关键环节，它包括身份验证和权限管理，确保只有经过授权的用户和设备才能访问网络资源和数据。

身份验证机制如双因素认证、生物识别技术等，可以有效确认用户的身份。权限管理则确保用户只能访问其授权的资源，防止未授权的访问或操作，从而减少内部和外部的安全威胁。即使采取了数据加密和访问控制等措施，网络协同制造系统仍可能面临来自网络的各种攻击。因此，部署入侵检测系统（IDS）和入侵防御系统（IPS）是主动防御网络攻击的重要手段。IDS 能够监控网络活动，识别潜在的攻击行为或威胁；IPS 则在 IDS 的基础上采取措施，阻止或减轻这些攻击。

通过这些系统，企业可以实时监控网络状态，快速响应潜在威胁，保护网络和数据免受攻击。网络安全不仅仅是技术问题，也是人的问题。员工可能因为缺乏安全意识或不当操作成为网络安全的薄弱环节。因此，定期对员工进行网络安全培训，提升他们的安全意识和操作技能是非常必要的。通过教育员工识别"钓鱼"邮件、避免使用弱密码、不在未授权的设备上访问敏感数据等，企业可以大大降低安全风险。随着网络协同制造技术的发展和网络攻击手段的不断进化，网络安全面临的挑战也在不断增加。企业需要持续关注网络安全领域的最新动态，适时更新和升级安全策略和工具，以应对日益复杂的网络安全威胁。

2.3　智能化技术

2.3.1　人工智能技术

人工智能是一门研究使用计算机模拟人类智能行为的科学和技术，目标在于开发能够感知、理解、学习、推理、决策和解决问题的智能机器。人工智能研究的问题域包括推理、知识表示、规划、学习、自然语言处理，方法包括机器学习、计算智能、知识图谱等。人工智能的概念主要包含以下几个方面：

1）人工智能的目标是模拟人类的智能行为。人工智能致力于使计算机能够像人类一样感知世界、理解信息、进行学习和决策，涵盖视觉、语音、自然语言处理、机器学习等领域的研究和应用。

2）人工智能的学习能力。人工智能强调计算机能够从数据中学习，并根据学习的结果不断优化自己的性能。机器学习是人工智能的重要分支，涉及许多算法和模型，如监督学习、无监督学习、强化学习等。

3）人工智能可以解决的问题。人工智能的一个主要目标是使计算机能够解决各种复杂问题，如图像识别、语音识别、自然语言处理、自动驾驶、医疗诊断等。通过深度学习等技术，计算机可以从大量数据中提取有用的信息，从而实现更高效的问题解决方法。

4）人工智能的自主性与多样性。理想的人工智能系统应该能够独立地进行学习、决策和行动，而不需要持续的人类干预。人工智能涉及多个子领域，包括机器学习、计算机视觉、自然语言处理、专家系统、智能控制等。这些子领域有着不同的研究方法和技术，共同构成了人工智能的多样性。

在工业领域，人工智能技术已被探索用于工业 4.0 的先进制造过程。人工智能技术包含机器学习、知识图谱、自然语言处理、人机交互、计算机视觉、生物特征识别、AR/VR 等关键技术。其中，机器学习和知识图谱是实现更高层次人工智能的重要环节，两者不能互相替代。下面予以简要介绍。

1. 机器学习

机器学习是人工智能的核心技术之一，它帮助计算机根据经验进行建模。其目标是使计算机系统能够通过数据来学习和改善性能，并准确地预测未来事件。一般而言，经验对应于历史数据（如互联网数据、科学实验数据等），系统对应于数据模型（如决策树、支持向量机等），而性能则是模型对新数据的处理能力（如分类和预测性能等）。因此，机器学习的根本任务是数据的智能分析与建模。

智能工厂使用强大的数据采集系统以电子方式收集和传输来自组织几乎所有流程的数据。许多制造变量在不同阶段被连续测量，其值被存储在组织的数据库中。该数据可能包括产品、机器、生产线，操作生产线的人力资源，工艺中使用的原材料，环境（湿度、温度等），连接到机器上的传感器（振动、力、压力、张力等），机器故障/维护、产品质量和其他重要的制造因素，从而形成相关联的大规模数据。这种大规模数据拥有极强的可用性和不断增加的巨大数量。由于传统数学和统计模型无法有效地理解数据样本特征之间的复杂关系并预测新样品的未知特征值，因此机器学习在智能制造领域中，得到广泛应用。在应用过程中，通过数据分析确定重要的特征和结构，通过数据挖掘发现关于数据的隐含知识、规则和模式，通过机器学习构建有效的模型来训练制造系统的行为，从而解决智能工厂内的决策支持、产线同步调度、故障预测、机器能耗估计、产品质量评估及制造过程中的缺陷检测等任务。

机器学习在大数据领域中变得越来越重要，该领域正在快速发展。在信息提取中，统计方法用于训练系统进行分类、预测和发现。然后，这些发现为应用和企业内部决策提供信息，进而影响关键的增长指标。随着大数据的重要性越发凸显，对数据科学家的需求也将增加，他们需要帮助确定业务问题的优先级，并确定与这些查询相关的信息需求。

ISO/IEC 23053《运用机器学习的人工智能系统框架》中对机器学习技术框架进行了细化，如图 2-6 所示。机器学习技术框架体现了近年来机器学习学术、产业应用分支中的新型技术路线。图中包含了模型的开发与使用子层、数据子层以及工具和技术子层。在模型的开发与使用子层中，应用是由用于解决任务的模型构建的，而模型的开发与使用又依赖软件工具、技术和数据。

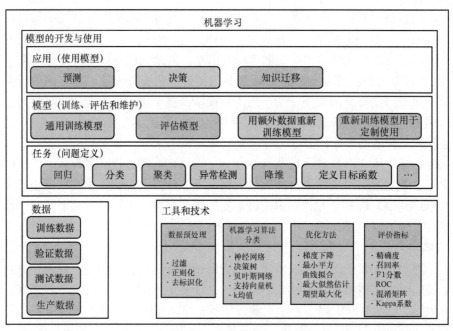

图 2-6　机器学习技术框架

机器学习中大量研究都集中在分类上，分类是将对象分配到预定义类别之一的任务。一些制造问题属于聚类的范畴，聚类是根据对象的相似性将对象划分为组的任务。主要的机器学习方法分为：监督学习和无监督学习两大类；监督学习中的一个典型问题是分类；而无监督学习在聚类问题中相当常见。常用的分类技术包括神经网络、支持向量机和决策树；最广泛使用的聚类技术是 k 均值（k-means）。

一个机器学习系统可以由多个机器学习模型组合而成。系统组件可按其输入、输出及其意图或功能进行描述，这些组件可以独立测试。机器学习模型在部署应用后会产生预测或决策等输出结果。当模型当中含有在获得模型时已经过训练的预测训练机器学习模型时，在某些情况下，进一步开发的模型可以应用于不同领域的类似任务。这也就是常说的迁移学习，即一种修改预训练机器学习模型以执行不同相关任务的技术。

输入数据和任务的差异，以及部署选项、准确性和可靠性等因素，导致了不同的应用设计。使用一个或多个机器学习模型开发的人工智能应用程序可以使用专有的定制设计，也可以遵循特定领域的设计模式。机器学习的算法和数据准备技术的选择都是根据应用任务量身定制的。

经典的机器学习算法有支持向量机、条件随机场、提升（Boosting）算法等。

（1）支持向量机（Support Vector Machine，SVM） SVM 通过构建一个最大间隔的超平面，使数据点离超平面的距离最大化，从而实现分类或回归任务。在发展初期，SVM 主要被应用于二分类问题。后来研究者们对 SVM 进行了扩展，使其可以用于多分类和回归问题。SVM 的发展得益于统计学和优化理论的进展，特别是核函数的引入，使其能够处理复杂的非线性问题。由于 SVM 具有较好的特征选择能力和较高的准确性，其能够处理高维稀疏的文本特征，可有效地对文本进行分类和标注，因此被广泛应用于文本分类、情感分析、命名实体识别等任务。此外，SVM 还能够通过训练样本学习分离不同类别的超平面，从而能够对新的图像进行分类和识别，因此也常被用于图像分类、目标检测、人脸识别等任务。

（2）条件随机场（Conditional Random Field，CRF） CRF 是一种用于序列标注和结构化预测的概率图，最早由拉弗蒂（Lafferty）等人提出。它能够对标记序列的依赖关系进行建模，可以考虑上下文信息，并通过学习训练数据中的相关特征来预测给定输入序列的标记。CRF 的缺点主要是收敛速度慢、训练时间长、模型复杂度高。但 CRF 可以自然地将上下文标记间的联系纳入模型的考虑中，从而灵活地设计特征，因而它也是自然语言处理领域中最常用且表现最好的模型之一。在实际应用中，CRF 主要用于序列标注问题，如命名实体识别、词性标注、句法分析等。相比其他统计模型，它能够更好地利用上下文信息，提高标注的准确性。

（3）提升（Boosting）算法 提升（Boosting）算法是一种集成学习方法，其目标是通过组合多个弱学习器来构建一个强大的学习器。罗伯特·夏柏尔（Robert Schapire）于 1990 年提出最初的 Boosting 算法。但该算法需要知道一些实践中难以事先得知的信息，这导致其仅具备理论意义。在此基础上，罗伯特·夏柏尔和约夫·弗洛恩德（Yoav Freund）于 1996 年提出改进算法 AdaBoost（Adaptive Boosting）。AdaBoost 通过调整每个样本的权重来逐步增强弱分类器的表现，其仅需 10 行代码但十分有效，并且经修改推广能应用于诸多类型的任务。杰罗姆·弗里德曼（Jerome Friedman）于 1999 年提出了 GBM（Gradient Boosting Machines）算法。它是一种梯度提升算法，通过最小化损失函数的负梯度来训练新的分类器，进一步优化预测结果。相较 AdaBoost，GBM 能够处理更一般化的损失函数，从而更好地拟合复杂的数据集。GBM 与 AdaBoost 一样均为现代 Boosting 算法的基础。

SVM、CRF、Boosting 算法的提出和广泛应用促进了机器学习算法的发展，并为后续的深度学习和神经网络等技术的兴起提供了重要的思路和方法。此外，这些经典算法的成功应用也使人们对模型可解释性的重要性有了更深入的认识，为后续的研究提供了启示。

2. 知识图谱

人工智能分为感知层与认知层两个层次：首先是感知层，即计算机的视觉、听觉、触觉等感知能力，目前人类在语音识别、图像识别等感知领域已取得重要突破，而机器在感知智能方面越来越接近于人类；其次是认知层，是指机器能够理解世界和思考的能力，认知世界是通过大量的知识积累实现的，要使机器具有认知能力，就需要建立一个丰富完善的知识库。因此，从这个角度来说，知识图谱是人工智能的一个重要分支，也是机器具有认知能力的基石，在人工智能领域具有非常重要的地位。

知识图谱将人与知识智能地连接起来，能够对各类应用进行智能化升级，为用户带来更智能的应用体验。知识图谱是一个宏大的数据模型，可以构建庞大的知识网络，包含客观世界存在的大量实体、属性及关系，为人们提供一种快速便捷进行知识检索与推理的方式。近些年蓬勃发展的人工智能本质上是一次知识革命，其核心在于通过数据观察与感知世界，实现分类预测、自动化等智能化服务。知识图谱作为人类知识描述的重要载体，推动着信息检索、智能问答等众多智能应用发展。

尽管人工智能依靠机器学习和深度学习取得了快速进展，但严重依赖于人类的监督以及大量的标注数据，属于弱人工智能范畴，离强人工智能仍然具有较大差距，而强人工智能的实现需要机器掌握大量的常识性知识，同时以人的思维模式和知识结构来进行语言理解、视觉场景解析和决策分析。知识图谱技术将信息中的知识或者数据加以关联，实现人类知识的描述及推理计算，并最终实现像人类一样对事物进行理解与解释。知识图谱技术是由弱人工智能发展到强人工智能过程中的必然趋势，对实现强人工智能有着重要意义。

知识图谱以结构化的形式描述客观世界中概念、实体及其关系，将互联网的信息表达成更接近人类认知世界的形式，提供了一种更好的组织、管理和理解互联网海量信息的能力。知识图谱给互联网语义搜索带来了活力，同时也在智能问答中显示出强大威力，已经成为互联网知识驱动的智能应用的基础设施。知识图谱与大数据和深度学习一起，成为推动互联网和人工智能发展的核心驱动力之一。

知识图谱不是一种新的知识表示方法，而是知识表示在工业界的大规模知识应用。它将互联网上可以识别的客观对象进行关联，以形成客观世界实体和实体关系的知识库，其本质上是一种语义网络，其中的节点代表实体（Entity）或者概念（Concept），边代表实体/概念之间的各种语义关系。知识图谱的架构包括知识图谱自身的逻辑结构以及构建知识图谱所采用的技术（体系）架构。知识图谱的逻辑结构可分为模式层与数据层：模式层在数据层之上，是知识图谱的核心，模式层存储的是经过提炼的知识，通常采用本体库来管理知识图谱的模式层，借助本体库对公理、规则和约束条件的支持能力来规范实体、关系以及实体的类型和属性等对象之间的联系；数据层主要由一系列的事实组成，而知识将以事实（Fact）为单位进行存储。如果以"实体—关系—实体"或者"实体—属性—性值"三元组作为事实的基本表达方式，则存储在图数据库中的所有数据将构成庞大的实体关系网络，形成知识图谱。

知识图谱的主要技术包括知识获取、知识表示、知识存储、知识融合、知识建模、知识计算、知识运维七个方面，通过面向结构化、半结构化和非结构化数据构建知识图谱，为不同领域的应用提供支持。具体的技术架构图如图 2-7 所示。

（1）知识获取 知识图谱中的知识来源于结构化、半结构化和非结构化的数据。通过知识抽取技术，从这些不同结构和类型的数据中提取出计算机可理解和计算的结构化数据，以供进一步的分析和利用。知识获取就是从不同来源、不同结构的数据中进行知识提取，形成结构化的知识并存入知识图谱中。当前知识获取主要针对文本数据进行，需要解决的抽取问题包括实体抽取、关系抽取、属性抽取和事件抽取。

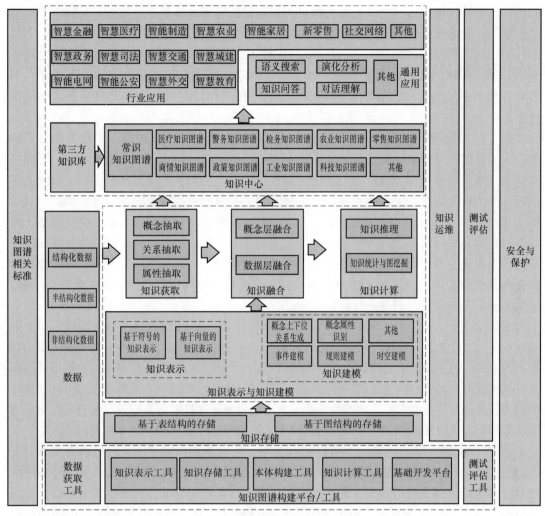

图 2-7 知识图谱的技术架构

1）知识获取的方式可分为以下两大类：

① 直接方式。该方式的过程为：领域专家向专家系统提供一定数量的数据和资料，应用统计归纳、因果推理和人工神经网络等技术从中提取出所需知识。

② 间接方式。这种方式在目前应用较多，也较为成熟。其过程为：首先，领域专家将自己的知识用语言及书面形式整理出来；然后，知识工程师在专家的帮助下对所提供的知识进行分析、抽象及简化，编码成能被计算机理解的形式，通过知识编译器之类的工具，将知识输入专家系统的知识库中。

2）知识获取中的几类抽取问题：

① 实体抽取。实体抽取指从文本语料中自动识别出实体。实体抽取方法可以分为基于规则与词典的方法和基于统计机器学习的方法。

基于规则与词典的方法：该方法适用于具有明显命名特征的实体，在构建领域知识图谱过程中需要依赖领域专家编写的规则模板，虽然抽取出来的实体准确率较高，但规则覆盖范围有限，很难适应当今数据变化快、数据量大的发展趋势。

基于统计机器学习的方法：该方法进行实体抽取需要足够数量的数据对机器学习模型进行训练，当训练数据规模较小时，方法的有效性会受到影响。

② 关系抽取和属性抽取。关系抽取指提取出实体间的关系或者实体与属性值之间的关系。属性抽取也属于关系抽取的一部分，可以看作实体与属性值之间的一种关系。目前主流的关系抽取和属性抽取方法可以分为基于传统机器学习的方法和基于深度学习的方法。

基于传统机器学习的方法：该方法又可以分为有监督的关系抽取、半监督的关系抽取和无监督的关系抽取。有监督的关系抽取利用经过标注的样本数据集进行学习，形成对关系的抽取。目前应用较为广泛的方法包括基于特征向量的关系抽取和基于核函数的关系抽取。基于特征向量的关系抽取主要从关系实例中提取一系列特征向量，包括词汇、句法和语义特征，并将上述特征用向量表示，再通过这些特征向量来训练关系分类器模型。因此，如何选择具有代表性的特征来有效地反映待抽取关系，是基于特征向量的关系抽取方法的研究重点。基于核函数的关系抽取主要通过核函数来计算实体间的距离，距离接近的两个实体可以看作有关系的实体对。半监督的关系抽取指利用少量标注数据集进行学习。无监督的关系抽取则是利用未标记数据集进行训练。

基于深度学习的方法：随着近年来深度学习的崛起，深度学习逐渐被应用到实体关系抽取任务中。基于数据集标注量级的差异，基于深度学习的方法可以分为有监督的关系抽取和远程监督的关系抽取。有监督的关系抽取依靠人工标注的方法得到数据集，数据集的准确率、纯度较高，训练出的关系抽取模型的效果较好。远程监督的关系抽取采用远程知识库对齐的方式自动标注数据，极大地减少了人力成本且领域迁移性较强；但远程监督自动标注得到的数据存在大量噪声，并且错误标签的误差会逐层传播，最终影响整个模型的效果。

③ 事件抽取。知识图谱中的事件抽取是一个关键任务，它涉及从自然语言文本中自动抽取并结构化事件知识的过程。事件抽取是从无结构文本中自动抽取结构化事件知识的过程。其包括事件发现与分类、识别触发词、对事件类型进行分类、事件要素抽取，即识别并分类事件中的各个要素。这有助于人们更好地理解文本内容，发现文本中的潜在事件，以及挖掘事件之间的关联关系。

相较实体抽取和关系抽取，事件抽取的难度更大。这是因为事件抽取依赖实体抽取和关系抽取，而且目前对事件还没有统一的定义，在不同领域针对不同应用，不同人对事件有不同的描述。此外，事件抽取还需要准确辨识文本中的关键信息，包括时间、地域、参与角色等，以及识别引发事件发生的触发词。

（2）知识表示　知识是人类在认识和改造客观世界的过程中总结出的客观事实、概念、定理和公理的集合。知识具有不同的分类方式，如按照知识的作用范围可分为常识性知识与领域性知识。知识表示是将现实世界中存在的知识转换成计算机可识别和处理的内容，是一种描述知识的数据结构，用于对知识的一种描述或约定。知识表示在人工智能的构建中具有关键作用，通过适当的方式表示知识，形成尽可能全面的知识表达，使机器通过学习这些知识表现出类似人类的行为。知识表示是知识工程中一个重要的研究课题，也是知识图谱研究中知识获取、融合、建模、计算与应用的基础。

基于数理逻辑的知识表示是以符号逻辑为基础的表示方法，这些方法易于表达显性、离散的知识，但在计算效率、数据稀疏性等方面存在一些问题。基于向量空间学习的分布式知识表示将知识图谱中的实体和关系嵌入低维连续的向量空间，并且在该向量空间中完成语义计算。这种表示方法可以有效地挖掘隐性知识，缓解数据稀疏性带来的问题，对知识库的构建、推理、融合及应用具有重要意义。

按照模型提出的时间先后顺序，知识表示学习的代表模型主要包括距离模型、矩阵分解模型、单层神经网络模型、TransE 模型等。

1）距离模型。距离模型将知识库中的实体和关系嵌入连续向量空间中。在该空间中可以通过计算向量之间的距离来表示实体之间的相关度，距离越小，说明两个实体的语义相关度越高，存在某种语义关系。这种嵌入式的表示学习方法可用于实现实体预测和信息检索。

2）矩阵分解模型。矩阵分解模型通过张量分解来考虑二元关系数据的固有结构，用于预测两个实体之间的关系。该模型将知识库中的三元组表示为一个张量。如果该三元组在知识图谱中存在，则张量中对应位置的元素置 1，否则置 0。

3）单层神经网络模型。单层神经网络模型通过一个标准的单层神经网络，采用非线性操作隐式连接实体向量，用于解决距离模型无法精准描述实体与关系的语义联系的问题。虽然这是对距离模型的改进，但单层神经网络的非线性操作只提供两个实体向量之间的弱相互作用，增加了计算开销，并且引入了更高的计算复杂度。

4）TransE 模型。TransE 模型在低维向量空间中嵌入实体和多关系数据，利用较少量的参数训练一个规范模型并将其扩展到大规模数据库。对于每一个三元组 (h, r, t)，将其关系 r 看作从头实体 h 到尾实体 t 的翻译。

（3）知识存储　知识存储是针对知识图谱的知识表示形式设计底层存储方式，完成各类知识的存储，以支持对大规模图数据的有效管理和计算。知识存储的对象包括基本属性知识、关联知识、事件知识、时序知识和资源类知识等。知识存储方式的质量直接影响到知识图谱中知识查询、知识计算及知识更新的效率。

（4）知识融合　知识融合是知识组织与信息融合的交叉学科，它面向需求和创新，通过对众多分散、异构资源上知识的获取、匹配、集成、挖掘等处理，获取隐含的或有价值的新知识，同时优化知识的结构和内涵，提供知识服务。

经过知识抽取阶段，抽取来的知识可能存在冲突或重叠。因此，有必要应用知识融合技术对知识进行处理，提升知识图谱的质量，丰富知识的存量。知识融合可以分为知识评估和知识扩充。

1）知识评估。知识评估是知识融合的第一步，对验证为正确的知识进行融合计算才有意义。知识评估算法可以分为基于贝叶斯模型的方法、基于 D-S 证据理论的方法、基于模糊集理论的方法和基于图模型的方法。

① 基于贝叶斯模型的方法。该方法在知识为真时的先验概率和从数据源观察到的条件概率都已知的情况下，求出知识为真的后验概率。后验概率最大时对应的知识就是我们要找的正确知识。然而，该方法需要满足如下条件：不同来源的知识之间的观测是相互独立的，而且这些知识的先验概率是可预知的。

② 基于 D-S 证据理论的方法。该方法通过融合不同观测结果的信任函数，得到基础概率分配后，再选择最大支持度的假设作为最优判断，从而选择认为正确的知识。然而，该方法存在一些问题，比如知识源冲突较大时，会产生相悖的结论，同时该方法的时间复

杂度也会增大。

③ 基于模糊集理论的方法。该方法进一步放宽了贝叶斯模型的限制条件，目前应用得较为广泛的方法是基于模糊积分的方法。模糊积分是一个非线性函数，可以完成质量评估，找到置信度最高的知识作为正确的知识。然而，该方法需要凭经验设置知识的模糊规则，不适用于不同知识源类型的知识评估。

④ 基于图模型的方法。该方法使用从其他类型的数据中获得的先验知识，为知识分配一个概率。简单来说，就是根据图上的一组现有的边，预测其他边存在的可能性。

上述四种知识评估方法都在一定程度上提高了知识的可靠性和置信度。然而，这些评估都适用于静态知识。目前，对于具有动态演化性的知识，缺乏直接的评估方法。另外，由于缺乏对知识获取渠道和获取方式的建模，因此难以从不可靠的知识获取方式中区分不可靠的数据源。

2）知识扩充。知识扩充指将验证正确的知识扩充到知识库的方法，具体可以分为实体对齐、实体链接和关系对齐。其中，实体对齐指在异构数据中判断两个实体是否指向同一对象，可以消除实体冲突、指向不明等不一致性问题。实体链接指将实体对齐后的实体与知识库中的实体进行链接，以补充知识图谱的现有内容。关系对齐指对两个实体之间可能存在的命名不同但含义相同的关系进行归类和融合。

（5）知识建模　知识建模是指建立知识图谱的数据模型，即采用什么样的方式来表达知识，构建一个本体模型对知识进行描述。在本体模型中需要构建本体的概念、属性以及概念之间的关系。知识建模的过程是知识图谱构建的基础，高质量的数据模型能避免许多不必要、重复性的知识获取工作，有效提高知识图谱构建的效率，降低领域数据融合的成本。不同领域的知识具有不同的数据特点，可分别构建不同的本体模型。

（6）知识计算　随着知识图谱技术及应用的不断发展，图谱质量和知识完备性成为影响知识图谱应用的两大重要难题，以图谱质量提升、潜在关系挖掘与补全、知识统计与知识推理作为主要研究内容的知识计算成为知识图谱应用的重要研究方向。知识计算是基于已构建的知识图谱进行能力输出的过程，是知识图谱能力输出的主要方式。知识计算主要包括知识统计与图挖掘、知识推理两大部分内容：知识统计与图挖掘重点研究的是知识查询、指标统计和图挖掘；知识推理重点研究的是基于图谱的逻辑推理算法，主要包括基于符号的推理和基于统计的推理。

（7）知识运维　由于构建全量的行业知识图谱成本很高，在真实的场景落地过程中，一般遵循小步快走、快速迭代的原则进行知识图谱的构建和逐步演化。知识运维是指在知识图谱初次构建完成之后，根据用户的使用反馈、不断出现的同类型知识以及增加的新知识来源进行全量行业知识图谱的演化和完善的过程，运维过程中需要保证知识图谱的质量可控及逐步的丰富衍化。知识图谱的运维过程是一个工程化的体系，覆盖了知识图谱的从知识获取至知识计算等的整个生命周期。

2.3.2　数字孪生

1. 数字孪生概述

数字孪生（Digital Twin）是一种数字化理念和技术手段，它以数据与模型的集成融合为基础与核心，通过在数字空间实时构建物理对象的精准数字化映射，基于数据整合与分析预测来模拟、验证、预测、控制物理实体全生命周期过程，最终形成智能决策的优化闭环。其中，面向的物理对象包括实物、行为、过程，构建孪生体涉及的数据包括实时传感数据和运行历史数据，集成的模型涵盖物理模型、机理模型和流程模型等。

数字孪生的概念始于航天军工领域，经历了技术探索、概念提出、应用萌芽、行业渗透四个发展阶段。数字孪生技术最早在1969年被美国国家航空航天局（NASA）应用于阿波罗计划中，用于构建航天飞行器的孪生体，反映航天器在轨工作状态，辅助紧急事件的处置。2003年，数字孪生概念正式被密歇根大学的格里夫斯（Grieves）教授提出，并强调全生命周期交互映射的特征。经历了几年的概念演进后，自2010年开始，数字孪生技术在各行业呈现应用价值：美国军方基于数字孪生实现F35战机的数字伴飞，降低战机维护成本和使用风险；通用电气为客机航空发动机建立孪生模型，实现实时监控和预测性维护；欧洲工控巨头西门子、达索、ABB在工业装备企业中推广数字孪生技术，进一步促进了技术向工业领域的推广。近年来，数字孪生技术在工业、城市管理领域持续渗透，并向交通、健康医疗等垂直行业拓展，实现机理描述、异常诊断、风险预测、决策辅助等应用价值，有望在未来成为经济社会数字化转型的通用技术。

数字孪生是一种"实践先行、概念后成"的新兴技术理念，与物联网、模型构建、仿真分析等成熟技术有非常强的关联性和延续性。数字孪生具有典型的跨技术领域、跨系统集成、跨行业融合的特点，涉及的技术范畴广，自概念提出以来，技术边界始终不够清晰。但是，与既有的数字化技术相比，数字孪生具有四个典型的技术特征：

（1）虚实映射　数字孪生技术要求在数字空间构建物理对象的数字化表示，现实世界中的物理对象和数字空间中的孪生体能够实现双向映射、数据连接和状态交互。

（2）实时同步　基于实时传感等多元数据的获取，孪生体可全面、精准、动态反映物理对象的状态变化，包括外观、性能、位置、异常等。

（3）共生演进　在理想状态下，数字孪生所实现的映射和同步状态应覆盖孪生对象从设计、生产、运营到报废的全生命周期，孪生体应随孪生对象的生命周期进程不断演进更新。

（4）闭环优化　建立孪生体的最终目的是通过描述物理实体内在机理，分析规律、洞察趋势，基于分析与仿真对物理世界形成优化指令或策略，实现对物理实体决策优化功能的闭环。

数字孪生与一些技术概念有很强的关联性，但又不完全相同：一是仿真技术。仿真是一种基于确定性规律和完整机理模型来模拟物理世界的软件方法，是数字孪生的核心技术之一，但不是全部。仿真技术仅能以离线的方式模拟物理世界，主要用于研发、设计阶段，通常不搭载分析优化功能，不具备数字孪生的实时同步、闭环优化等特征。二是资产管理壳（AAS）。AAS的本质是基于德国工业4.0体系搭建的一套描述语言和建模工具，旨在提升生产资料之间的互联互通和互操作性。AAS是支撑数字孪生的基础技术之一，数字孪生与AAS在一定程度上代表了美国和德国工业数字化转型的不同理念。三是数字线程（Digital Thread）。数字线程发源并广泛应用于航空航天业，是覆盖复杂产品全生命周期的数据流，集成并驱动以统一模型为核心的产品设计、制造和运营。数字线程是实现数字孪生多类模型数据融合的重要技术。

2. 数字孪生的技术架构

如图 2-8 所示，数字孪生技术通过构建物理对象的数字化镜像，描述物理对象在现实世界中的变化，模拟物理对象在现实环境中的行为和影响，以实现状态监测、故障诊断、趋势预测和综合优化。为了构建数字化镜像并实现上述目标，需要物联网、建模、仿真等基础支撑技术通过平台化的架构进行融合，搭建从物理世界到孪生空间的信息交互闭环。整体来看，一个完备的数字孪生系统应包含以下四个实体层级：一是数据采集与控制实体，主要涵盖感知、控制、标识等技术，承担孪生体与物理对象间上行感知数据的采集和下行控制指令的执行；二是核心实体，依托通用支撑技术，实现模型构建与融合、数据集成、仿真分析、系统扩展等功能，是生成孪生体并拓展应用的主要载体；三是用户实体，主要以可视化技术和虚拟现实技术为主，承担人机交互的职能；四是跨域实体，承担各实体层级之间的数据互通和安全保障职能。

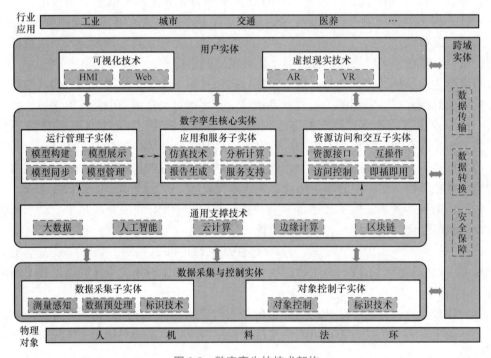

图 2-8   数字孪生的技术架构

3. 数字孪生的基础技术

（1）感知   感知是数字孪生体系架构中的底层基础。在一个完备的数字孪生系统中，对运行环境和数字孪生组成部件自身状态数据的获取，是实现物理对象与其数字孪生系统间全要素、全业务、全流程精准映射与实时交互的重要一环。因此，数字孪生体系对感知技术提出更高要求，为了建立全域全时段的物联感知体系，并实现物理对象运行态势的多维度、多层次精准监测，感知技术不仅需要更精确可靠的物理测量技术，还需考虑感知数据间的协同交互，明确物体在全域的空间位置及唯一标识，并确保设备可信可控。

（2）网络   网络是数字孪生体系架构的基础设施。在数字孪生系统中，网络可以对物理运行环境和数字孪生组成部件自身信息交互进行实时传输，是实现物理对象与其数字孪生系统间实时交互、相互影响的前提。网络既可以为数字孪生系统的状态数据提供增强能力的传输基础，满足业务对超低时延、高可靠、精同步、高并发等关键特性的演进需求，也可以助推物理网络自身实现高效率创新，有效降低网络传输设施的部署成本和运营效率。

伴随物联网技术的兴起，通信模式不断更新，网络承载的业务类型、网络所服务的对象、连接到网络的设备类型等呈现出多样化发展，要求网络具有较高灵活性；同时，伴随移动网络深入楼宇、医院、商超、工业园区等场景，物理运行环境对确定性数据传输、广泛的设备信息采集、高速率数据上传、极限数量设备连接等需求越发强烈，这也相应要求物理运行环境必须打破以前"黑盒"和"盲哑"的状态，让现场设备、机器和系统能够更加透明和智能。因此，数字孪生体系架构需要更加丰富和强大的网络接入技术，以实现物理网络极简化和智慧化运维。

（3）建模 数字孪生的建模是将物理世界的对象数字化和模型化的过程，即通过建模将物理对象表达为计算机和网络所能识别的数字模型，对物理世界或问题的理解进行简化和模型化。数字孪生建模需要完成从多领域、多学科角度模型融合，以实现物理对象各领域特征的全面刻画。建模后的虚拟对象会表征实体对象的状态、模拟实体对象在现实环境中的行为、分析物理对象的未来发展趋势。建立物理对象的数字化建模技术是实现数字孪生的源头和核心技术，也是数字化阶段的核心。而模型实现方法研究主要涉及建模语言和模型开发工具等，关注如何从技术上实现数字孪生模型。在模型实现方法上，相关技术方法和工具呈多元化发展趋势。当前，数字孪生建模语言主要有 Modelica、AutomationML、UML、SysML 及 XML 等。一些模型采用通用建模工具如 CAD 等开发，更多模型的开发基于专用建模工具，如 FlexSim 和 Qfsm 等。

（4）仿真 数字孪生体系中的仿真作为一种在线数字仿真技术，包含了确定性规律和完整机理的模型转化成软件的方式来模拟物理世界。只要模型正确，并拥有了完整的输入信息和环境数据，就可以基本正确地反映物理世界的特性和参数，验证和确认对物理世界或问题理解的正确性和有效性。从仿真的视角来看，数字孪生技术中的仿真属于一种在线数字仿真技术。可以将数字孪生理解为针对物理实体建立相对应的虚拟模型，并模拟物理实体在真实环境下的行为。与传统的仿真技术相比，它更强调物理系统和信息系统之间的虚实共融和实时交互，是贯穿全生命周期的高频次并不断循环迭代的仿真过程。因此，仿真技术不再仅仅用于降低测试成本，其应用将扩展到各个运营领域，甚至涵盖产品的健康管理、远程诊断、智能维护、共享服务等应用。基于数字孪生可对物理对象通过模型进行分析、预测、诊断、训练等（即仿真），并将仿真结果反馈给物理对象，从而帮助物理对象进行优化和决策。因此，仿真技术是创建和运行数字孪生、保证数字孪生体与对应物理实体实现有效闭环的核心技术。

2.3.3 云计算

1. 云计算概述

云计算（Cloud Computing）是一种通过网络统一组织和灵活调用各种 ICT（信息与通信技术）资源，实现大规模计算的信息处理方式。云计算利用分布式计算和虚拟资源管理等技术，通过网络将分散的 ICT 资源（包括计算与存储、应用运行平台、软件等）集中起来形成共享的资源池，并以动态按需和可度量的方式向用户提供服务。用户可以使用各种形式的终端（如 PC、平板计算机、智能手机甚至智能电视等）通过网络获取 ICT 资源服务。

云计算使制造资源和应用软件能够以服务的形式提供，支持资源的按需分配和弹性伸缩。这种模式极大地提高了资源的利用率和生产的灵活性。制造业企业可以根据实际需求，快速扩展或缩减计算资源，而无须投资昂贵的硬件设施。云平台还促进了数据和应用的集中管理，便于资源共享和协同工作，加速了信息流通和决策过程，从而提高了整体的生产效率和市场响应速度。

"云"是对云计算服务模式和技术实现的形象比喻。"云"由大量组成"云"的基础单元（云元，Cloud Unit）组成。"云"的基础单元之间由网络相连，汇聚为庞大的资源池。云计算具备四个方面的核心特征：①宽带网络连接。"云"不在用户本地，用户要通过宽带网络接入"云"中并使用服务，"云"内的节点之间也通过内部的高速网络相连。②对 ICT 资源的共享。"云"内的 ICT 资源并不为某一用户所专有。③快速、按需、弹性的服务。用户可以按照实际需求迅速获取或释放资源，并可以根据需求对资源进行动态扩展。④服务可测量。服务提供者按照用户对资源的使用量进行计费。

云计算的物理实体是数据中心，由"云"的基础单元（云元）、"云"操作系统以及连接云元的数据中心网络等组成。

按照云计算服务提供的资源所在层次，通常包括以下基本服务模型：基础设施即服务（IaaS），即提供虚拟化的计算资源，用户可以在其上运行应用程序，如虚拟机、存储、网络等；平台即服务（PaaS），即提供应用程序开发和部署的平台，包括开发工具、数据库管理系统、应用服务器等；软件即服务（SaaS），即提供基于云的应用程序，用户可以通过互联网访问，而不需要安装和维护本地软件。云计算还可分为面向机构内部提供服务的私有云、面向公众使用的公共云以及两者相结合的混合云等。

2. 云计算在智能制造中的应用

云计算在智能制造中发挥着关键作用，提供了以下多种关键功能和服务：

（1）数据存储和管理　智能制造产生大量的数据，包括传感器数据、生产数据、质量数据等。云计算提供了大规模的数据存储和管理能力，可以帮助制造企业有效地存储、备份和管理这些数据。

（2）大数据分析　云计算平台可以与大数据分析工具集成，帮助制造企业分析生产数据，发现潜在问题，提高生产效率。云上的大数据分析工具可以快速处理大规模数据集，提供有价值的见解。

（3）机器学习和预测维护　云计算还支持机器学习模型的训练和部署。制造企业可以使用云上的机器学习服务来构建预测性维护模型，以监测设备健康状况并预测故障。

（4）跨地理分布的协作　云计算允许制造企业在全球范围内协作。生产线数据、设计文件和质量报告可以在不同地点之间共享和访问，加快了产品开发和制造的速度。

（5）资源弹性和成本优化　云计算允许制造企业根据需要调整计算和存储资源，以满足生产需求。这种资源的弹性使用可以帮助降低成本，并提高资源利用率。

3. 云计算的技术架构

云计算的技术架构如图 2-9 所示。在云计算技术架构中，由数据中心基础设施层与 ICT 资源层组成的云计算基础设施和由资源控制层功能构成的云计算操作系统是目前云计算相关技术的核心和发展重点。

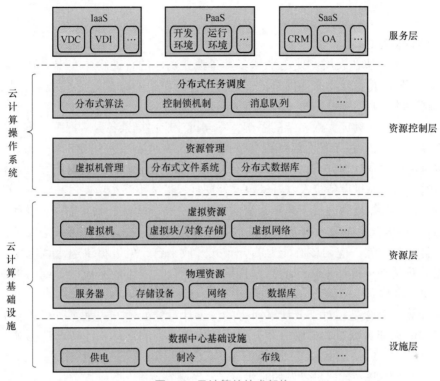

图 2-9　云计算的技术架构

云计算基础设施是承载在数据中心之上的，以高速网络（目前主要是以太网）连接各种物理资源（服务器、存储设备、网络设备等）和虚拟资源（虚拟机、虚拟存储空间等）。云计算基础设施的主要构成元素基本上都不是云计算所特有的，但云计算的特殊需求为这些传统的 ICT 设施、产品和技术带来了新的发展机遇，如数据中心的高密度、绿色化和模块化，服务器的定制化、节能化和虚拟化等；而且一些新的 ICT 产品形式将得到长足的发展，并可能形成新的技术创新点和产业增长点，如定制服务器、模块化数据中心等。

云计算操作系统是对 ICT 资源池中的资源进行调度和分配的软件系统。云计算操作系统的主要目标是对云计算基础设施中的资源（计算、存储和网络等）进行统一管理，构建具备高度可扩展性并能够自由分割的 ICT 资源池，同时向云计算服务层提供各种粒度的计算、存储等能力。

总结来看，云计算在技术及实现方面有以下三个特点：①用系统可靠性代替云元的可靠性，降低对高性能硬件的依赖，如使用分布式的廉价 X86 服务器代替高性能的计算单元和昂贵的磁盘阵列，同时利用管理软件实现虚拟机、数据的热迁移解决 X86 服务器可靠性差的问题；②用系统规模的扩展降低对单机能力升级的需求，当业务需求增长时，通过向资源池中加入新计算、存储节点的方式来提高系统性能，而不是升级系统硬件，降低了硬件性能升级的需求；③以资源的虚拟化提高系统的资源利用率，如使用主机虚拟化、存储虚拟化等技术，实现系统资源的高效复用。

同时，云计算核心技术呈现开源化的趋势，以 Hadoop、OpenStack、Xen 等为代表的众多开源软件已经成为云计算平台的实现基础。

2.3.4　边缘计算

1. 边缘计算概述

物联网技术的快速发展，使越来越多具备独立功能的普通物体实现了互联互通，从而实现万物互联。得益于物联网的特征，各行各业均在利用物联网技术快速实现数字化转型，越来越多的行业终端设备通过网络连接起来。

然而，物联网作为庞大而复杂的系统，不同行业应用场景各异。据第三方分析机构统计，到 2025 年将有超过千亿个终端设备联网，终端数据量将达 300ZB，如此大规模的数据量，按照传统数据处理方式，获取的所有数据均需上送云计算平台分析。云计算平台将面临网络时延高、海量设备接入、海量数据处理难、带宽不够和功耗过高等高难度挑战。

为解决传统数据处理方式下时延高、数据实时分析能力匮乏等问题，边缘计算（Edge Computing）技术应运而生。边缘计算技术是在靠近物或数据源头的网络边缘侧，通过融合网络、计算、存储、应用核心能力的分布式开放平台，就近提供边缘智能服务。简单讲，边缘计算是将从终端采集到的数据直接在靠近数据产生的本地设备或网络中进行分析，而无须再将数据传输至云端数据处理中心。

边缘计算的概念是相对于云计算而言的。云计算的处理方式是将所有数据上传至计算资源集中的云端数据中心或服务器处理，任何需要访问该信息的请求都必须上送云端处理。

因此，面对物联网数据量爆发的时代，云计算弊端逐渐凸显：

1）云计算无法满足爆发式的海量数据处理诉求。随着互联网与各个行业的融合，特别是在物联网技术普及后，计算需求出现爆发式增长，传统云计算架构将不能满足如此庞大的计算需求。

2）云计算不能满足数据实时处理的诉求。传统云计算模式下，物联网数据被终端采集后要先传输至云计算中心，再通过集群计算后返回结果，这必然产生较长的响应时间。但一些新兴的应用场景如无人驾驶、智慧矿山等，对响应时间有极高要求，依赖云计算并不现实。

与云计算出现时一样，目前业界对边缘计算的定义和说法有很多种。ISO/IEC JTC1/SC38 对边缘计算给出的定义是：边缘计算是一种将主要处理和数据存储放在网络的边缘节点的分布式计算形式；边缘计算产业联盟对边缘计算的定义是：在靠近物或数据源头的网络边缘侧，融合网络、计算、存储、应用核心能力的开放平台，就近提供边缘智能服务，满足行业数字化在敏捷连接、实时业务、数据优化、应用智能、安全与隐私保护等方面的关键需求。

当所有这些数据从不同的设备传输到数据中心或云中的单个位置时，就会出现带宽和延迟问题。通过在数据创建点附近处理和分析数据，边缘计算的效率更高。与将数据发送到云或数据中心相比，这种方法大大降低了延迟。边缘计算和 5G 网络上移动的边缘计算使更快、更彻底的数据分析成为可能，为更深入的见解、更快的响应时间和更好的客户体验打开了大门。此外，边缘计算可以在网络边缘进行数据处理，能够减少通信开销，无须将数据传递到公共云，从而有助于减少安全问题。

边缘计算的出现可在一定程度上解决云计算遇到的这些问题。如图 2-10 所示，物联终端设备产生的数据不需要再传输至遥远的云数据中心处理，而是就近即在网络边缘侧完成数据分析和处理，相较云计算更加高效和安全。

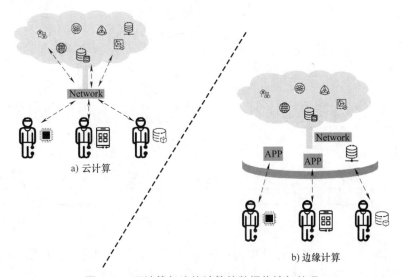

图 2-10　云计算与边缘计算的数据传输与处理

2. 边缘计算的架构

边缘计算的架构如图 2-11 所示，尽可能靠近终端节点处理数据，使数据、应用程序和计算能力远离集中式云计算中心。

（1）终端节点　由各种物联网设备（如传感器、RFID 标签、摄像头、智能手机等）组成，主要功能是完成收集原始数据并上报。在终端层中，只需提供各种物联网设备的感知能力，而不需要计算能力。

（2）边缘计算节点　边缘计算节点通过合理部署和调配网络边缘侧节点的计算和存储能力，实现基础服务响应。

（3）网络节点　负责将边缘计算节点处理后的有用数据上传至云计算节点进行分析处理。

（4）云计算节点　边缘计算层的上报数据将在云计算节点进行永久性存储，同时，边缘计算节点无法处理的分析任务和综合全局信息的处理任务仍旧需要在云计算节点完成。除此之外，云计算节点还可以根据网络资源分布动态调整边缘计算层的部署策略和算法。

3. 边缘计算的基本特点和属性

（1）连接性　连接性是边缘计算的基础。所连接物理对象的多样性及应用场景的多样性，需要边缘计算具备丰富的连接功能，如各种网络接口、网络协议、网络拓扑、网络部署与配置、网络管理与维护。连接性需要充分借鉴吸收网络领域的先进研究成果，如 TSN、SDN、NFV、Network as a Service、WLAN、NB-IoT、5G 等，同时还要考虑与现有各种工业总线的互联互通。

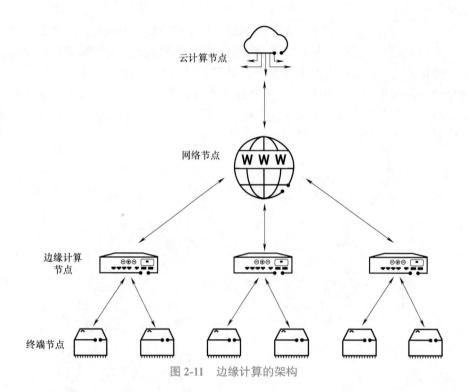

云计算节点

网络节点

边缘计算
节点

终端节点

图 2-11   边缘计算的架构

（2）数据第一入口   边缘计算作为物理世界到数字世界的桥梁，是数据的第一入口，拥有大量、实时、完整的数据，可基于数据全生命周期进行管理与价值创造，将更好地支撑预测性维护、资产效率与管理等创新应用；同时，作为数据第一入口，边缘计算也面临数据实时性、确定性、多样性等挑战。

（3）约束性   边缘计算产品需要适配工业现场相对恶劣的工作条件与运行环境，如防电磁、防尘、防爆、抗振动、抗电流/电压波动等。在工业互联场景下，对边缘计算设备的功耗、成本、空间也有较高的要求。

边缘计算产品需要考虑通过软硬件集成与优化，以适配各种条件约束，支撑行业数字化多样性场景。

（4）分布性   边缘计算实际部署天然具备分布式特征。这要求边缘计算支持分布式计算与存储、实现分布式资源的动态调度与统一管理、支撑分布式智能、具备分布式安全等能力。

（5）融合性   运营技术（Operational Technology，OT）与 ICT 的整合是行业数字化转型的重要基础。边缘计算作为 OICT（OT、IT、CT 的合称）融合与协同的关键承载，需要支持在连接、数据、管理、控制、应用、安全等方面的协同。

工业互联网产业联盟给出了边缘计算的参考架构 3.0，如图 2-12 所示。整个系统分为云、边缘和现场三层。其中，边缘计算位于云和现场层之间，边缘层向下支持各种现场设备的接入，向上可以与云端对接。

边缘层包括边缘节点和边缘管理器两个主要部分。边缘节点是硬件实体，是承载边缘计算业务的核心。边缘节点根据业务侧重点和硬件特点不同，包括以网络协议处理和转换为重点的边缘网关、以支持实时闭环控制业务为重点的边缘控制器、以大规模数据处理为重点的边缘云、以低功耗信息采集和处理为重点的边缘传感器等。边缘管理器的呈现核心是软件，主要功能是对边缘节点进行统一管理。

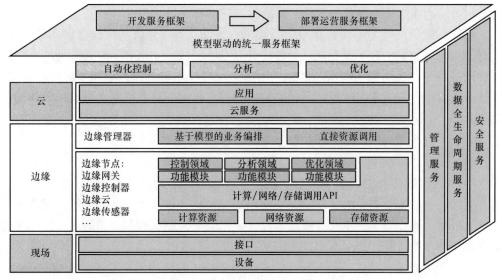

图 2-12 边缘计算的参考架构 3.0

边缘节点一般具有计算资源、网络资源和存储资源，边缘计算系统对资源的使用有两种方式：①直接将计算资源、网络资源和存储资源进行封装，提供调用接口，边缘管理器以代码下载、网络策略配置和数据库操作等方式使用边缘节点资源；②进一步将边缘节点的资源按功能领域封装成功能模块，边缘管理器通过模型驱动的业务编排的方式组合和调用功能模块，实现边缘计算业务的一体化开发和敏捷部署。

云计算与边缘计算是智能制造中不可或缺的重要技术。它们为制造企业提供了强大的计算和存储能力，同时也增强了生产系统的灵活性、可扩展性和实时性，从而推动了制造业的数字化和智能化转型。

云计算作为一种按需提供计算资源的模式，为制造企业带来了诸多优势：首先，云计算降低了企业的 IT 成本，因为企业无须购买昂贵的硬件设备和软件许可证，而是通过按需付费的方式使用云服务；其次，云计算具有高度的灵活性和可扩展性，企业可以根据需要随时扩展或缩减计算资源，以应对生产任务的变化和需求的波动；再次，云计算还能够提供强大的数据分析和处理能力，帮助企业从海量数据中挖掘出有价值的信息，支持生产决策和优化。在智能制造中，云计算被广泛应用于数据存储、应用部署、生产规划和资源管理等方面。例如，制造企业可以将生产数据和监控数据存储在云端，实现数据的集中管理和实时访问；同时，生产系统的应用程序和软件可以部署在云端，实现跨地域、跨平台的访问和使用。此外，云计算还可以为制造企业提供基于云的生产规划和调度服务，帮助企业实现生产过程的优化和智能化管理。

边缘计算是一种将数据处理任务从云端转移到网络边缘的计算模式，其特点是近端计算、高速响应和实时性。边缘计算能够将数据处理和分析任务放置在距离数据产生源头更近的边缘设备上，减少了数据传输的延迟和网络拥塞，提高了数据处理的效率和响应速度。在智能制造中，边缘计算特别适用于对实时性要求较高的生产应用场景。例如，生产线上的传感器数据监测和控制、设备的故障诊断和预测、物流和供应链管理等。通过将数据处理和分析任务放置在生产现场或设备附近的边缘节点上，企业可以实现对生产过程的实时监控，快速响应生产异常和变化，提高生产效率和质量。

云计算和边缘计算并不是相互独立的技术。云计算具备强大的数据存储和处理能力，能够支持对海量数据的分析和挖掘；而边缘计算则具备快速响应和实时处理的能力，能够满足生产过程中对实时性的需求。因此，制造企业可以通过将云计算和边缘计算相结合，实现数据在云端和边缘之间的灵活调配和协同处理，从而提高智能制造系统的整体效率和响应能力。

习　题

1. 在离散型智能制造环境中，有一条生产线生产了多种产品。该生产线收集了大量的生产数据，包括每个产品的生产时间、使用的原材料、机器运行状态、环境温度和湿度等信息。现在，我们希望利用这些数据来优化生产效率和质量控制。请简述该任务可能涉及的支撑技术，并指明其作用。

2. 以项目式方式开展以下研究任务，掌握机器学习和边缘计算的实现技术。

项目简介：

自动导引车（Automated Guided Vehicles，AGV）隶属移动机器人范畴，其路径规划是智能制造过程中自动化仓储系统的关键技术，对制造业降本增效有着重要作用。

AGV 路径规划按照需求可划分为静态路径规划和动态路径规划。在更为复杂的动态路径规划问题上，AGV 需要面对更复杂的不确定性。基于机器学习的路径规划算法相比传统算法，在复杂环境中更具优势。其中，强化学习算法可以在动态环境中实现较好的自适应性和实时性，适用于对环境需求较高、需要实时响应的场景。

在边缘计算的背景下，可以将 FPGA（Field Programmable Gate Array，现场可编程逻辑门阵列）用作加速器，以提高处理速度并减少对中央服务器或云服务的依赖。

项目需求：

本项目的总体目标为探索在网格化的地图场景条件下，构建实际生产场景或实验室场景的栅格化地图，研究基于深度强化学习的 AGV 路径规划算法的实现，并将其部署至FPGA 边缘设备上。

科学家科学史
"两弹一星"功勋
科学家：王大珩

第 3 章

智 能 服 务

PPT 课件

　　智能服务是一种基于互联网的产品服务模式，能够自动辨识用户的显性和隐性需求，并主动、高效、安全、绿色地满足这些需求的服务。人类社会已经经历了从农业到工业再到信息化的转变，现在正站在智能化时代的门槛上。物联网、移动互联网和云计算等技术正在蓬勃发展，为个人、家庭和企业带来了无数创新应用，这些应用代表了各行业服务的发展趋势，因此智能服务应运而生，它通过人工智能以及互联网感知产品状态。随着信息技术的不断发展，以人工智能为代表的新一代信息技术在各行各业中的应用越来越广泛。近年来，随着计算机视觉、机器学习等算法逐渐成熟，人工智能已经从理论研究进入了实际运用阶段。人工智能技术可以实现对人的分析识别和理解，在自动驾驶、自动医疗及机器人等领域都发挥着巨大作用。这种服务模式运用了新一代信息技术和柔性制造技术，以模块化设计为基础，实现了以用户需求为核心的大规模个性化定制。

　　智能服务不仅可以通过远程运维和预测性维护系统建设和管理，对设备的状态进行远程监测和健康诊断，快速、及时、准确地处理设备故障，还可以对设备现场实际运行状况进行全面分析，为设备设计及制造工艺改进等后续产品的持续优化提供支撑。通过与环境的交互学习，智能体能够逐步调整其策略，从而在环境中获得最大化的长期累积奖励，以满足用户的个性化需求，同时预测企业发展趋势，为企业的持续发展提供有力支持；AI的基础能力包括语音识别、语义分析、模型算法管理及图片识别，核心业务能力包括语音客服、互联网客服、工单管理、质检管理及可视化管理等功能模块，这些能力使智能服务不仅可以提高设备的运行效率，减少故障发生，还可以优化产品的设计和制造工艺，从而预测用户的需求和企业的发展。

　　高安全性是智能服务的基础，没有安全保障的服务是没有意义的。只有通过端到端的安全技术和法律法规实现对用户信息的保护，才能建立用户对服务的信任，从而形成持续的消费和服务升级。节能环保也是智能服务的重要特征，如果在构建整套智能服务系统时能够最大限度地降低能耗、减少污染，就能大大降低运营成本，使智能服务更多、更快、更好、更省地产生效益。这不仅能更广泛地为用户提供个性化服务，也能为服务的运营者带来更高的经济和社会价值。相比从产业角度提出的"智慧地球"等概念，智能服务更加立足于我国行业服务的发展趋势，站在用户的角度，强调按需和主动特性，更具体、更现实。我国目前正处于消费需求大力推动服务行业高速发展的阶段，消费者对服务行业的要求也越来越高，服务行业必须从低端向高端转变，而这一产业升级的实现需要依靠智能服务。

智能服务是一种按需和主动的智能，它通过捕获用户的原始信息，利用后台积累的数据，构建需求结构模型，进行数据挖掘和商业智能分析。除了可以分析用户的习惯、喜好等显性需求外，它还可以进一步挖掘与时空、用户身份、工作生活状态等相关联的隐性需求，主动为用户提供精准、高效的服务。这需要的不仅仅是数据的传递和反馈，更需要进行多维度、多层次的感知和主动、深入的识别。智能服务在许多领域都有应用，如智能客服、智能家居、智能医疗等。它们通过自动化和个性化的服务，提高了用户满意度和工作效率，同时也为企业节省了大量的人力和物力成本。以淘宝为例，用户每次在淘宝搜索的产品都可以被计算，以方便之后淘宝对用户的推送。随着信息物理系统、工业互联网、工业大数据技术在工业制造领域日益广泛的应用，智能制造理论与技术的研究将取得前所未有的成就。信息技术与先进制造技术将继续深入地融合发展，智能制造将成为全球制造业不可逆转的发展趋势，最大限度地发挥信息技术和先进制造技术的优势互补能力，在互联网时代重新振兴制造业，对国家乃至世界制造业的未来发展都将是一个值得重点研究和探索的课题。

3.1　制造与服务

制造业和服务业是相互依存的。制造业的发展促进了服务业的增长，因为制造企业需要各种服务来支持其生产和营销活动，如物流、金融、人力资源等；反过来，服务业的发展也为制造业提供了重要支持，如市场调研、广告宣传、售后服务等。这种相互依赖的关系使得制造业和服务业共同推动经济的发展。

智能制造也称工业4.0，是指利用先进的信息物理系统（Cyber-Physical System，CPS），和高度灵活的制造系统，通过实现制造过程的数字化、网络化、智能化，达到提高生产效率、降低运营成本、增强产品竞争力、缩短产品上市时间等目标的先进制造模式。其中，CPS是感知、计算、通信、控制等技术深度融合的产物，随着信息技术的快速发展，CPS被广泛应用于工业过程、智能电网、智能交通、航空航天等众多领域，其理论与应用技术成为众多专家和学者研究的热点领域之一，同时也成为许多国家的战略研究重点。

CPS是由信息单元和物理单元通过通信网络构成的闭环系统，借此实现状态感知、实时分析、科学决策和精准执行的闭环数据自动流动。理论上，CPS包含单元级CPS、系统级CPS及系统之系统级CPS三个层次：单元级CPS是构成CPS的最小闭环系统，由单元级CPS向上聚合构成系统级CPS，由系统级CPS向上聚合构成系统之系统级CPS。①单元级CPS由信息单元、物理单元、感知模块、执行模块、目标期望、初始化模块、关联资源模块构成闭环系统。其中，信息单元是物理单元的本体特征信息描述，如几何、物理、行为、规则等特征，同时包含满足物理单元感知和控制需求的功能信息描述；感知模块用于感知物理单元的状态；执行模块用于控制物理单元的行为；目标期望是指对物理单元的期望响应；初始化模块用于CPS的运行初始化；关联资源是CPS维持运行并实现期望目标所需的各种资源。CPS运行时，信息单元根据目标期望进行初始化，调取关联资源，感知、获取并分析物理单元的状态，将控制指令发送给物理单元，使物理单元产生期望的响应或者行为。②系统级CPS由多个单元级CPS通过CPS网络构成，每个单元级CPS可以单独完成系统级 CPS 的特定任务,同时多个单元级 CPS 也可以通过调度协同,共同完成系统级 CPS 的目标任务。系统级 CPS 的总体目标是实现多个单元级 CPS 的协同运行,以及比单元级 CPS 范围更广的闭环数据自动流动。③系统之系统级 CPS 是在多个系统级 CPS 通过 CPS 网络互联的基础上,通过 CPS 智能服务平台实现多个系统级 CPS 的协同运行。每个系统级 CPS 在单独完成系统之系统级 CPS 的特定任务的基础上,通过 CPS 智能服务平台的协同和调度,共同完成系统之系统级 CPS 的目标任务。CPS 智能服务平台同时实现对众多系统级 CPS 的统一监测、数据分析、集中管理和监督控制,其目的是实现比系统级 CPS 范围更广的闭环数据自动流动。构成系统之系统级 CPS 的各个系统级 CPS 可以是同构系统,也可以是异构系统,通过系统之系统级 CPS 实现系统间的互联互通。由于车间智能制造系统建设的本质是实现车间设备和系统的集成,因此,系统之系统级 CPS 的构成理念为车间智能制造系统建设提供了一种解决途径。总之,CPS 集成了大数据、物联网、云计算、人工智能等先进技术。此外,CPS 技术还包含数据分析和建模技术,可以实现数据的实时分析和预测,帮助企业更好地制订生产计划和决策,提高生产效率和灵活性,以实现制造过程的数字化、网络化、智能化,从而推动各行业的智能化和自动化发展。

智能制造技术为制造业提供了新的发展机遇和路径。通过应用先进的技术,智能制造可以提高制造业的效率和灵活性,降低生产成本,优化供应链管理和资源配置,实现制造业从传统模式向现代模式的转变。同时,制造业也是智能制造技术的应用场景,对智能制造技术的需求推动了技术创新和产业升级。

制造业、服务业和智能制造在经济发展和技术进步中扮演着重要的角色,它们之间的关系是相互促进、共同发展的。随着科技的不断进步,未来制造业、服务业和智能制造的协同发展将更加紧密,共同推动经济社会的持续发展。

3.1.1 制造与服务概述

制造的定义已经超越了传统的生产加工过程,它涵盖了产品设计、生产计划、生产执行、质量控制、物流管理等全过程。制造过程不再是孤立的、线性的,而是高度集成、高度协同的。智能生产是组织机器设备、操作员工、原材料等资源,根据产品设计与工艺,通过加工、装配、检测将原材料转化成合格产品的过程。结合智能工厂设施获取智能生产数据,从生产管理角度来确定大数据分析对象。智能生产活动大数据分析是制造企业和终端用户进行大数据决策的基础。针对生产过程中的产品设计、产品加工、产品装配等生产活动,以工业物联网及传感器感知生产活动的实时数据,进行产品设计智能优化、产品工艺特征提取、产品加工状态监控、产品装配规则集成等活动的大数据分析,进而为制造企业和终端用户的智能制造服务活动大数据决策提供支持。

制造强调的是数字化、网络化、智能化的生产方式,追求的是高效、高质量、低成本、高灵活性。智能制造的发展离不开对工业软件的深入应用,而面对当今企业多样化的业务需求,如何有针对性地开发配套的工业软件,如制造执行系统(MES)等,是企业实现更好发展亟须解决的问题。目前,传统工业软件的开发大多采用单体式架构的定制化开发,成本高、交付慢,会造成业务模块高度耦合且不能应对企业需求的变化。但在智能制造中,制造与服务不再是孤立的,而是相互融合、相互促进的。一方面,制造过程需要服务的支持，如产品设计、生产计划、质量控制等环节都需要服务的参与；另一方面，服务也需要制造的支持，如产品的生产、物流等环节都是服务的重要组成部分。制造与服务的融合使智能制造能够提供更全面、更优质的解决方案，满足用户的个性化需求，提升企业的竞争力。制造过程需要服务的支持，服务也需要制造的基础。制造与服务的融合推动了智能制造的发展，实现了制造业的转型升级。

服务是指以用户需求为导向，提供全生命周期的、个性化的、高附加值的解决方案。服务不再仅仅是产品的售后服务，而是贯穿产品全生命周期的各个环节，包括产品设计、生产、销售、使用、维护、回收等。智能制造服务活动中，工业大数据 3V 特征明显。对规模性（Volume）、多样性（Variety）、高速性（Velocity）具体分析如下：规模性表现在智能制造服务活动涉及的参与主体，在智能制造服务系统中，制造企业、服务企业、终端用户数量都会在系统运行中大规模增长，不论是区域性系统还是行业性系统，在数据体量上每年都可以超过数万 TB 数据；多样性表现在智能制造服务活动的具体数据包括设备运行参数、服务时间等结构化数据，也包括数控程序、服务模式等半结构化数据，以及监控图像、服务蓝图等非结构化数据；高速性表现在智能制造服务活动决策的实时性，对从服务现场获取的数据实时控制、实时处理，特别是生产状态监控数据更需要同步反馈。因此，智能制造服务活动具有工业大数据的规模性、多样性、高速性等特征，可以通过工业大数据分析获取智能制造服务活动的数据价值。智能制造服务活动大数据结构复杂、数量巨大、类型多样，对海量服务数据的管理需要引入工业大数据技术来采集与存储，进而支撑服务活动的智能化。制造数据外延到服务领域，服务数据渗透到制造领域，制造数据与服务数据在大数据层面开始统一，相互关联共享。

智能制造服务大数据提供了智能制造服务模块的各类数据，同时提供了制造企业、服务企业、终端用户的相关数据，以此为基础进行智能制造服务模块组合优选。智能制造服务模块组合优选技术将统一规格封装的智能制造服务模块，根据系统配置要求进行合理选择、智能匹配、优化组合，集成为智能制造服务系统。

智能制造中的服务强调的是用户体验、产品价值、服务创新，目的是提升用户满意度，实现企业与用户的共赢。智能制造服务系统模块化是根据终端用户需求制定制造服务方案，依据制造服务方案选择特定的智能制造服务活动，来组成智能制造服务系统提供给终端用户的过程。一个或多个智能制造服务活动组成智能制造服务模块，包括产品模块和服务模块。智能制造服务模块需要满足不同粒度大小的动态划分，组织服务企业与制造企业实现其功能，因此采用智能制造服务活动大数据来支撑智能制造服务活动模块化。智能制造服务系统是提供给终端用户的产品与服务综合体，功能上满足用户需求，流程上实现用户与系统交互，并提供用户体验中的持续改进。智能制造服务系统既可以是智能产品、智能服务，也可以是产品服务系统等。智能制造服务系统模块化映射的主要作用是将系统模块化过程进行初步建模分析，描述模块化过程中核心步骤的转换机制，从用户需求开始到交付给用户的各个映射，突出模块化的基本转换，为后续的定量分析提供数学分析基础。

工业大数据环境下，智能制造服务模块组合优选是工业大数据驱动的智能制造服务系统构建的重要环节：一方面，为智能制造服务系统中复杂智能制造任务选择最佳的智能制造服务模块组合；另一方面，通过智能制造服务系统实现调度模块资源。工业大数据环境下的智能制造服务模块组合优选，主要通过智能制造服务模块库来匹配某个复杂智能制造任务需要的各类智能制造服务模块候选集，并将多个候选智能制造服务模块从各类智能制造服务模块候选集中选择出来，组合成一组特定的智能制造服务模块组合。

全球制造业在智能制造推进过程中，更加关注制造业与服务业的融合。比如，《中国制造2025》明确将生产性服务与服务型制造作为智能制造的核心内容之一。制造服务作为产品服务一体化的研究对象，包含了生产性服务与制造服务化。前者是服务企业为制造企业提供的中间性服务，后者是制造企业为终端用户提供的产品服务系统。在工业互联网与人工智能深入应用过程中，制造服务更加智能，成为智能制造服务。大数据深刻影响着制造业，工业大数据是通过促进数据的自动流动去解决控制和业务问题，减少决策过程所带来的不确定性。大数据为智能制造服务运作提供了更多的决策支持。模块化思想广泛应用于产品设计与制造，其具备即插即用的特征，可以为智能制造服务系统的构建提供更便捷的组装。工业大数据在制造业与服务业中被深度应用，促进了制造业的智能化、服务化、绿色化等。工业大数据在驱动产品设计、智能生产、智能运维等方面取得了较多成果，基于工业大数据的服务型制造运作、制造服务化价值创造、制造服务管理与决策等理论相继被提出，面向工业大数据的绿色制造模式、绿色设计决策、绿色产品预测技术研究获得进展。制造服务研究更是依赖于工业大数据，从制造与服务各类业务现场获取大数据、设计规划产品与服务、监控生产与运作过程都离不开工业大数据的支撑，以此实现制造过程的自动化、信息化、智能化，提高制造效率，降低制造成本，提升产品质量，并实现个性化定制和高度灵活性。

随着智能制造的深入发展，制造与服务的融合也带来了商业模式的创新。传统的制造业主要以生产产品并销售给消费者为主，而在智能制造时代，企业可以通过提供基于产品的服务，实现由产品制造商向服务提供商的转变。

3.1.2　智能服务的研究进展

智能服务作为智能制造的重要组成部分，已成为制造业转型升级的重要方向，近年来取得了许多令人瞩目的成绩。

1. 服务模型研究

服务创新是由市场驱动的为现有市场创造新服务或为现有服务寻找新市场的需求，现已完成由商品主导逻辑（Good-Dominant/G-Dlogic）向服务主导逻辑（Service-Dominant/S-Dlogic）的转变，更加关注服务交付过程而不是结果。Den Hertog 从服务概念、客户端界面、服务交付和技术四个维度考虑了服务创新，其中技术对其他三个维度的创新推动作用都是显著的。Barras 提出的逆向产品周期（Reverse Product Cycle，RPC）模型分阶段强调了技术在服务创新中的作用：第一阶段使用技术改进服务进行渐进性的过程创新；第二阶段用于根本性的过程创新；第三阶段运用技术帮助企业创造新的服务，用于最终的产品创新。随着智能服务的发展，研究者们提出了多种服务的创新模型，如基于物联网的服务模型、基于云计算的服务模型、基于大数据的服务模型等，这些模型为智能服务的实现提供了理论基础。例如，在校企合作中，通过智能服务平台的建设，促进了校企合作中创新活动和科研成果的共享与转化，促进了校企之间更多的交流与互动，建立开放、互信、共赢的合作文化。

2. 关键技术突破

在智能服务的关键技术方面，研究者们取得了显著进展。例如，物联网技术实现了产品与服务的无缝连接，大数据分析技术为产品优化和服务创新提供了数据支持，云计算技术为智能服务的快速部署和灵活扩展提供了有力保障。随着5G技术的加入，人工智能、物联网、VR/AR等新兴技术迎来了进一步发展。移动网络传递信息及时准确且安全可靠，数据的研究环境大大改善，从最初单一文本信息的处理过渡到多媒体异构信息的实时管理、监测与利用，从而能提供组织开展满足用户需要的多元信息服务。智能信息技术改变了信息处理的方式和信息管理的方法，不仅拓宽了信息服务的范围和深度，而且丰富多元的信息资源为智能技术的改进与发展提供了坚实的物质基础。

3. 应用场景拓展

随着大数据的不断发展，人工智能从输入的数据中学习、分析和预测并做出合理输出，并且逐渐具备实现决策、思考和情感交互等复杂任务的能力。如今，服务业正处于提高生产率和服务工业化的拐点，作为一项基础性和变革性的资源，数智技术与其他资源的结合能够为服务交换和创新创造新的机会。智能服务已广泛应用于多个领域，如智能家居、智能制造、智慧医疗等。家庭中的新媒体终端趋于向跨屏多模态交互的智慧媒体中心发展，个人终端的媒体功能则逐渐上移至云端，而车载终端将作为全新的媒体形式登场，高速移动场景下的资源服务成为应用热点。5G网络所特有的一些技术模式可以分析互联网、物联网、社交媒体上的数据，使网络信息资源所蕴含的价值得到进一步提升，智能信息服务扩展至多元化的如智慧城市、智慧商务、智慧养老、智慧环境等诸多领域。在这些领域，智能服务不仅提高了产品的附加值，还为用户带来了更好的使用体验。

3.1.3　智能服务模式

在智能服务模式上，研究5G时代高速度、高并发、高兼容、高安全和低时延环境下的图书、情报等领域的数字信息资源智能服务、智能化移动服务、流媒体资源智能服务、基于新媒体和社交媒体智能化服务模式，需要加强双向互动和情境式体验服务研究。如何能够更智能地提取有价值的信息，进而为网络信息检索服务提供更加精准的指导，是一个值得深入研究的问题。在服务手段可用性上，研究以用户为中心、智能知识可视化和互动情境式服务方式，如智能搜索与推荐、可视化、深度挖掘、大数据、机器学习等智能化服务技术手段可用方式与用户的接纳程度和效果，今后对5G网络环境下的超可靠、低延迟的自然人机交互及基于VR/AR及MR（混合现实）等技术的知识可视化实现方法方面仍需加强研究，以促进智能服务技术手段本身的最佳应用。

3.1.4　智能服务系统

在智能服务系统研究方面，马格里奥（Maglio）等指出，服务科学的使命是研究以人为中心的服务系统未来所需的基础知识和应用知识，包括但不限于服务管理、服务系统分析、服务理论、应用研究。此外，智能服务系统（Smart Service System）相关的研究问题还有：关于智能服务系统的新理论观点、创新和商业模式；智能服务的业务流程管理；与智能服务相关的道德挑战；智慧城市、智能工业、智能生活；工业服务环境中的认知计算；

服务系统的数字化转型；商业信息服务，如电子咨询和商业情报服务、客户使用智能服务的体验、智能自助服务技术、通过智能服务和大数据进行社会转型、以人为本的智能服务等方向。概括而言，从服务本身及其运营管理角度来看，现有的服务模式和服务管理方法不能满足服务 4.0 时代智能服务系统的要求，面临着以下挑战，需要进一步研究。

（1）服务模式创新　传统服务系统的流程和结构均是刚性的，被动提供标准服务，至多是交互式服务，根据用户需求在一定程度上提供柔性化服务。未来服务需要考虑技术驱动力、需求驱动力、竞争驱动力和政策驱动力等驱动模式，研究面向用户需求的动态配置和重组服务流程，以及相应服务资源的服务模式创新方法，如提供定制化服务；此外，需要挖掘用户需求，提供主动式服务。

（2）服务信息系统架构创新　制造系统尽管产品千差万别，但是其 ERP 系统遵循以物料需求为核心对制造资源进行计划与调度的基本原理。传统的 ERP 系统在现代服务业领域应用时表现出缺乏灵活性、不能适应业务流程的快速变化、系统模块间耦合度较高、没有形成模块化的集成与共享方式等问题。为此，面对需求多样化、资源共享和协同交互日趋紧密的服务业管理，需要发展一种通用的服务信息系统架构原理和方法，通过普适性的模块和架构原理，快速搭建面向特定服务行业的服务信息系统。

（3）服务过程创新　与制造业不同的是，服务过程需要企业与用户全程参与和交互来完成。随着物联网、人工智能等新信息与通信技术的应用，势必改变用户与服务系统的交互方式、用户服务接受方式、服务交付方式、服务费用支付方式、用户感知服务方式、用户投诉方式等，因此需要发展基于人、机、物及环境互联和人工智能技术支撑的智慧化服务过程管理方式。

（4）服务决策方法创新　由于未来服务需求的高度动态变化和个性化，服务环境复杂化和不确定性增强，基于经验或基于传统的运筹优化的决策方法不再适用。为此，需要发展基于物联网、大数据、人工智能等技术的新决策方法，包括用户需求和行为分析、个性化服务定制和推送、个性化服务资源动态重构优化配置、服务过程自适应调度控制、个性化服务定价等。

随着我国基础设施的不断完善和国际地位的不断提升，我国的交通、物流和金融等服务行业的市场规模持续增长，再加上近年来的数字经济、共享经济、电子商务和移动支付等新兴服务业蓬勃兴起，旅游业、文化产业、健康养老产业、教育培训行业等传统服务业不断升级，我国服务业正在全面快速发展。因此，服务 4.0 与智能服务在面向智慧供应链、智慧城市、智慧医疗、智慧家庭、智慧校园、智慧能源等服务产业升级过程中具有巨大的市场空间。下面以能源智能服务的应用场景为例进行详细阐述。能源智能服务的应用主要面向能源消费者、生产者、电力交易、电网运营和物资资产管理五个维度。

（1）面向用户侧的应用

1）个人用户综合能源捆绑销售。在能源互联背景下，多能互补、协同供应的综合性能源系统将成为未来能源系统的主要形态。面向个人用户，将供电、供热、供气等能源销售进行套餐捆绑是能源销售市场的未来发展重点方向。应以构建综合能源销售系统的效益评估体系为基础，针对个性化的市场侧需求设计多种销售方案，从而给出多种用户不同用能场景下的综合能源捆绑销售方案和规划设计。

2）个性化智能物联家电服务。面向居民用户，基于智能物联家电，拓展增值服务。

其包含的智能服务场景有：结合用户使用习惯，收集环境数据，构建终端用户的"用户画像"，结合电商平台向用户推送个性化智能家居产品以及智能家电互联方案，形成从服务到产品再到服务的良性循环；开发多种智能家电终端应用，实现设备的功能完善和智能互联，做好应用更新和维护；以电网终端（智能电表和智能家电为主）作为智能家电控制中心，利用终端设备互联互通能力和智能决策算法，为家用电器提供自我故障诊断、远程寿命诊断、智能产品售后等功能；除以上场景外，还可以向用户提供基于智能设备的健康监控服务、家庭安全监控服务、家庭金融服务等。

3）数据分析增值服务。针对能源智能服务所产生的新的问题，如设备互联通信、协同计算、虚拟计算、算法问题和数据安全等，一方面，发展社会化监控服务，基于区域时空用电特性，构建风险监控模型，利用实时用电数据的变化，对可能出现的突发事件进行预测和辨别，向政府提供包括灾难预警管理、消防预警、应急用电等服务；另一方面，向商业公司或工厂企业提供风险预防评估服务和金融服务，向个人用户提供个性化智能服务，包括用能监控、套餐等服务。

（2）面向电源侧的应用

1）新能源智慧建站服务。依托现有资源，为新兴的新能源发电企业，如太阳能电站、水电站、风电厂、潮汐能发电厂等的投资、建设、发电入网、业务运营、后期运维提供方案整合支持，并在新的用能负载现状下帮助国网母公司确定电网升级投资方案，包括在限制停电时间内降低预防维护的方案，防止过度投资和投资不足。

2）绿电共享经济计划。依托以家庭为单位的新能源发电设备和储能设备的建设，如屋顶光伏、家庭小型风电机、壁挂储能电池等，发挥电网协调能力和电力共享的思维，通过网络通信手段，构建用户之间的电力共享桥梁；通过合理的建设方案、价格制定、电力调配，满足以社区、街道为单位的电力用户群体的用电需求。

（3）面向电力交易侧的应用

1）基于区块链的电力交易安全监管服务。在实际电力市场环境中，必须在政府、电力监管部门的共同监督下实现相应的电力交易。在应用区块链技术时，针对每次电力交易，需要对参与实体进行数字签名授权，并形成较强保密性的交易时间链条。一般应用时，为保证系统的安全性，将资产、账单等参与实体个体数据信息进行分割，在多个独立区块上分别进行编码，通过数据的量子级别管理实现相关逻辑的执行过程。

2）基于区块链的电力交易数字信用。以能源智能服务为例，电力市场中涉及的电力交易等具体工作，采用区块链技术实现无中心化的共识方案，可为辅助市场交易提供较为便捷的途径，最大化提升效率水平，同时保证了市场中不同能源主体以及能量流、信息流、资金流的可信任管理。

3）电力设备物联网金融和征信服务。在入户的智能电表或应用上集成金融服务，实现远程金融直接结算。利用用户在物联网金融平台上的消费行为、信用记录等信息，向个人或商业单位提供征信服务，可以结合征信情况对用户账户的违约风险进行评估，并制定基于信用水平的用能缴费套餐及策略。

（4）面向配电网侧的应用

1）智慧配电运维。利用AR/VR技术，构建相关虚拟电网场景，运维人员依据虚拟场景进行相关作业，确保其能更好地掌握电网系统结构、工程组成以及运行过程。除此之外，随着虚拟现实技术的运用，能够借此实现各项数据的共享，从而在电网设计作业的过程中发现各项问题以及设计矛盾，促进各系统、装备及产品质量的提升。

2）智能化业务流程管理。日常的业务流程运行过程中会产生大量涉及多个部门的文件、资料等信息的流转，由此产生大量的运转成本如人力成本、财务成本、时间成本等。因此，未来智慧能源服务业务流程将向自动化、智能化的方向改进，应构建以业务价值分析管理系统和统计管理预警系统为主的智能化业务流程管理系统，以实现业务价值的明确、业务流程的优化、业务决策的自动化和长期有效的运营成本监控和管理。

（5）面向物资资产管理的应用

1）电力物资仓储管理服务。对现有仓储设备采用射频识别（RFID）技术进行物资识别和清算，在电力系统运作管理平台的基础上构建电力物资仓储管理系统，并构建仓库智能监控算法和下游需求预测模型。通过各种方式提高人工作业效率，降低仓储成本，优化仓储作业流程，提高仓储物资盘点效率，最终提升企业的运行效率和形象。

2）装备采购及运输智能服务。传统的电力装备采购由于信息不流通，采购周期长，往往需要采购人员现场考察设备情况，付出巨大的时间和价格成本，导致最后的购买价格并不理想。将上游供应商的信息在统一平台进行充分整合，比如将上游各型电力装备的功能、体积、重量、价格、质量评估结果等信息都集成至电力系统运作平台，并设计智能的评价指标与算法进行筛选，既可以使供应商之间充分竞争、降低价格，又能减少采购流程与成本压力，增加上游企业资金流转速度。在使用招标采购的项目中，开发招标风险监控算法，保证电力物资招标采购各个环节的实施效果。

3）基于区块链的物资合同管理服务。现行电子合同以电子档案的形式存放在数据库中，存储方式高度依赖中心服务器，而且加密方式通常是明码保存或加密方式单一，存在容易被黑客攻击、数据易发生篡改等问题。在物资合同的签订、归档和存储环节引入区块链技术，可以保证合同信息无法篡改，实现以低成本换来更开放、高效和不可抵赖的物资合同签署。

3.1.5　智能服务所面临的挑战

尽管智能服务在智能制造中取得了显著进展，但仍面临一些挑战。智能服务创新提升了服务效率和顾客消费体验，同时也存在潜在的负面影响，包括灾难性服务故障、泄露隐私、降低人类社会技能等。举例来说，老年人通过与社交机器人进行日常沟通交流来减少孤独感，提高生活质量，但存在进一步加剧社会隔离的风险；教育机器人在陪伴孩子成长的同时，可能会因角色定义的不准确影响其认知发展。再者，数据安全和隐私保护问题日益突出，需要进一步加强技术研发和法律法规建设。此外，智能服务的普及和推广还需要解决技术标准化、人才培养等问题。

随着5G、人工智能等技术的快速发展，智能服务将更加成熟和普及。未来研究可关注以下几个方面：

1）深入研究智能服务的理论体系和技术框架，为实际应用提供更有力的支持。

2）加强跨领域合作，推动智能服务在更多领域的应用。

3）关注数据安全和隐私保护问题，制定更完善的法律法规和技术标准。

4）加强人才培养和技术创新，为智能服务的持续发展提供有力保障。

3.2 智能服务的内涵

智能服务是指能够自动辨识用户的显性和隐性需求，并且主动、高效、安全、绿色地满足其需求的服务。

智能服务实现的是一种按需和主动的智能，即通过捕捉用户的原始信息，通过后台积累的数据构建需求结构模型，进行数据挖掘和商业智能分析，除了可以分析用户的习惯、喜好等显性需求，还可以进一步挖掘与时空、身份、工作生活状态关联的隐性需求，主动给用户提供精准、高效的服务。这里需要的不仅仅是传递和反馈数据，更需要系统进行多维度、多层次的感知和主动、深入的辨识。

智能服务在智能制造中发挥着至关重要的作用，其贯穿产品的全生命周期，包括产品设计、生产、销售、维修等各个环节。具体作用如下：

（1）个性化定制　智能服务能够实现产品的个性化定制，满足消费者的多样化需求。通过收集和分析用户数据，企业可以为用户提供更加符合其需求的产品和服务。

（2）预测性维护　利用大数据和人工智能技术，智能服务可以对产品运行状态进行实时监控和预测，提前发现潜在问题并进行维护，从而延长产品使用寿命，提高客户满意度。

（3）远程监控与故障诊断　智能服务可以实现产品的远程监控和故障诊断，减少维修人员的现场干预，提高维修效率和质量。

（4）增值服务　智能服务还可以为企业提供增值服务，如数据分析、咨询服务等，帮助企业更好地了解市场需求和竞争态势，优化产品设计和生产流程。

关于智能服务的内涵与定义，已有学者进行了一定程度的讨论。例如，Gavrilova 等对智能服务的简单定义为"通过互联系统和机器智能，由客户和提供商共同创造价值的服务"。Marquardt 从五个方面对智能服务进行了定义：①智能服务是物理世界与数字世界的桥梁；②智能服务是提高价值创造和经济运行效率的服务；③在现有产品和服务上的数字化拓展；④将产品转化为服务的一部分；⑤从以产品为中心转变为以客户为中心的商业模式。

智能服务的概念：一种个性化的、高度动态的、基于质量的服务解决方案，方便客户，通过现场智能和技术、环境和社会背景数据来实现，从而在战略发展到智能服务的各个阶段，在客户和提供者之间共同创造价值。

现有的对智能服务内涵与定义的研究文献，以及各行业的主流看法中，智能服务的概念与当前火热的应用和研究方向结合较深，主要关键词包括硬件互联通信、智能计算、环境感知、数字化、以客户为中心、个性化、创造价值。据此，本书将智能服务的内涵与定义总结为：智能服务是指以现有产品和服务为基础，结合新技术，利用可互联的硬件设备收集环境数据，并利用集中或分布式的计算资源实现智能计算，围绕客户的基本和潜在需求，为客户提供主动、高效、个性化、高质量的产品和附加服务，在客户与供应商之间创造新的价值。

3.2.1 智能服务的特征

随着科技的快速发展，人工智能（AI）和机器学习（ML）等技术在各行各业的应用日益广泛，智能服务逐渐成为现代社会的重要组成部分。下面对智能服务的特征进行详细阐述：

（1）高效性 智能服务通过自动化、智能化的处理流程，显著提高了服务效率。例如，智能客服可以在短时间内处理大量用户的咨询；智能物流系统可以实时追踪货物位置，确保准时送达。智能服务的高效性使企业能够更快速地响应市场需求，提升竞争力。

（2）便捷性 智能服务打破了时间和空间的限制，使用户能够在任何时间、任何地点享受服务。例如，智能家居系统可以远程控制家中的电器设备；智能支付系统可以实现无接触支付等。智能服务的便捷性为用户带来了极大的便利，提高了生活质量。

（3）个性化 智能服务通过分析用户的行为和需求，提供个性化的服务。例如，推荐系统可以根据用户的浏览记录和购买历史，为其推荐合适的商品；智能教育平台可以根据学生的学习进度和能力水平，为其制订个性化的学习计划。个性化服务使用户能够享受到更符合自己需求的服务体验。

（4）自适应性 智能服务具有强大的自适应性，能够根据不同的场景和用户需求进行智能调整。例如，自动驾驶系统可以根据路况和天气条件调整行驶策略；智能医疗系统可以根据患者的病情变化调整治疗方案。智能服务的自适应性使其能够更好地应对各种复杂情况，为用户提供更加安全、可靠的服务。

（5）互动性 智能服务通过自然语言处理、语音识别等技术，实现了与用户的高效互动。用户可以通过语音、文字等方式与智能服务进行交流，获得及时、准确的反馈。智能服务的互动性增强了用户的使用体验，提高了服务的满意度。

3.2.2 智能服务的发展历史

物联网、大数据、云计算、人工智能、5G、区块链等新兴技术为服务业的发展和管理带来了新的挑战。在工业领域，为了应对互联网等新技术带来的机遇和挑战，德国率先提出了工业 4.0 的概念。基于工业发展的不同阶段可进行如下划分：①工业 1.0 是 18 世纪末第一次工业革命创造的"蒸汽时代"；②工业 2.0 是 20 世纪初第二次工业革命将人类带入大量生产的"电气时代"；③工业 3.0 是 20 世纪中期因计算机的发明和可编程控制器的应用而造就的"电子和信息化时代"；④工业 4.0 最早由德国在 2011 年提出，其核心是利用信息物理系统（CPS）将生产中的供应、制造、销售信息数据化、智慧化，最终达到快速、有效、个性化的产品供应。

服务 4.0 的概念是在工业 4.0 的基础上发展起来的，专注于服务产业。类似于工业发展的阶段划分，服务业也可划分为四个阶段：

①服务 1.0 是 19 世纪前期围绕衣食住行等基本需求开展的以手工服务为主的服务；②服务 2.0 是 19 世纪中期到 20 世纪中期工业革命后机械代替手工而衍生出的银行、交通运输、娱乐、教育等新兴服务业；③服务 3.0 是 20 世纪中期以后基于互联网技术产生的

传统服务的升级和延伸，如旅游、电信、电子商务、物流、保险、咨询等行业；④服务4.0是面向大众的个性化需求，利用物联网、人工智能、基于机器人的自动化设备、大数据分析等最前沿信息技术，将人无缝纳入信息物理系统中，最终形成人、机、物互联系统（Human Cyber Physical System，HCPS），如图 3-1 所示。通过捕捉用户的信息进行数据挖掘和商业智能分析，获取用户的习惯、喜好，以及与时空、身份、工作生活状态相关联的隐性需求，主动给用户提供精准、高效的服务，实现数字化服务、主动式服务和个性化定制服务，从而提高服务效率、服务质量、服务水平，降低服务成本，提高响应用户需求的能力。

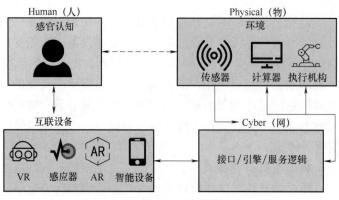

图 3-1　人、机、物互联系统

与传统服务（服务 1.0、2.0 和 3.0）相比，服务 4.0 的服务提供和交付方式将发生一系列的转变。从表 3-1 可以看出，服务 4.0 是一种更灵活及个性化的服务模式，能够更有效地提高用户满意度。例如，电信、保险、银行和其他服务提供商可通过网络、社交媒体中的数据分析来识别潜在的用户资源，实现从被动服务到主动服务的转变。

表 3-1　四个服务阶段

类别	服务 1.0/2.0/3.0	服务 4.0
服务模式	被动服务，存在产业行业细分 reactive 标准化、模块化、基于经验的、显性的、物理的	主动服务，集成的、整合的、客制化的、以人为中心的、基于数据、隐性的、虚拟的
交付方式	远程服务，控制中心预先设定好的路径，分离的系统	无缝、全渠道的服务支持，动态的实时路径，开发共享的设施设备

在服务 4.0 时代不断发展的过程中，在非传统服务领域也持续出现新的增长点。为应对可能出现的竞争，将企业的价值链从以制造为中心向以服务为中心转变，贯彻落实供给侧改革，企业必须向服务化的方向进行变革，而服务智能化是企业服务化变革的重点目标。随着大数据、云计算、人工智能和物联网等新一代信息技术的快速发展，服务智能化成为企业高度关注的目标。对于企业而言，实现服务智能化的关键在于精准地感知用户需求，并快速重构资源进行响应。这就要求企业对外能够精准地把控市场和环境的变化，在企业内部能够及时更新甚至重置内部资源，快速对接市场需求，通过智能服务使企业能

够随着动态竞争的变化灵活地搭配、整合、重构资源，从而实现在竞争中持续保持优势地位。

智能服务作为现代社会的重要组成部分，具有高效性、便捷性、个性化、自适应性和互动性等多个特征。这些特征使得智能服务能够更好地满足用户需求，提升用户的使用体验。随着技术的不断进步和应用场景的不断拓展，智能服务将在未来发挥更加重要的作用，推动社会的进步和发展。

3.2.3　智能服务的框架

智能服务的框架适用于各种需要智能服务的场景，如智能客服、智能推荐、智能监控、智能家居等。开发者可以根据具体需求，选择合适的组件和功能，构建满足需求的智能服务。智能服务的框架由以下几个核心组件构成：

（1）数据层　负责数据的存储、访问和管理。数据层支持多种数据存储方式，如关系型数据库、NoSQL 数据库、文件存储等。

（2）服务层　提供智能服务的主要功能，如机器学习、自然语言处理、图像识别等。服务层通过 API 与数据层和应用层进行交互。

（3）应用层　为用户提供直观的界面和操作体验。应用层支持多种应用形式，如 Web 应用、移动应用、桌面应用等。

（4）管理层　负责框架的监控、配置、扩展和安全管理。管理层提供可视化的管理界面和工具，方便运维人员进行管理。

智能服务的框架支持多种部署方式，如云部署、容器部署、虚拟机部署等。运维人员可以通过管理界面进行监控、配置和扩展，确保服务的稳定运行。其核心特性包括可扩展性、可定制性、高性能和安全性。

系统可以用结构、输入、过程以及输出四个维度来展开和描述。表 3-2 给出了智能服务系统的四个维度的定义，并以能源智能服务系统为例对不同维度的内容进行了分析。

表 3-2　智能服务系统的维度

维度	定义	以能源智能服务系统为例的系统结构
结构	决定具有系统特征、属性和功能的系统要素	发电站、变电站、人力、设施等资源，电力技术和计划调度方法等
输入	待系统流程处理的对象或服务要素	不同类型的电力用户、用电量、配电网耗材、发电补贴等
过程	利用系统资源将输入转换为输出的过程	合理的设施布局、电网巡检筛查、电力调度计划及电力定价、电力系统的物流与供应链等
输出	流程产生的结果或者输入状态或属性的变化	供电稳定性、电网安全性、供电质量、电力用户满意度、环保程度等

从定义来看，系统的结构维度表示决定具有系统特征、属性和功能的系统要素，包括系统资源、系统子系统及其之间关系、系统运行的规则等；输入维度表示在一定的系统结构下，待系统流程处理的对象或服务要素；过程维度表示在系统运行规则控制下，利用系

统资源将输入转换为输出的过程；输出维度表示在系统结构下，流程产生的结果或者输入状态或属性的变化。在能源智能服务系统中，系统结构包括发电站、变电站、人力、设施等资源，电力技术和计划调度方法等内容；系统输入包括不同类型的电力用户、用电量、配电网耗材和发电补贴等内容；系统过程包括合理的设施布局、电网巡检筛查、电力调度计划及电力定价以及电力系统的物流与供应链等内容；系统输出包括供电稳定性、电网安全性、供电质量、电力用户满意度和环保程度等内容。

智能服务的框架为开发者提供了一个高效、灵活、安全的平台，帮助开发者快速构建和部署智能服务。随着人工智能技术的不断发展，智能服务的框架将不断优化和完善，为更多场景提供智能服务支持。

3.2.4　智能服务的方法与技术

智能服务是当代科技发展的重要产物，它借助人工智能、大数据、云计算等先进技术，为人们的生活和工作提供了极大的便利。智能服务不仅提高了服务效率，还提升了服务质量，使人们的生活更加美好。

1. 智能服务的方法

智能服务的主要方法有以下几种：

（1）人工智能（AI）　AI 是智能服务的核心技术，包括机器学习、深度学习、自然语言处理等。AI 能够模拟人类的思维和行为，使服务更具智能性、自主性和个性化。

（2）大数据分析　大数据分析通过对海量数据的收集、存储、处理和分析，挖掘出有价值的信息，为智能服务提供决策支持。

（3）云计算　云计算为智能服务提供了强大的计算能力和存储空间，使服务能够随时随地为用户提供所需资源。

2. 智能服务的技术

智能服务的关键技术主要有以下几种：

（1）自然语言处理（NLP）　NLP 技术使智能服务能够理解和处理人类语言，实现与用户的自然交互。

（2）机器学习　机器学习使智能服务能够通过学习不断提高自己的性能，为用户提供更优质的服务。

（3）知识图谱　知识图谱技术能够将各种信息以结构化的方式表示，为智能服务提供丰富的知识库。

（4）数据挖掘　数据挖掘技术包括聚类、分类、关联规则挖掘等，是智能服务的基础之一，通过分析用户的原始信息和后台积累的数据，构建需求结构模型，识别用户的显性和隐性需求。

（5）商业智能分析　除了分析显性需求外，商业智能分析还能挖掘与时空、身份、工作生活状态关联的隐性需求。这有助于主动为用户提供精准、高效的服务。

（6）需求解析　智能服务需要持续积累服务相关的环境、属性、状态、行为数据，建立用户特征库，并构建服务需求模型。需求解析功能集负责这一过程。

（7）服务反应　服务反应功能集根据需求模型发出服务指令，满足用户需求。这是智能服务的关键技术之一。

（8）智能层技术　智能层技术包括存储与检索技术、特征识别技术、行为分析技术、数据挖掘技术、商业智能技术、人工智能技术等。这些技术支撑智能服务的实现。

（9）传送层技术　传送层负责用户信息的传输和路由，传送层技术包括弹性网络技术、可信网络技术、深度业务感知技术、无线网络技术等。

（10）交互层技术　交互层是系统和服务对象之间的接口层，交互层技术包括视频采集技术、语音采集技术、环境感知技术、位置感知技术等。它实现服务提供者与用户之间的双向交互。

智能服务的方法与技术正在不断发展和完善，为人们的生活和工作带来极大的便利。未来，随着技术的不断进步和应用领域的拓展，智能服务将会更加普及和智能化，为人们的生活创造更多价值。同时，也需要关注智能服务可能带来的隐私、安全等问题，加强相关法规的制定和执行，确保智能服务的健康发展。

3.3　智能服务的模式

智能服务的模式是指利用先进的信息技术，将人工智能、大数据分析与服务流程相结合，为用户提供个性化、高效、便捷的服务。该模式强调数据驱动、智能化决策和用户体验至上，通过技术手段实现服务流程的优化和创新。

智能服务模式已被广泛应用于各个领域，如智能客服、智能家居、智能医疗等。智能客服能够实时响应用户需求，提供 24h 不间断的服务；智能家居能够实现设备互联、远程控制，为用户创造舒适便捷的居住环境；智能医疗则能够通过对医疗数据的分析，为用户提供个性化的健康管理方案。例如，某跨境女装电商的销售额从 2016 年的约 40 亿元人民币攀升到 2021 年的近千亿元，它爆发式增长的秘诀之一就是凭借智能算法，实现了服装潮流的精准洞察、敏捷生产和高分口碑营销；某"全球灯塔工厂"通过数字化工厂项目深入推广数字化系统与人工智能技术，旗下产品上市时间缩短 50%；此外，各类造车势力纷纷布局 L4 自动驾驶，抢占千亿美元级别新市场。

3.3.1　智能研发服务模式

1. 智能研发服务模式概述

智能研发服务模式是指利用大数据、云计算、人工智能等先进技术对研发过程进行智能化改造，实现研发资源的优化配置、研发流程的高效协同以及研发成果的快速转化。

这种服务模式强调以用户需求为导向，通过智能化手段提升研发服务的质量和效率，为用户创造更大价值。其核心思想要求以精准洞悉用户的需求作为研发输入，并将用户需求植入产品全生命周期管理的全链条。此外，研发不再封闭，企业以开放的姿态引入用户及其他行业相关者参与到产品的共创中。行业实践表明，不仅互联网企业广泛运用此类模式研发，企业研发也有深度融入用户体验的空间。很多汽车零部件供应商不再拘泥于传统的定位，而是探索与主机厂联合开发智能网联和电动出行新技术，或者共同承担产品全生命周期维护与升级的职责，深度融合主机厂乃至终端用户的定制化需求。

相比流程驱动的标准化与严格分工，用户驱动模式在管理上实现两点创新：一方面，流程和资源配置留有灵活调整的余量，产品开发得以迅速响应用户需求；另一方面，团队目标始终围绕用户需求，这有利于企业高效和精准的配置资源。

用户驱动的关键意义在于明确了用户需求是研发工作的核心目标。越来越多的实践表明，为了真正做到用户驱动，企业必须引入数智化技术，指引和支撑研发全过程的各个环节不偏离用户需求。这要求研发管理掌握以下四个关键要素：

（1）业务场景定义 企业应从业务场景的顶层设计出发，梳理业务的效益目标、数智化诉求，以及与数智化应用的契合点。例如，某汽车企业以用户共创开发为提升用户体验的着力点，搭建基于云架构的C2B研发协同平台。其推出某车型的定制化开发模式，用户可参与60个节点的开发，从而满足个性化需求。

（2）数据治理 进行数据规范化管理，包括明确数据对象、整理数据格式、进行数据分类、规范数据质量等步骤，使数据能够精准、透明地在研发业务链中传递，并以此构筑数据体系化、价值化的基础。

（3）基础设施建设 推动数字化系统与工具的部署和集成。例如，一体化的研发协同管理平台通过集成需求管理软件、数据平台、仿真平台、项目管理系统于一体，形成研发活动一体化，准确地分解和实现研发需求。

（4）管理体系适配 研发管理的"软环境"与数智化技术的"硬环境"应拧成一股绳，在管理中引入数智化技术，在业务效率提升的同时提高管理的效能。例如，流程管理引入机器人流程自动化（Robotic Process Automation，RPA）实现业务流程处理的自动化，大幅度减少研发团队在财务和采购上花费的时间。基于数智化技术的革新，研发管理还可以将文档的需求清单数字模型化，确保需求在整条业务链中的准确传递。

2. 智能研发服务模式的特点

（1）数据驱动 智能研发服务模式注重数据的收集和分析，通过挖掘数据价值来指导研发决策，实现精准研发。

（2）高效协同 借助云计算和大数据技术，智能研发服务模式能够实现研发团队之间的高效协同，打破地域和时间限制，提升研发效率。

（3）用户导向 智能研发服务模式始终以用户需求为出发点，通过不断优化产品和服务，满足用户的个性化需求。

（4）创新驱动 智能研发服务模式鼓励创新思维，通过引入新技术、新方法和新理念，推动研发领域的持续创新。

3. 智能研发服务模式对行业和社会的影响

（1）提升研发效率 智能研发服务模式通过优化研发流程、降低研发成本、缩短研发周期等方式，极大地提升了研发效率，为企业创造了更大的价值。

（2）推动科技创新 智能研发服务模式鼓励创新思维，促进了新技术的研发和应用，推动了科技创新的深入发展。

（3）促进产业升级 智能研发服务模式的应用，推动了传统产业的转型升级，提升了产业的整体竞争力。

（4）助力社会进步 智能研发服务模式在医疗、教育、交通等领域的应用，提高了社会公共服务水平，推动了社会的整体进步。

3.3.2　智能装备服务模式

1. 智能装备服务模式概述

智能装备服务模式是指围绕智能装备的使用、维护、优化和升级等一系列服务活动。这些服务活动旨在提升智能装备的使用效率，延长其使用寿命，提高用户满意度，并为企业创造更大的价值。智能装备的服务模式不仅关乎产品的性能和质量，更关乎企业的竞争力和市场地位。

2. 智能装备服务模式的创新方向

（1）预防性维护服务　通过远程监控和数据分析，预测设备可能出现的故障，提前进行维护，避免设备停机带来的损失。

（2）个性化定制服务　根据用户的特定需求，提供定制化的智能装备解决方案，满足用户的独特需求。

（3）数据驱动的优化服务　通过收集设备使用数据，分析设备的运行状态，提出优化建议，提升设备的运行效率。

（4）智能升级服务　随着技术的发展，为用户提供设备的智能升级服务，使设备保持最新的技术状态。

3. 智能装备服务模式的方法和技术

智能装备服务模式正在经历深刻的变革和创新。从预防性维护服务、个性化定制服务、数据驱动的优化服务到智能升级服务，智能装备的服务模式正逐步向更加智能化、个性化、数字化的方向发展。智能装备服务模式需要考虑不同的方法和技术，以满足企业的需求：

（1）流程驱动研发模式　其在企业实践中已广泛应用。它强调规范化、标准化的流程来指导工程师完成研发工作，具有高度结构化的研发体系，协调多部门跨团队的职责，适合大规模商业化产品的开发和版本的稳定迭代。

（2）用户驱动研发模式　它强调精准实现用户需求，将其植入产品全生命周期管理的全链条中，其灵活性高，允许快速响应用户需求，适合强调用户体验的产品开发以及与用户共创的模式。

（3）数据驱动研发模式　其基于数据和算法，降低对人员经验和知识的依赖，实现技术趋势预测、快速原型验证等，具有高度自动化，适合实现技术创新和高效配置资源。

智能装备服务模式的发展将推动智能装备制造商的服务化转型，构建数字化、平台化、智能化的服务体系。在这个过程中，智能装备制造商需要紧跟科技发展的步伐，不断创新服务模式、提升服务质量，以满足用户日益多样化的需求；同时，政府和社会各界也应给予更多的支持和引导，推动智能装备服务模式的健康发展，为经济社会发展注入新的活力。

3.3.3　智能物流与供应链服务模式

1. 智能物流与供应链服务模式概述

智能物流与供应链服务模式是当今数字化转型中的关键领域。通过整合物联网、大数据分析、人工智能、自动化等技术，智能物流与供应链服务模式旨在优化供应链的各个环节，从生产到分销直至最终消费者手中的产品。

智能物流与供应链服务模式是指利用先进的信息技术手段，通过对物流与供应链各环节的数据收集、分析和处理，实现资源的最优配置和服务的高效协同。它涵盖了智能物流、智能仓储、智能配送等多个方面，旨在提高物流效率、降低物流成本、提升客户体验。

2. 智能物流与供应链服务模式的特点

（1）数据驱动　智能物流与供应链服务模式以数据为基础，通过对海量数据的挖掘和分析，发现潜在规律和需求，为决策提供支持。

（2）协同共享　智能物流与供应链服务模式通过云计算、物联网等技术手段，实现各环节之间的信息互通和资源共享，形成高效协同的供应链网络。

（3）智能化决策　智能物流与供应链服务模式利用人工智能、机器学习等技术，实现自动化、智能化的决策支持，提高决策效率和准确性。

（4）绿色环保：智能物流与供应链服务模式注重环保和可持续发展，通过优化资源配置、降低能耗等方式，实现绿色物流。

3. 智能物流与供应链服务模式的实践应用

（1）智能仓储管理　通过物联网技术，实现仓库内物品的实时监控和智能调度，提高仓储效率和空间利用率。

（2）智能配送路线规划　利用大数据和人工智能技术，分析交通状况、天气等因素，为配送车辆规划最优路线，减少配送时间和成本。

（3）供应链金融服务　通过智能物流与供应链服务模式，实现供应链金融的线上化、智能化，为企业提供更加便捷、高效的金融服务。

虽然智能物流与供应链服务模式带来了诸多优势，但在实际应用中仍面临一些挑战，如数据安全、技术成熟度、人才短缺等问题。展望未来，随着技术的不断进步和应用场景的不断拓展，智能物流与供应链服务模式将进一步完善和优化，为行业发展注入新的活力。智能物流与供应链服务模式是推动物流与供应链行业转型升级的重要途径，其具有数据驱动、协同共享、智能化决策和绿色环保等特点，能实现更高效、更精准、更绿色的服务；同时，也需要关注数据安全、技术成熟度、人才短缺等挑战，为未来发展做好充分准备。

3.3.4　智能管理服务模式

智能管理服务模式是一种利用先进的信息技术和智能化系统，提高管理效率、优化服务体验的新型管理模式。它涵盖了多个领域，包括交通管理、智慧服务、智慧社区、能源管理、物流管理、智能医疗、智能金融等。

数字化转型正在改变企业的面貌，越来越多的公司将自己定位为科技公司，而不再仅仅是金融、电商、社交网络或物流公司。这意味着未来的企业将以数据和算法为支撑、以用户为中心，成为技术型组织。数字化转型不仅仅是前沿科技打造数字化产品，更涉及以科技为支撑的智能管理、智能决策，以及组织结构和文化建设等更宏观和本质的范畴。

在交通管理领域，智能管理系统可以实时收集和分析交通数据，提供实时路况信息和导航服务，帮助驾驶员选择最佳路线，减少交通拥堵和出行时间；同时，智能管理系统还可以对交通信号灯、公交车辆等进行智能调度，提高交通运行效率。

在智慧服务方面，通过智能化技术，可以提供更加便捷、高效和个性化的服务。以智能家居为例，智能家居系统可以通过连接各种智能设备和传感器，实现家居设备的自动化控制和远程管理。用户可以通过手机 App 或语音助手控制家居设备，如智能灯光、智能窗帘、智能电视等，实现智能化的居住体验。同时，智能家居系统还可以通过学习用户的习惯和喜好，提供个性化的场景设置和智能推荐服务。

在智慧社区方面，智能化技术可以提升社区管理和居民服务水平。通过智能化管理，社区可以实现资源共享、政府协同运作，构建全新的社区服务体系。例如，社区可以建立智能管理平台，实现居民信息的集中管理和服务，提供便捷的物业、社区活动组织等服务。

总之，智能管理服务模式是一种利用信息技术和智能化系统提高管理效率、优化服务体验的新型管理模式。它在各个领域都有广泛的应用前景，可以为人们提供更加便捷、高效和个性化的服务。

习 题

1. 智能服务有哪些关键技术？
2. 智能服务有哪些挑战？
3. 智能服务如何帮助制造业转型？
4. 工业大数据如何影响智能制造？
5. 智能服务研究的进展体现在哪些方面？

科学家科学史

"两弹一星"功勋
科学家：王希季

第 4 章

网络协同制造

PPT 课件

4.1 网络协同制造概述

4.1.1 网络协同制造的定义

智能制造是制造强国建设的主攻方向，其发展程度直接关乎我国制造业的质量水平。网络协同制造（Networked Collaborative Manufacturing，NCM）作为智能制造应用实践过程中涌现出的一种新模式，在促进创新资源、生产能力、市场需求的集聚与对接，提升服务业中小微企业能力，加快全社会多元化制造资源的有效协同，提高产业链资源整合能力等方面具有重要作用。

我国高度重视网络协同制造发展。2015 年 7 月，国务院发布《国务院关于积极推进"互联网＋"行动的指导意见》，提出"发展基于互联网的协同制造新模式"；2021 年 12月，工业和信息化部、国家发展和改革委员会、教育部、科学技术部等八部门联合印发《"十四五"智能制造发展规划》，提出"培育推广智能化设计、网络协同制造、大规模定制、共享制造、智能运维服务等新模式"。近年来，随着新一代信息技术与制造技术的深度融合，部分企业开始围绕网络协同设计、生产、服务等方向积极探索并取得显著成效。例如，海尔提出的模具"众包"设计，通过吸纳社会设计能力资源，进一步实现降本增效，据统计，仅刀具优化设计方面，工厂生产效率提升 10%，刀具耗费降低 30%；合心集团建设的刀具制造共享工厂，为中小企业提供代加工服务，节省了企业自建生产线以及辅料成本，同时提升了产品质量；此外，中国商飞、西飞集团、美的等大型集团也有基于网络平台的协同制造的成熟实践。

网络协同制造是利用数字化、网络化、智能化等信息技术手段，在制造企业内部（包括企业各系统、部门、各工厂之间）、供应链内部和供应链之间，通过资源共享和优化配置，实现产品设计、生产、物流、销售、服务等价值活动密切协作的一种新型制造模式。网络协同制造的应用能够给企业带来诸多收益：

（1）降低生产经营成本　作为一种新型制造模式，网络协同制造能够统筹各方资源、合理调配各方能力等，有效降低库存以及流程管理等成本。

（2）提升制造灵活性和敏捷性　网络协同制造将传统制造模式的串行工作方式转变成

并行工作方式，能够高效完成各方调配，缩短生产周期，快速响应用户需求，提升制造的柔性和稳定性。

（3）实现全生命周期活动透明化　网络协同制造强调企业内部或企业之间的协同，各方之间共享设计、生产、销售、物流、服务等信息公开，实现对全生命周期活动的监控和优化。

（4）提升资源利用率　资源配置优化是网络协同制造的主要目标之一，通过多方协同实现资源的合理分配和实时优化。

4.1.2　网络协同制造的作用

网络协同制造的生命周期活动过程中，相关方是主体，网络平台是基础，技术是支撑，资源共享是前提，业务规则是保障，提高资源利用和生产效率是主要目标。

网络协同制造是充分利用互联网技术为特征的网络技术、信息技术，实现供应链内部及跨供应链间的企业产品设计、制造、管理和商务等的合作，达到资源最大化利用的一种现代制造模式。网络协同制造是智能制造协同商务、网络制造、云制造、全球制造等生产模式的核心内容，它强调企业间的协同，能够打破时间、空间的约束，通过互联网络，使整个供应链上的企业和合作伙伴共享客户、设计、生产经营信息；从传统的串行工作方式转变成并行工作方式，从而最大限度地缩短新品上市的时间，缩短生产周期，快速响应用户需求，提高设计、生产柔性；通过面向工艺的设计、面向生产的设计、面向成本的设计、供应商参与设计，大大提高产品设计水平和可制造性，提高成本的可控性，有利于降低生产经营成本、提高质量、提升用户满意度。网络协同制造的作用主要有以下几个方面：

1）降低企业的原料或物料的库存成本。基于销售订单拉动从最终产品到各个部件的生产成为可能，网络协同制造在降低企业的原料或物料的库存成本方面发挥了关键作用。传统的生产方式通常依赖于预测性的生产计划，这种计划往往会导致库存积压和资金占用。然而，网络协同制造通过实现订单驱动的生产，使得从最终产品到各个部件的生产都可以根据销售订单的实际需求进行拉动式生产，从而有效地降低了企业的库存成本。在传统的生产模式下，企业往往需要提前采购大量原材料和零部件，以满足预期的生产需求。这导致了大量的库存积压，不仅占用了企业的资金，还增加了库存管理的成本。而网络协同制造则打破了传统的生产模式，使企业可以根据实际的销售订单需求来进行生产，从而避免了不必要的库存积压。

具体而言，网络协同制造通过实现订单驱动的生产，可以使生产活动从最终产品开始，逐级向上延伸到各个部件和原材料的生产。企业接收销售订单后，根据订单的具体要求，通过网络协同制造系统进行生产计划的制订和调度，将生产需求传递给相关的供应商和合作伙伴。这些供应商和合作伙伴可以根据订单需求及时生产和供货，确保产品能够按时交付给客户。通过订单驱动的生产方式，企业可以实现"零库存"或"低库存"生产，即只在接收订单后才开始生产，避免了不必要的库存积压。这不仅可以减少企业的库存成本，还可以提高资金周转率，释放资金用于其他投资或经营活动。同时，订单驱动的生产方式还可以减少企业的库存风险，降低因库存过多而导致的库存滞销和库存降值的风险。此外，网络协同制造还可以通过优化供应链管理和生产流程，进一步降低企业的库存成本。通过与供应商和合作伙伴之间的紧密合作和信息共享，可以实现供应链的优化和协同，减少因供应链中断或延迟而导致的生产停滞和库存积压。同时，网络协同制造还可以通过优化生产流程和加强生产计划的灵活性，提高生产效率，缩短生产周期，进一步降低库存成本。

综上所述，网络协同制造通过实现订单驱动的生产，可以有效地降低企业的原料或物料的库存成本。通过减少库存积压、优化供应链管理和生产流程，以及提高生产效率和灵活性，网络协同制造为企业降低库存成本提供了有效的解决方案，有助于提升企业的竞争力和盈利能力。

2）可以有效地在企业内各个工厂、仓库之间调配物料、人员及生产资源等，缩短订单交付周期，增强整个企业的制造敏捷性。网络协同制造在企业内各个工厂、仓库之间调配物料、人员及生产等方面发挥了重要作用，从而缩短了订单交付周期，增强了整个企业的制造敏捷性。这种制造模式的实施不仅使企业能够更有效地利用资源，还使其能够更灵活地应对市场需求的变化。以下详细阐述其重要作用：

首先，网络协同制造实现了企业内部各个工厂、仓库之间物料、人员及生产资源等的有效调配。传统的生产模式往往存在资源利用效率低下、信息孤岛等问题，导致了生产资源的闲置和浪费。而网络协同制造通过信息技术的应用，实现了生产资源的共享和协同利用，使不同工厂和仓库之间可以共享物料和人员资源，优化生产计划和生产流程。这样企业可以更加高效地利用现有资源，提高生产效率，降低生产成本。其次，网络协同制造可以快速调整生产计划，更及时地满足客户需求。随着市场需求的不断变化，企业需要及时调整生产计划，以满足客户需求，避免订单交付周期过长而导致客户满意度下降。网络协同制造通过实时数据共享和协同调度，使企业可以更加灵活地调整生产计划，根据订单情况和市场需求的变化及时调整生产进度和生产资源配置，确保订单能够按时交付，提高了订单交付的及时性和准确性。再次，网络协同制造还能够提高企业的市场反应速度和竞争力。在竞争激烈的市场环境下，企业需要能够迅速响应市场需求的变化，以保持竞争优势。网络协同制造通过实现生产资源的共享和协同调度，使得企业可以更加灵活地调整生产计划，快速响应市场需求的变化，推出符合客户需求的新产品，并及时调整生产规模，从而提高了企业的市场反应速度和竞争力。

总体而言，网络协同制造通过实现企业内部各个工厂、仓库之间物料、人员及生产等资源的有效调配，缩短了订单交付周期，更灵活地实现了整个企业的制造敏捷性。它使企业能够更加高效地利用资源，更及时地满足客户需求，提高了订单交付的及时性和准确性，同时也提高了企业的市场反应速度和竞争力，有助于企业在激烈的市场竞争中取得更大的成功。

3）实现对整个企业各个工厂的物流可见性、生产可见性、计划可见性等，更好地监视和控制企业的制造过程。网络协同制造的又一重要作用是实现了对整个企业各个工厂的物流可见性、生产可见性、计划可见性等，从而更好地监视和控制企业的制造过程。这种可见性的实现通过网络化技术和信息系统的应用，使企业能够实时获取生产过程中的各种数据和信息，进行实时监控和调整，提高了生产效率和质量。

首先，网络协同制造实现了对整个企业各个工厂的物流可见性。在传统的生产模式下，企业往往面临物流信息不透明、难以跟踪等问题，导致了物流过程的低效和不可控。而通过网络协同制造，企业可以实时获取物流信息，包括原材料的采购、运输、仓储等环节的数据，实现了对物流过程的实时监控和跟踪，从而更好地掌握物流动态，及时调整物流计划，提高了物流效率和服务水平。其次，网络协同制造实现了对整个企业各个工厂的生产可见性。通过网络化技术和信息系统的应用，企业可以实时获取各个工厂的生产数据和生产状态，包括生产进度、生产质量、设备运行状态等信息，实现了对生产过程的实时监控和管理。这样企业可以及时发现生产中的问题，并采取相应的措施进行调整，确保生产进度和质量的稳定和可控。再次，网络协同制造还实现了对整个企业各个工厂的计划可见性。通过网络化技术和信息系统的应用，企业可以实时获取各个工厂的生产计划和生产任务，包括订单信息、生产排程、工艺流程等，实现了对生产计划的实时监控和调整。这样，企业可以根据实际情况及时调整生产计划，保证订单能够按时交付，提高了订单交付的及时性和准确性。

综上所述，网络协同制造通过实现对整个企业各个工厂的物流可见性、生产可见性、计划可见性等方面的实时监控和管理，帮助企业更好地监视和控制制造过程。这种可见性的实现使企业能够更及时地发现和解决生产中的问题，提高了生产效率和质量，同时也提高了企业的管理水平和竞争力，有助于企业在激烈的市场竞争中取得更大的成功。

4）实现企业的流程管理，包括从设计、配置、测试、使用、改善到整个制造流程，并不断改善和集中管理，大大节约了实施成本、流程维护成本和改进流程的成本。网络协同制造在实现企业的流程管理方面发挥着重要作用，包括从设计、配置、测试、使用、改善到整个制造流程，实现了流程的集中管理和持续优化，从而节约了实施成本、流程维护成本和改进流程的成本，提高了企业的运营效率和盈利能力。

首先，网络协同制造实现了对企业整个制造流程的集中管理。通过网络化技术和信息系统的应用，企业可以将设计、配置、测试、使用、改善等各个环节的生产流程集中管理。这样企业可以实时监控和管理整个制造过程，及时发现和解决生产中的问题，提高了生产效率和产品质量。同时，通过对制造流程的集中管理，企业可以更好地协调各个环节的工作，优化资源配置，提高生产效率，降低生产成本。其次，网络协同制造实现了对制造流程的持续优化。在实际生产中，制造流程往往是一个动态的过程，需要不断地进行优化和改进。通过网络协同制造，企业可以对制造流程进行持续的监控和分析，发现和解决生产中的问题，不断改进和优化生产流程。这样企业可以提高生产效率和产品质量，降低生产成本，提高企业的竞争力。再次，网络协同制造还节约了企业的实施成本。在传统的生产模式下，企业往往需要投入大量的资金、人力、物力来实施制造流程的管理和优化。而通过网络协同制造，企业可以利用现有的网络化技术和信息系统，实现对制造流程的集中管理和持续优化，从而节约实施成本，降低企业的运营成本。最后，网络协同制造还节约了流程维护和改进流程的成本。在传统的生产模式下，企业往往需要投入大量的时间和精力来维护和改进制造流程，不断地对生产过程进行调整和改进。而通过网络协同制造，企业可以通过信息系统实现对制造流程的持续监控和分析，及时发现和解决生产中的问题，从而减少了流程维护和改进流程的成本，提高了企业的运营效率和盈利能力。

综上所述，网络协同制造通过实现对企业整个制造流程的集中管理和持续优化，节约了实施成本、流程维护成本和改进流程的成本，提高了企业的运营效率和盈利能力。这种作用使企业能够更好地应对市场竞争，实现可持续发展。

5）实现企业系统维护资源的节约。网络协同制造在实现企业系统维护资源节约方面发挥着重要作用。传统的制造系统往往需要投入大量的人力和物力进行维护和管理。而通过网络协同制造，企业可以实现对系统的集中管理和远程监控，从而减少了对人员和设备的依赖性，降低了系统维护成本，提高了系统的稳定性和可靠性。

首先，网络协同制造实现了对系统的集中管理。传统的制造系统往往分布在各个工厂或部门，需要分别进行维护和管理，这样不仅加大了维护的难度，也增加了维护的成本。而通过网络协同制造，企业可以将各个工厂或部门的制造系统集中到一个统一的平台上进行管理和维护，这样企业可以通过统一的管理平台实现对系统的统一监控和管理，降低维护的难度和成本。其次，网络协同制造实现了对系统的远程监控。通过网络化技术和远程监控系统，企业可以实现对制造系统的远程监控和管理。无论是设备运行状态、生产进度还是产品质量，都可以通过远程监控系统实时获取和监控。这样企业可以及时发现和解决系统运行中的问题，提高了系统的稳定性和可靠性，节约了维护成本和故障修复时间。再次，网络协同制造减少了对人员和设备的依赖性。传统的制造系统往往需要大量的人力和物力投入来进行维护和管理。而通过网络协同制造，企业可以实现对系统的自动化监控和管理。通过智能化的监控设备和自动化的维护系统，企业可以实现对系统的自动化维护和故障排除，减少了对人员和设备的依赖性，降低了维护成本。此外，网络协同制造还提高了系统的稳定性和可靠性。通过远程监控和自动化维护系统，企业可以及时发现和解决系统潜在的及运行中的问题，提高了系统的稳定性和可靠性。

综上所述，网络协同制造通过实现对系统的集中管理、远程监控，减少对人员和设备的依赖性，以及提高系统的稳定性和可靠性，降低系统维护成本，提高系统的运行效率和可靠性。这种作用使企业能够更好地应对市场竞争，实现可持续发展。

4.1.3　网络协同制造的特点

网络协同制造系统是一种支持群体协同工作的系统，能够克服时间、空间、计算机软硬件等障碍，形成一个便于群体相互合作的虚拟同地的共同工作空间，使异地多学科人员能够并行协同地完成整个产品的设计制造工作。

网络协同制造系统需要封装和集成不同地域企业和团体中的设计、制造管理、信息、技术、人力等资源，并屏蔽这些资源的异构性和分布性。客户只同资源、代理交互，而代理将任务映射和调度到不同的资源节点上，协同企业和客户通过任务管理器可以监控和协调制造过程，动态处理制造环境的变化。由于网络协同制造系统需要在不同的硬件平台、操作系统网络协议和数据库等异构环境下组织和协调分布在多个企业中的人力、设备和信息资源，其生产过程是运行在大范围分布环境下的一个多约束、多目标、复杂递阶的庞大系统，存在较强的突变性和不确定性。其特点如下：

1）系统规模庞大，构成系统的元素种类和数量众多。系统跨越的时间和空间范围大、生命周期长。网络协同制造系统注重生产过程的整体性和连续性，因此要求把不同的设备或子系统与生产过程连接成一个整体。各个设备的优化不等于全系统的优化，因而既要求局部生产单元的可靠性，又要求实现全局可靠性最优。在网络协同制造系统中，因其庞大的规模和多样的元素种类，系统的构建和管理具有一定的复杂性。一个典型的网络协同制造系统可能包括多个生产单元、设备、机器人、传感器、控制系统、人员等各种元素，这些元素之间需要进行有效的集成和协同工作，以实现整体生产过程的优化和控制。此外，网络协同制造系统往往跨越多个时间段和空间范围，可能涉及不同地区、国家甚至不同大洲的生产活动，因此需要考虑时间和空间的管理与协调。

在构建网络协同制造系统时，需要注重生产过程的整体性和连续性。这意味着不同的设备或子系统需要能够相互连接、协同工作，形成一个完整的生产流程。例如，在汽车制造业中，从车身焊接到油漆喷涂再到总装，各个生产单元需要协同工作，确保生产过程的连续性和效率。因此，在设计和管理网络协同制造系统时，需要考虑如何将各个生产单元无缝连接起来，确保生产过程的流畅和高效。此外，由于各个设备或子系统之间存在复杂的相互关系，单个设备或子系统的优化不一定能够实现整个系统的最优化，因此，网络协同制造系统既要求局部生产单元的可靠性和高效性，又需要实现全局可靠性最优。这就需要在系统设计和管理中考虑如何平衡局部和整体的利益，如何通过协同工作实现整个系统的优化和协调。

企业通过系统集成和协同设计，将各个生产单元、设备和子系统无缝连接起来，实现整体生产过程的优化和协同工作；利用智能化和自动化技术，实现对生产过程的自动化控制和优化，提高生产效率和质量；利用大数据和人工智能技术，对生产过程中的数据进行实时分析和挖掘，为决策提供数据支持和科学依据；加强企业内部和企业之间的跨界合作，共享资源和信息，实现资源的有效利用和优化配置；不断进行系统优化和创新，适应市场和技术的变化，提高系统的灵活性和适应性。通过以上策略的实施，企业可以有效应对网络协同制造系统的复杂性和挑战，实现生产过程的优化和协同工作，提高企业的竞争力和可持续发展能力。

2）系统任务复杂、多剖面和多目标。系统中存在离散决策变量和连续决策变量，以及分布式子系统之间的快速灵活重构需求，因此其逻辑结构也会随着任务时间段的改变而变化，导致时段延续相关性和单元公用相关性问题。这使得系统整体的逻辑结构不是简单的串、并联关系，而是相当复杂的关系。网络协同制造系统往往涉及多个任务和目标，包括生产过程的优化、资源的合理配置、订单交付的及时性等。这些任务和目标可能相互交织、相互影响，使得系统的任务复杂性增加。在网络协同制造系统中，既存在离散决策变量，如生产方案的切换、调度指令的下达等，又存在连续决策变量，如生产过程中的参数调整等，这些决策变量的共存增加了系统的决策复杂性和难度。

面对系统规模庞大、多元化、任务复杂的特点，需要采取一系列策略和技术手段，以应对系统的复杂性，实现网络协同制造系统的高效运行和管理。

在生产过程中，需要根据实际情况对这些子系统进行快速灵活的重构和调整，以适应生产需求的变化。在网络协同制造系统中，不同生产单元之间可能存在时段延续相关性和单元公用相关性问题，即前一时间段的生产状态会影响到后一时间段的生产计划和决策，同时不同单元之间可能存在资源共享和依赖关系，这就增加了系统的复杂性和难度。引入人工智能和大数据技术，构建智能化决策支持系统，实现对系统任务的实时监控、预测和优化；采用分布式控制和协同优化技术，实现各个子系统之间的信息共享和协同工作，提高系统的整体效率和性能；设计系统具有动态调整和灵活重构的能力，可以根据任务需求的变化和系统状态的变化，实时调整和优化系统的结构和参数；通过优化算法和调度策略，处理时段延续相关性和单元公用相关性问题，实现生产过程的优化和协同工作；鼓励团队持续学习和改进，加强对新技术和方法的研究和应用，不断提升系统的智能化水平和管理效率。企业通过以上策略和技术手段的应用，可以有效提升网络协同制造系统的任务处理能力和运行效率，实现生产过程的优化和协同工作，为制造业的发展和提升企业竞争力做出积极贡献。

3）网络协同制造系统是在一定环境和组织结构中组成的复杂分布式人 - 机系统。网络协同制造系统具有功能与结构复杂、知识密集、专业化程度高、开放性等特点，并且与人和环境的关系密切，特别是在高科技含量和复杂化的协同制造环境中，对人的全面素质与职业适应性的要求越来越高。首先，网络协同制造系统的复杂性体现在其功能方面。系统往往包含多种功能和模块，涵盖了从生产计划、物流调度、设备管理到质量控制等多个领域。这些功能之间存在着复杂的相互关系和依赖关系，需要系统综合考虑和协调处理。同时，系统的结构也十分复杂，可能涉及多个子系统、模块和组件，这些组件之间可能存在着复杂的连接和交互关系，使系统的整体结构显得非常庞大。其次，协同制造系统的知识密集和专业化程度也很高。这些系统通常涉及多种专业知识和技术，包括计算机科学、自动化技术、工程学等领域的知识。

为了正确地设计、部署和运行这些系统，需要具备相应的专业知识和技能，这对系统的开发和维护提出了较高的要求。此外，网络协同制造系统具有一定的开放性，需要与外部环境和其他系统进行有效的交互和集成。这意味着系统需要具备一定的灵活性和扩展性，能够适应外部环境和需求的变化，与其他系统进行有效的数据交换和信息共享，从而实现协同工作和优化，在这样的高科技含量和复杂化的协同制造环境中，对人的要求也越来越高，人不再仅仅是系统的使用者，更应该成为系统的参与者和管理者。只有充分利用人的知识、能力，努力提高人的可靠性，才能发挥系统所有的技术潜力。因此，人的全面素质和职业适应性成为至关重要的因素。人的全面素质包括丰富的专业知识、良好的沟通能力、灵活的思维方式等。在网络协同制造系统中，人需要具备跨学科的知识和技能，能够理解和应用多个领域的知识，与不同专业背景的人员进行有效沟通和合作。同时，人还需要具备灵活的思维方式，能够迅速适应不断变化的工作环境和任务需求，及时做出正确的决策和调整。此外，人的职业适应性也至关重要。随着科技的发展和社会的变化，网络协同制造系统的工作内容和工作方式也在不断变化和更新，因此人需要具备不断学习和适应新知识、新技术的能力，保持自身的竞争力和适应性，才能在协同制造环境中保持高效的工作状态和良好的工作表现。总之，网络协同制造系统的复杂性和高科技含量对人提出了更高的要求。只有通过不断学习和提升自身的专业素质和职业适应性，才能更好地适应协同制造环境的需要，发挥系统所有的技术潜力，为制造业的发展和进步做出更大的贡献。

4）分布式、开放的体系结构是其关键特征之一。网络协同制造系统的体系结构要求各个子系统之间能够实现互联互通和互操作，从而实现整个系统的协同工作和优化。这种体系结构具有良好的可扩展性、容错能力及可重组性，使系统能够适应不断变化的需求和环境。在网络协同制造系统中，各个生产设备之间通过密闭通道连接，这种设计能够保证生产过程中信息和物料的流动连续性和安全性。通过这些通道，生产设备之间可以实现数据的传输和共享，从而实现生产过程的协同和优化；同时，这种密闭的通道也可以确保生产过程的稳定性和可靠性，避免外部因素的干扰和影响。

然而，由于生产设备之间的连接是通过密闭通道进行的，导致产品状态难以直接观测。在传统的生产线上，产品的状态往往需要通过人工检测或者传感器等设备进行监测和控制，这增加了生产过程的复杂性和难度。同时，生产线中的缓冲单元也是一个需重点考虑的设计因素，缓冲单元的设计需要考虑生产过程中的不同速度和节奏，能够有效地调节和平衡生产线上的生产和需求之间的差异，以避免生产过程中的过度积压和阻塞现象的发生。但一些生产线甚至根本没有缓冲单元，在这种情况下，生产过程的连续性和稳定性就更加重要了，因而生产设备之间的协同工作和协调也就显得尤为重要，需要确保各个生产环节之间的紧密衔接和无缝对接，以避免生产过程的中断和延误。

为了应对这些挑战，网络协同制造系统需要具备良好的可扩展性、容错能力和可重组性。其中，可扩展性是指系统能够根据需求和环境的变化进行扩展和改变，以适应不断增长的生产需求和新的技术要求。容错能力是指系统能够在发生故障或者异常情况时保持稳定运行和高效工作的能力，以保证生产过程的连续性和可靠性。可重组性是指系统能够根据不同的生产需求和情况进行重新组合和调整，以实现生产过程的灵活性和适应性。为了实现这些要求，网络协同制造系统需要采用先进的技术和方法，包括物联网、大数据、人工智能等。物联网技术可以实现生产设备之间的连接和数据共享；大数据技术可以实现对生产过程的实时监测和分析；人工智能技术可以实现生产过程的智能优化和调度。通过这些先进的技术和方法，网络协同制造系统可以实现生产过程的高效、稳定和可靠运行，为企业的发展和进步提供强大的支持和保障。

5）网络协同制造系统的实时在线数据采集和处理是确保生产过程高效稳定运行的关键。网络协同制造系统的数据采集和处理具有实时性、交互性和多方协同的特点，对各个子系统之间的通信和协作提出了极高的要求。首先，实时在线采集生产数据是保证生产过程能够及时响应外部变化和内部需求的重要手段。通过实时采集生产数据，企业可以及时了解生产过程的各项指标和关键参数，如生产效率、产品质量、设备状态等，从而及时调整生产计划、优化生产流程，以保证生产过程的顺利进行和高效运行。其次，实时采集的生产数据还可以为企业提供实时监控和分析功能，帮助企业及时发现和解决生产过程中的问题和障碍，确保生产过程的稳定性和可靠性。再次，实时在线采集工艺质量数据是保证产品质量达到标准要求的关键环节。

在网络协同制造系统中，产品质量是企业的生命线，任何质量问题都可能对企业造成严重的损失和影响。通过实时采集工艺质量数据，企业可以实时监测和控制生产过程中的各个关键环节，及时发现和纠正质量问题，确保产品质量达到标准要求。同时，实时采集的工艺质量数据还可以为企业提供质量追溯和问题分析的功能，帮助企业及时发现和解决质量问题的根本原因，从而不断提升产品质量水平和竞争力。此外，实时在线采集设备状态数据是保证生产设备稳定运行和高效工作的关键因素。在网络协同制造系统中，生产设备是生产过程的核心和关键环节，其状态和运行情况直接影响着整个生产过程的效率和质量。通过实时采集设备状态数据，企业可以实时监测和控制生产设备的运行状态，及时发现和解决设备故障和异常情况，确保生产设备能够稳定运行和高效工作。同时，实时采集的设备状态数据还可以为企业提供设备维护和保养的功能，帮助企业及时进行设备维护和保养工作，延长设备的使用寿命和提高设备的可靠性。在网络协同制造系统中，实时在线数据采集和处理具有交互性和多方协同的特点，这意味着不仅需要各个子系统之间实现实时数据的交换和共享，还需要实现多方协同工作和决策。

只有实现了数据的及时交互和多方协同，才能够确保生产过程的高效稳定运行，提高企业的生产效率和竞争力。为了实现这些要求，网络协同制造系统需要采用先进的通信和信息技术，通过这些技术的应用，网络协同制造系统可以实现实时在线数据的采集、传输、处理和分析，从而实现生产过程的高效稳定运行和优化；同时，这些技术还可以实现各个子系统之间的实时交互和多方协同，为企业的发展和进步提供强大的支持和保障。

4.1.4 网络协同制造的发展目标

网络协同制造是一种现代制造业模式，它依托于信息技术特别是网络技术，实现制造资源和能力的共享与协同。这一模式的发展目标主要包括以下几个方面：

1）实现资源优化配置。网络协同制造可以实现资源的跨地域、跨企业共享，优化资源配置，提高资源利用效率。在网络协同制造的框架下，资源优化配置技术发挥着至关重要的作用。它不仅促进了资源的跨地域和跨企业共享，还实现了资源配置的最优化，显著提高了资源利用的效率和效益。这种优化配置不仅限于物理资源如机器、设备和原材料，还包括人力资源、知识资源及数据资源等。

在网络协同制造环境中，资源共享的实现依赖于高度发达的信息技术和通信技术，通过这些技术可以实现不同地域和不同企业间资源的实时共享和动态调度。例如，当某个制造企业的生产线出现故障时，它可以迅速通过网络协同平台寻找到距离最近、拥有相应生产能力的其他企业，快速调整生产计划，将部分生产任务外包出去，从而最大限度减少停机时间和生产损失。资源优化配置的核心在于通过高效的数据分析和智能算法对企业内外的资源进行动态的、最优化的配置，这涉及对包括生产能力、库存水平、物流状态、市场需求等大量数据的实时分析和处理，通过对这些数据的分析，企业可以预测未来的资源需求，及时调整资源分配策略，实现资源的最优配置。

网络协同制造下的资源优化配置可以显著提高资源利用效率，通过资源共享，不同企业可以互补资源，减少闲置和浪费。例如，一家企业的生产线在夜间通常处于闲置状态，而另一家企业可能急需夜间的生产能力来应对紧急订单，通过资源共享，两家企业可以实现互利共赢。此外，资源优化配置还有助于实现生产过程的精益化，减少不必要的浪费，提高生产过程的效率和质量。例如，优化物流资源配置可以减少运输过程中的空驶和等待时间，加快物料的流转速度，降低物流成本。网络协同制造下的资源优化配置不仅提高了经济效益，还促进了环境的可持续发展。通过优化资源配置，企业减少资源消耗和废弃物的产生，有助于降低制造过程对环境的影响；同时，通过共享闲置资源，减少了对新资源的需求，有助于资源的可持续利用。

综上所述，网络协同制造下的资源优化配置是实现资源共享、提高资源利用效率、降低成本、促进可持续发展的有效途径。随着信息技术的不断发展和应用，资源优化配置的方法和策略将更加多样化和智能化。

2）提高生产效率和灵活性。通过协同工作，不同的制造单位可以专注于自己最擅长的环节，可以提高整体生产效率；同时，网络协同制造可以快速响应市场变化，可以提高生产的灵活性。在网络协同制造环境下，提高生产效率和灵活性是实现制造业竞争优势的关键。通过网络协同，不同制造单位能够在一个共享的平台上协作，使每个单位能够集中资源和专注于自己最擅长的生产环节，从而优化整个生产流程的效率和质量。

在网络协同制造系统中，专业化分工成为提高生产效率的重要策略。各个制造单位可以根据自身的技术特长和资源优势，专注于特定的生产环节或产品部件，从而实现生产过程的专业化和精细化。这种专业化分工不仅可以提高各个环节的生产效率，还可以提升最终产品的质量。例如，一个制造单位可能专注于高精度零件的加工，而另一个则专注于快速组装和测试，通过网络协同，这些制造单位可以实时共享生产数据和进度信息，确保整个生产流程的协调一致，减少等待和转换时间，从而大幅提升整体生产效率。

网络协同制造的一个显著优势是其高度的生产灵活性，能够快速响应市场需求的变化。在传统的制造模式中，生产计划通常较为固定，对市场变化的响应速度较慢。而在网络协同制造系统中，由于各制造单位之间信息共享和协作流畅，一旦市场需求发生变化，整个生产网络可以迅速调整生产计划和资源配置，快速适应市场需求。例如，如果某一产品的市场需求突然增加，制造网络可以即时调整，增加该产品的生产比重，同时减少其他产品的生产，确保快速满足市场需求。这种灵活性不仅提高了用户满意度，还增强了企业在市场竞争中的适应能力和生存能力。

此外，网络协同制造还促进了制造单位之间的创新和协作。在网络协同的环境下，不同的制造单位可以更容易地共享知识和技术，相互学习，共同解决生产过程中遇到的难题。这种跨界的协作和知识共享为创新提供了肥沃的土壤，有助于推动新技术和新产品的开发。实现高效的网络协同制造需要强大的技术支持，包括但不限于云计算、大数据分析、物联网和人工智能等，这些技术可以帮助制造单位实时收集和分析数据，优化生产决策，提高协作效率。同时，网络协同制造也面临着数据安全、知识产权保护等挑战，需要通过建立相应的法律法规和技术措施来解决。

总之，通过网络协同制造，不同的制造单位可以专注于自己最擅长的环节，实现生产过程的专业化和高效化；同时，这种协同方式提高了生产的灵活性，使制造系统能够快速响应市场变化，促进了制造单位之间的创新和协作，为制造业的发展带来了新的机遇和挑战。

3）促进创新。网络协同制造环境下，不同的企业和机构可以共享知识和技术，从而促进新技术、新产品的创新开发。在网络协同制造环境下，创新不再是孤立发生的事件，而是集体智慧的结晶，源自不同企业和机构间的密切合作与知识共享。这种协作模式极大地促进了新技术和新产品的创新开发，为制造业带来了前所未有的活力和潜力。

在网络协同制造环境中，知识共享成为创新的重要驱动力。企业不再将知识视为封闭的资产，而是作为与其他企业、研究机构共享的资源。这种共享不仅限于技术信息，还包括市场洞察、管理经验、用户反馈等多方面的知识。通过共享，企业可以减少重复研发，加速知识的积累和创新的实现。网络协同制造打破了传统行业界限，使不同领域的企业能够跨界合作，共同研发新产品和新技术。例如，汽车制造商可以与软件公司合作开发智能驾驶系统，服装企业可以与3D打印设备制造商合作探索定制化生产模式。这种跨界合作为创新提供了更多可能性，有助于产生颠覆性的新技术和新产品。许多企业和机构通过建立开放创新平台来促进网络协同制造中的创新。这些平台不仅是技术交流的场所，也是合作研发的实验室。通过开放创新平台，即使是小型企业和初创企业也能接触到最前沿的技术，参与到大型项目中，共同推动创新的发展。网络协同制造环境支持快速迭代和优化，由于参与者之间信息流通的高效性，新产品或新技术可以在短时间内得到反馈和改进。这种快速迭代不仅加速了产品开发的周期，也使产品更加贴近市场和用户的需求，增加了创新成功的概率。

在推动创新的同时，网络协同制造也带来了知识产权保护的挑战。共享和协作的环境要求参与各方建立起相互信任的关系，同时需要明确的法律协议来保障知识产权和利益分配。确保知识产权的同时促进创新，是网络协同制造环境下需要解决的关键问题。除了技术和制度层面的努力，培养一种支持创新的企业文化也至关重要。在这种文化的鼓励下，员工更愿意分享知识，更敢于尝试新思路，更能接受失败并从中学习。这种文化是网络协同制造环境下持续创新的土壤。

总之，网络协同制造为创新提供了一个多元、开放、协作的环境，这种环境不仅促进了知识的流动和技术的交融，还加速了创新过程，提高了创新质量和成功率。在这个环境中，企业能够更好地把握市场脉动，快速响应市场变化，不断推出新技术和新产品，保持竞争优势。随着网络协同制造模式的进一步发展，未来的制造业将更加注重合作与共赢，共同推动创新的浪潮。

4）增强竞争力。通过网络协同制造，中小型企业可以参与到更大的供应链体系中，从而提高自身竞争力，同时，整个制造网络的竞争力也会得到增强。这种模式不仅助力单个企业成长，还促进了整个制造网络的竞争力提升，创造了一个互利共赢的生态系统。

传统上来讲，中小型企业在获取大型订单、参与国际市场竞争中面临诸多限制。网络协同制造为这些企业提供了与大企业合作的机会，让它们能够成为全球供应链的一部分。通过这种合作，中小型企业不仅能够获得稳定的订单，提高产能利用率，还能够通过与大企业的合作学习先进的管理经验和技术，加速自身的技术创新和业务发展。

在网络协同制造模式下，不同规模和专长的企业通过网络平台紧密合作，可以实现资源和信息的高效共享。这种协同作用使整个制造网络能够灵活响应市场变化，快速适应客户需求，提高整体的生产效率和产品质量，从而增强整个网络的竞争力。网络协同制造促进了企业间的知识共享和技术交流，这不仅能帮助中小型企业获取新技术和市场信息，还促进了整个行业的技术进步和创新。当企业间的界限变得模糊，创新的思维和技术便能够自由流动，从而加速新技术的开发和应用，推动整个制造业的转型升级。同时，网络协同制造还能帮助企业更好地控制成本，通过共享高价值的生产设施、技术平台和人力资源，中小型企业可以在不增加太多成本的情况下，提升自己的生产能力和技术水平。虽然网络协同制造为企业带来了诸多机遇，但也存在着数据安全、协同管理、利益分配等问题。解决这些问题需要建立有效的协同机制和信任基础，以及明确的规则和标准来指导企业间的合作。

总之，网络协同制造为中小型企业提供了加入更广阔市场竞争的机会，帮助它们提高竞争力，同时也促进了整个制造网络的竞争力提升。通过共享资源、信息和知识，不同的企业可以在网络协同制造的平台上相互学习、共同进步，推动整个制造业的创新和发展。在这个过程中，不仅是单个企业受益，整个制造业的竞争格局和发展模式也将因网络协同制造而发生深刻变革。

5）实现可持续发展。网络协同制造有助于实现绿色制造，通过高效利用资源和优化制造过程减少废物和排放，促进制造业的可持续发展。网络协同制造作为一种创新的制造模式，不仅重塑了制造业的生产和管理方式，还为实现绿色制造和可持续发展提供了强有力的支撑。通过网络协同制造，企业能够更高效地利用资源，优化生产过程，减少废物产生和排放，从而促进整个制造业的绿色转型和可持续发展。

在网络协同制造环境中，企业可以通过共享平台实现资源优化配置，包括物料、能源、设备和人力资源等。通过高效的资源共享和调度，企业可以大幅减少资源的浪费和闲置，提高资源利用率。例如，多个企业可以共享昂贵的生产设备和技术平台，不仅降低了各自的投资和运营成本，也提高了资源的利用效率。网络协同制造允许企业共享制造过程中的关键信息，如生产计划、工艺流程和质量控制数据，这种信息的共享和透明化有助于企业及时发现和解决生产过程中的问题，优化生产流程，减少不合格品和废品的产生，降低资源消耗和废物排放。

通过网络协同制造，企业可以实现更精准的生产计划和库存管理，减少过剩产能和过期库存，从而减少废物的产生。同时，优化的生产过程和高效的资源利用也有助于减少能源消耗和排放，降低制造活动对环境的影响。网络协同制造环境鼓励企业之间的知识共享和技术协作，这不仅促进了生产技术和管理方法的创新，也促进了绿色技术和环保材料的研发和应用。企业可以共同研发更环保的生产技术和材料，推动绿色产品的创新，满足市场对环保产品的需求。

通过网络协同制造，制造业可以实现更为紧密的行业协作和资源共享，共同面对资源短缺和环境污染等挑战，推动整个行业的绿色转型和可持续发展。为实现网络协同制造的可持续发展目标，企业需要克服技术、管理和文化等方面的挑战。这包括建立有效的资源共享机制，保护知识产权，提高企业员工的环保意识和技能，以及推动绿色文化在企业和社会中的普及。

总之，网络协同制造为制造业提供了一条实现绿色制造和可持续发展的有效途径。通过网络协同制造，企业不仅可以提高资源利用效率，优化生产过程，减少废物产生和排放，还可以促进绿色技术和产品的创新，共同推动制造业的可持续发展。

6）提升客户满意度。网络协同制造能够更好地满足客户的个性化需求，通过快速定制和高效生产来提升客户满意度和市场反应速度。网络协同制造通过先进的技术集成和协同工作机制，为制造业提供了一个强大的平台，使其能够更有效地响应市场和客户需求，尤其是在满足客户的个性化需求方面表现出色。这种制造模式不仅加速了产品从设计到交付的过程，还提高了产品质量和服务水平，从而大大提升了客户满意度和企业的市场竞争力。

在网络协同制造环境下，各个制造单位能够实时共享数据和信息，使得整个生产链能够灵活调整，迅速响应客户的个性化需求。这种灵活性不仅体现在产品设计上，也体现在生产、物流等各个环节，使得从订单接收到产品交付的整个过程更加高效和精准。客户可以根据自己的需求定制产品，不论是选择不同的颜色、材料，还是要求特定的功能和设计，网络协同制造都能提供相应的解决方案。网络协同制造通过集成先进的制造技术和信息技术，如3D打印、云计算、大数据分析等，实现了产品的快速定制和高效生产。这些技术的应用大大缩短了产品从设计到生产的周期，提高了生产效率，降低了生产成本。同时，它们还提高了产品的质量和一致性，确保即使是高度定制化的产品也能满足客户的质量要求。

此外，网络协同制造还提高了制造企业的服务水平。通过网络平台，客户可以实时跟踪订单状态，获取产品信息，甚至参与到设计和制造过程中。企业也可以利用收集到的大数据分析客户偏好和行为，提供更加个性化和精准的服务，提升客户的满意度和忠诚度。尽管网络协同制造在提升客户满意度方面具有显著优势，但企业在实施过程中也会面临挑战，如如何保护客户数据的安全、如何处理和分析大量的客户数据、如何在保证效率的同时保持产品的高质量等。解决这些问题需要企业不断优化管理流程，加强技术创新，提升员工技能，并建立有效的客户沟通和服务机制。

总之，网络协同制造通过其高度的灵活性和效率，为制造企业提供了满足客户个性化需求的强大能力，显著提升了客户满意度和市场反应速度。未来，随着技术的不断进步和市场竞争的加剧，网络协同制造将成为企业提升竞争力、实现可持续发展的关键策略。这些目标指引着网络协同制造的研究和实践，不断推动制造业向更高效、更灵活、更可持续的方向发展。

4.2　网络协同制造系统的组成

4.2.1　网络协同制造架构

网络协同制造是一个多种复杂活动的过程，因此需要从全局角度对产品设计制造中的各种活动、资源做统筹安排，从而使整个过程能够在规定时间内以高质量和低成本完成。

一般网络协同制造系统主要由协同工作管理、分布式数据管理、安全控制、协同应用、决策支持、协同工具等不同的功能模块组成。其中，协同工作管理模块负责对网络协同制造过程进行管理，统筹安排开发中的各种活动、资源。分布式数据管理模块是系统的重要支撑工具，负责对所有的产品数据信息、系统资源及知识信息进行组织和管理，这些信息主要包括用户信息、产品数据、会议信息、决策信息、密钥信息、知识库及方法库等。安全控制模块是系统的重要保障，负责对进入系统的用户、协同过程中的数据访问和传输进行安全控制，主要包括安全认证、保密传输以及访问控制等，以保证整个系统的数据安全。协同应用模块则提供系统的核心功能，工作人员在数据库的支撑下利用该模块进行协同应用，包括协同计算机辅助设计（Computer-Aided Design，CAD）、计算机辅助生产计划（Computer-Aided Process Planning，CAPP）、计算机辅助制造（Computer-Aided Manufacturing，CAM）、虚拟制造仿真及分布式数控远程控制等。决策支持模块为网络协同制造提供决策支持工具，包括约束管理和群决策支持等。协同工具模块为网络协同制造提供通信工具，包括视频会议、文件传输以及邮件发送等。随着信息技术的不断发展，上述功能越来越多地迁移到云平台上进行，因而设计和实现云平台成为网络协同制造能否成功的关键。

如图 4-1 所示，网络协同制造的主要业务活动包括提出任务需求、匹配资源能力、建立协作关系、执行协作任务、任务收尾等。活动的主要内容和输入输出等信息详见表 4-1。

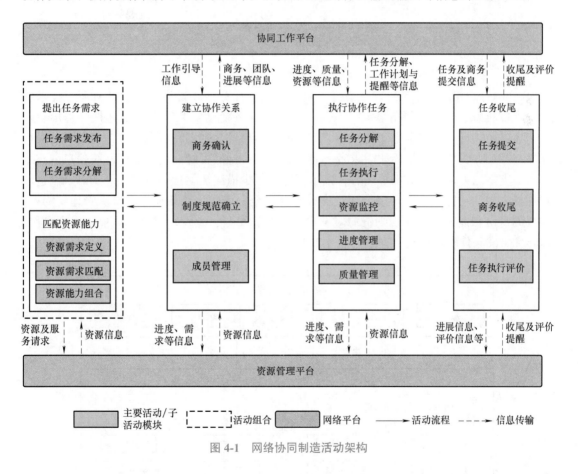

图 4-1 网络协同制造活动架构

表 4-1 主要活动信息描述

活动名称	活动内容	输入	输出
提出任务需求	发布任务需求，并分解为一系列子任务	需求方任务需求信息	子任务设计文档等
匹配资源能力	确认完成任务所需要的资源或能力，综合考虑信誉、质量、价格等内容，完成需求方和协作方双向匹配	子任务设计文档等	完成需求方任务所需的资源或能力需求、匹配结果等

（续）

活动名称	活动内容	输入	输出
建立协作关系	需求方和协作方完成商务确认，建立协作机制，形成动态联盟	任务需求信息、完成匹配的需求方和协作方	任务与商务信息、任务及合同完成情况、收尾工作机制等
执行协作任务	动态联盟各单位完成任务分解分工、建立工作计划，并按任务要求执行具体任务	商务协议、协作制度规范、任务及分工信息等	任务执行情况（时间、质量、成本等）
任务收尾	动态联盟完成任务并提交，通过验收后开始商务收尾，并完成工作及相关方评价工作	任务与商务信息、任务及合同完成情况、收尾工作机制等	任务周期过程文档、任务及相关方评价信息等

4.2.2 制造资源

为实现整体协同模式的方案最优，应充分整合任务活动资源、相关方资源、技术资源、支撑资源、规则资源等各类资源库。其中，任务活动资源需至少描述任务提出、匹配、建立、执行和收尾全生命周期环节的功能、参与者、规则和资源，其他资源对其进行支撑；相关方资源需至少描述需求者、协作者、平台提供者的注册信息、联络信息、技术能力、支撑能力、规则应用等内容；技术资源需至少描述活动相关方工艺、产品、制造软硬件的基础、功能要求、环境要求；支撑资源应至少描述活动相关方人员、管理、物料、信誉的身份和能力特征；规则资源应至少从数据、安全、风险、评价方面描述规则身份、内容和触发条件。资源模型框架如图 4-2 所示。

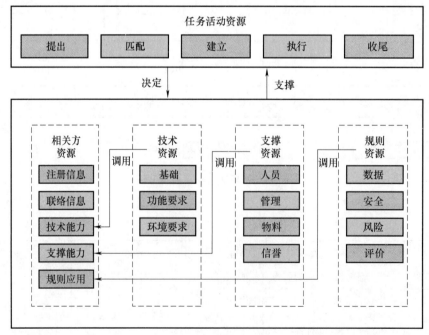

图 4-2　资源模型框架

4.2.3 信息系统

在网络化制造环境下,网络协同制造单元的信息系统发挥着至关重要的作用。它不仅优化了资源分配,提升了生产效率,还促进了制造业的创新。下面详细阐述网络协同制造单元信息系统的几个关键方面。

1. 信息系统架构

网络协同制造单元的信息系统通常采用分层架构,包括数据层、应用层和表示层。其中,数据层主要负责收集、存储和管理生产数据和资源信息;应用层实现具体的业务逻辑,如订单管理、资源调度、生产计划和质量控制;表示层则提供用户界面,使用户能够监控和控制生产过程,进行决策支持。

网络协同制造单元的信息系统架构是实现高效制造和协同工作的基础。这种分层架构设计不仅促进了系统的模块化和灵活性,还确保了数据处理和应用服务的高效性和可靠性。每一层都承担着不同的职责,共同构建起一个强大、灵活、可扩展的信息系统。

(1)数据层 数据层是信息系统架构的基础,它负责收集、存储和管理来自生产线、传感器、企业资源计划(Enterprise Resource Planning,ERP)系统等多个来源的数据。这些数据包括机器状态、生产进度、物料消耗、能源使用等,是网络协同制造中决策制定和生产管理的基础。为了确保数据的准确性和实时性,数据层需要采用高效的数据库系统,支持大数据技术,以处理海量数据并确保数据的安全性和一致性。

(2)应用层 应用层位于信息系统的中间层,是连接数据层和表示层的桥梁。它实现了网络协同制造的核心业务逻辑,如订单管理、资源调度、生产计划、质量控制以及供应链协同等。应用层需要集成各种应用软件和系统,如制造执行系统(Manufacturing Execution System,MES)、ERP、供应链关系管理(Supply Chain Management,SCM)等,以支持复杂的制造业务流程。此外,应用层还要提供应用程序接口(Application Programming Interface,API),以便与外部系统集成和数据交换,支持企业间的协同工作。

(3)表示层 表示层是信息系统架构的最上层,直接与用户交互,提供直观、友好的用户界面。它将复杂的数据和业务逻辑转化为易于理解的图形和报表,帮助用户监控生产状态、分析生产数据、制定决策。表示层可以包括各种客户端应用程序,如仪表板、移动应用、网页界面等,支持用户在不同设备上访问系统,提高工作效率和灵活性。

在网络协同制造环境中,信息系统不仅需要在内部实现数据、应用和表示的有效集成,还需要与外部的合作伙伴、供应商和用户的系统实现协同。这要求信息系统具有高度的开放性和兼容性,能够通过标准化的接口和协议与外部系统交换数据和服务。随着网络协同制造的深入发展,其信息系统架构也面临着新的挑战,如如何处理和分析越来越大量的数据、如何保证系统的可靠性和安全性、如何提高系统的灵活性和扩展性等。未来的发展方向可能包括采用更先进的数据处理技术如边缘计算、云计算,利用人工智能和机器学习提高数据分析的智能化水平,以及采用微服务架构提高系统的灵活性和可维护性。

总之,网络协同制造单元的信息系统架构是支撑制造业数字化转型的关键。它通过高效的数据处理、灵活的业务逻辑实现和直观的用户交互,为制造企业提供了强大的信息化支持,帮助企业提高生产效率、降低运营成本、提升市场竞争力。随着技术的进步和市场需求的变化，网络协同制造信息系统将持续演进，以适应未来制造业的发展需求。

2. 数据管理

数据管理是网络协同制造信息系统的核心，包括数据收集、数据存储、数据处理和数据分析。通过高效的数据管理，企业能够实时监控生产状态，快速响应变化，提高决策的准确性和效率。

（1）数据收集　数据收集是数据管理的第一步，它的全面性和准确性直接影响到后续数据处理和分析的有效性。在网络协同制造中，数据收集涉及从原材料采购、生产过程、质量控制到产品交付等各个环节，包括机器设备状态、生产进度、物料消耗、能耗数据等多种类型。通过物联网技术，这些数据可以实时收集并上传到云平台，为后续的数据处理和分析打下坚实的基础。

（2）数据存储　数据存储是数据管理的另一个关键环节，它需要确保数据的安全、完整和可靠。在网络协同制造系统中，数据量通常非常庞大，因此需要采用高效、可扩展的存储解决方案。云存储是一种常见的选择，它不仅提供了几乎无限的存储空间，还能保证数据的安全性和高可用性。此外，采用合适的数据备份和灾难恢复策略也是确保数据存储安全可靠的重要措施。

（3）数据处理　数据处理包括数据清洗、转换、归一化等步骤，目的是将原始数据转化为更适合分析和使用的格式。在网络协同制造中，由于数据来自不同的源头和格式，因此需要有效的数据处理机制来整合数据，确保数据的一致性和准确性。高效的数据处理不仅可以提高数据质量，还可以加快数据流转速度，支持实时数据分析和决策。

（4）数据分析　数据分析是数据管理的高级阶段，它通过应用统计分析、数据挖掘、机器学习等方法，从数据中提取有价值的信息。在网络协同制造中，数据分析可以帮助企业监控生产状态，预测设备故障，优化生产计划，分析市场趋势等。通过深入广泛的数据分析，企业可以获得更深刻的业务洞察，做出更加精准和高效的决策。

尽管数据管理在网络协同制造中具有极其重要的作用，但在实践中也面临诸多挑战，如数据质量控制、数据安全与隐私保护、大数据处理能力等。解决这些问题需要企业不断优化数据管理流程，采用先进的技术和工具，加强数据安全和隐私保护措施，提升数据处理和分析能力。

总之，高效的数据管理是网络协同制造成功实施的关键，它通过全面的数据收集、安全可靠的数据存储、高效的数据处理和深入广泛的数据分析，为企业提供了强有力的数据支持，帮助企业提高生产效率、降低运营成本、提升市场竞争力。未来，随着技术的进步和数据量的增长，数据管理将面临更多新的挑战和机遇，需要企业不断创新和改进，以充分发挥数据在网络协同制造中的价值。

3. 通信协议与数据交换

信息系统需要采用标准化的通信协议和数据交换格式，以保证不同设备和系统之间的互操作性。例如，采用OPC统一架构（Open Platform Communications Unified Architecture，OPC UA）、消息队列遥测传输（Message Queuing Telemetry Transport，MQTT）等通信协议，确保数据的实时、准确传输。在网络协同制造环境中，通信协议和数据交换的标准化是确保系统间互操作性和数据一致性的关键。这些协议和标准不仅需要处理不同设备和系统之间的通信问题，还需要确保数据能够在全球范围内的不同制造单元之间准确、实时地传输和共享。

通信协议定义了数据如何在网络中传输，包括数据格式、传输速率、错误检测和纠正等。在网络协同制造中，采用标准化的通信协议尤为重要，因为它需要连接和协调来自不同制造商、不同地理位置的设备和系统。例如，OPC UA 是一种广泛应用于工业自动化的通信协议，它支持跨平台的数据交换，提供了复杂系统间通信的标准框架。MQTT 则是一种轻量级的消息协议，常用于物联网设备间的数据传输，特别适合带宽有限和网络不稳定的环境。

数据交换格式定义了数据如何被表示和编码，使不同系统能够理解和处理交换的数据。在网络协同制造中，数据交换格式的标准化是实现不同系统和设备间高效数据共享的基础。例如，可扩展标记语言（Extensible Markup Language，XML）和基于 JavaScript 语言的轻量级的数据交换格式（JavaScript Object Notation，JSON）是两种广泛使用的数据交换格式。它们具有自描述性，易于人和机器阅读和写入，支持复杂数据结构的表示，适合不同系统间的数据交换。

在制造环境中，实时性和准确性是数据传输的两个关键要求。实时性确保制造过程中关键数据能够及时传达，支持实时监控和控制；准确性则确保数据在传输过程中不发生错误或丢失，保障制造决策的数据基础。采用高效可靠的通信协议和数据交换格式，结合适当的错误检测和纠正机制，是保障数据传输实时性和准确性的关键。尽管通信协议和数据交换标准的建立为网络协同制造提供了强大支撑，但在实际应用中仍面临挑战。这些挑战包括如何处理来自不同来源和格式的数据、如何确保数据在全球范围内的一致性和安全性、如何提高数据处理和传输的效率等。解决这些问题需要制造企业、设备提供商、软件开发商以及标准化组织的共同努力，持续优化和更新通信协议和数据交换标准，提高网络协同制造的效率和可靠性。

总之，通信协议和数据交换在网络协同制造中起着至关重要的作用，它们不仅支持了制造单元间的有效沟通和协作，还保障了数据传输的实时性和准确性，为制造企业提供了可靠的决策支持。随着网络协同制造的不断发展和应用，通信协议和数据交换标准的优化和创新将持续推动制造业的数字化转型和智能化升级。

4. 系统安全性

网络协同制造单元的信息系统必须采取严格的安全措施，包括网络安全、数据加密、访问控制等，以防止数据泄露和未授权访问。在网络协同制造的环境中，系统安全性是维护整个制造网络稳定运行的基础。随着制造过程越来越依赖于网络和信息技术，系统安全的重要性越发凸显。确保信息系统的安全性不仅关乎企业的商业秘密和竞争力，更直接影响到整个制造网络的稳定性和可靠性。

网络安全是保障信息系统安全的第一道防线。在网络协同制造中，各个制造单元通过网络进行连接和交换数据，如果网络安全得不到保障，黑客攻击和恶意软件就可能入侵系统，窃取敏感数据甚至控制生产设备，造成严重后果。因此，必须采取强有力的网络安全措施，包括使用防火墙、入侵检测系统、恶意软件防护等，以保障网络通信的安全。

数据加密是保护系统安全的关键技术。在网络协同制造系统中，大量敏感数据如设计图、生产计划、质量数据等在网络中传输和存储。对这些数据进行加密，即使数据被截获，未经授权的用户也无法读取数据内容，从而可以有效保护数据的机密性和完整性。数据加密技术包括传输加密和存储加密，确保数据在传输和存储过程中均得到保护。

访问控制是限制对系统和数据访问权限的重要机制。通过实施严格的访问控制策略，可以确保只有经授权的用户才能访问特定的数据和系统资源，防止未授权访问和数据泄露。访问控制包括用户身份验证、权限分配和访问日志记录等多个方面，需要结合角色基础访问控制和最小权限原则来设计和实施。

除了外部威胁，内部威胁也是网络协同制造系统需要重点防范的安全风险。内部员工可能因为疏忽、误操作或恶意行为而导致数据泄露或系统损坏。因此，除了技术措施外，还需要加强员工的安全意识教育，实施严格的内部审计和监控，确保系统的内部安全。随着网络环境和攻击技术的不断变化，网络协同制造系统的安全措施也需要不断评估和更新。企业需要定期进行系统安全评估，发现潜在的安全漏洞和风险，及时更新安全策略和技术措施，确保系统的安全性能与时俱进。

总之，系统安全性是网络协同制造成功实施的关键因素之一。通过采取全面的安全措施，包括网络安全、数据加密、访问控制等，可以有效防止数据泄露和未授权访问，保护制造系统的安全稳定运行。随着网络技术和制造业的不断发展，系统安全性的维护将是一个持续的过程，需要制造企业不断给予关注和投入，以保障网络协同制造的长期成功。

5. 人机交互设计

人机交互设计需要考虑用户的操作习惯和体验，提供直观、易用的界面，支持多种交互方式，如触控、语音指令等，以提高操作效率和减少操作错误。人机交互设计在网络协同制造系统中占据着至关重要的位置，因为它直接影响到用户如何与系统互动，进而影响到用户的工作效率和系统的使用效果。优秀的人机交互设计能够确保用户直观、快捷地获取所需信息，执行所需操作，从而提高整体的生产效率和降低操作错误率。

在人机交互设计中，用户体验始终处于核心位置。设计师需要深入理解用户的工作流程、操作习惯和使用场景，从用户的角度出发，设计符合直觉的操作界面和流程。这要求设计师进行充分的用户研究，包括用户访谈、观察、问卷调查等，以收集用户的反馈和需求。界面设计是人机交互设计的关键部分，直观易用的界面可以显著提高用户的工作效率。设计师需要合理布局界面元素，如按钮、菜单、图标等，确保用户能够一目了然地找到自己需要的功能。此外，界面的视觉风格、颜色、字体等也需要考虑到用户的视觉习惯和审美需求，以提供舒适的视觉体验。

随着技术的发展，人机交互的方式越来越多样化。除了传统的键盘和鼠标输入外，触控、语音指令、手势识别等交互方式也越来越普及。在网络协同制造系统中，支持多种交互方式可以提高系统的灵活性和可用性，尤其是在生产现场，不同的操作环境和用户需求可能需要不同的交互方式。例如，语音指令可以让操作员在操作设备时保持双手自由，触控界面则可以快速简便地进行操作。人机交互设计的另一个重要目标是减少操作错误。这需要设计师在设计界面和交互流程时进行充分考虑，如提供明确的反馈信息、设置合理的确认机制、设计容错的操作流程等。通过这些设计，即使用户发生误操作，系统也能够及时提供反馈，防止错误导致的损失。人机交互设计是一个持续优化的过程，设计师需要定期进行用户测试，收集用户的反馈和建议，不断优化交互设计。这些测试可以是实地测试，也可以是远程测试，关键是要获取真实、有效的用户反馈。通过持续的测试和优化，可以确保人机交互设计始终符合用户的需求和使用习惯。

总之，人机交互设计在网络协同制造系统中扮演着关键角色，它不仅影响到用户的操作效率和体验，还关系到企业的生产效率和安全。优秀的人机交互设计需要将用户体验放在首位，提供直观易用的界面，支持多种交互方式，减少操作错误，并通过持续的用户测试和优化，确保设计能够满足用户的实际需求。随着技术的发展和用户需求的变化，人机交互设计将持续演进，为用户提供更加高效、便捷、舒适的使用体验。

6. 系统集成与兼容性

信息系统应具有良好的系统集成和兼容性，能够与现有的企业信息系统（如 ERP、SCM）以及其他制造单元的信息系统无缝连接，实现数据和流程的整合。系统集成与兼容性在网络协同制造中扮演着至关重要的角色，它们确保不同的信息系统能够高效、无缝地协同工作，从而实现整个制造过程的数据和流程整合。这种整合不仅涉及企业内部不同系统的连接，如 ERP 系统、SCM 系统、MES 等，还包括与外部合作伙伴、供应商和客户信息系统的集成。

在企业内部，不同的信息系统负责不同的业务流程，系统间的集成是确保业务连续性和数据一致性的关键。例如，ERP 系统管理企业的财务、人力资源、采购等业务，而 MES 则负责生产过程的管理。这两个系统的集成可以确保生产计划与企业资源的有效对接，优化资源分配，提高生产效率。为了实现内部系统的有效集成，企业需要采用标准化的接口和数据交换格式，如使用基于 Web 的服务进行系统间的通信，采用 XML 或 JSON 等标准化数据格式进行数据交换。此外，企业还需要考虑系统间的数据同步策略，确保数据的一致性和实时性。

在网络协同制造环境中，企业不仅需要考虑内部系统的集成，还需要考虑与外部系统的兼容性。这包括与供应商、客户、合作伙伴等外部实体的信息系统的连接和数据交换。良好的外部系统兼容性可以帮助企业更好地协同供应链，响应市场变化，提高竞争力。实现与外部系统的兼容性需要企业遵循行业标准和协议，如采用电子数据交换（EDI）标准进行订单、发票等商业文档的交换，使用标准化的供应链通信协议进行数据交换。此外，企业还需要考虑数据安全和隐私保护，确保在与外部系统交换数据时不泄露敏感信息。

系统集成与兼容性虽然带来了诸多好处，但在实施过程中也面临着不少挑战。这些挑战包括不同系统间的技术差异、数据格式不一致、集成成本高昂等。应对这些挑战需要企业采用灵活的集成策略，如使用中间件技术进行系统间的连接和数据转换，采用模块化的系统设计以降低集成难度，以及使用云服务等新技术降低集成成本。

系统集成与兼容性是网络协同制造成功实施的关键因素之一，它们确保了不同信息系统间的高效协同，从而提高了整个制造过程的效率和灵活性。通过采用标准化的接口和数据格式、灵活的集成策略以及新技术的应用，企业可以有效地应对系统集成与兼容性带来的挑战，实现数据和流程的无缝整合，提升企业的竞争力和市场响应速度。

综上，网络协同制造单元的信息系统是实现高效、灵活、智能化生产的关键技术。通过深入理解和合理设计信息系统，企业能够在竞争激烈的市场环境中保持优势，实现可持续发展。随着技术的不断进步，未来的网络协同制造将更加智能和灵活，信息系统的作用也将更加重要。

4.2.4 网络技术

网络技术是网络协同制造系统的核心支撑技术之一，它涵盖了数据通信、网络协议、网络安全等多个方面。在网络协同制造环境中，高效、可靠的网络技术不仅保证了数据的实时传输，还确保了制造活动的协同性和连续性。

1. 数据通信技术

数据通信技术在网络协同制造中起着至关重要的作用，它确保了制造过程中各个环节和设备之间能够实现高效、可靠的信息交换。为了适应不同的制造环境和需求，制造单元采用了多种数据通信技术，包括有线通信和无线通信等各种形式。为了应对这些挑战，制造企业和技术供应商需要持续探索和创新，如采用更先进的通信协议和标准、开发更智能的通信管理策略、引入机器学习和人工智能技术优化通信性能等；同时，加强不同通信技术之间的融合与协同，提高系统的整体通信效率和稳定性，也是实现高效网络协同制造的关键。

数据通信技术是网络协同制造系统的基石，它支撑着制造过程中的信息交换和协同工作，通过不断优化和创新通信技术，可以为制造业带来更高的生产效率和更强的市场竞争力。未来，随着技术的发展，数据通信技术将继续在网络协同制造中发挥关键作用，支持制造业的数字化和智能化转型。

2. 网络协议

网络协议定义了数据如何在不同设备和系统间传输和解释，确保了信息能够被正确地发送、接收和理解。几种关键的网络协议如 TCP/IP、OPC UA 和 MQTT 等特别突出，它们各自有着特定的应用场景和优势。

虽然这些网络协议为网络协同制造提供了强有力的支持，但在实际应用中仍面临诸多挑战。例如，如何确保数据在传输过程中的安全性、如何处理不同协议之间的兼容性问题、如何优化协议以适应快速发展的制造技术和需求等。为了应对这些挑战，未来的网络协议开发会更加注重安全性、灵活性和高效性，同时也会有更多针对特定应用场景的协议被开发。

网络协议是网络协同制造中数据通信的基石，它的有效运用直接关系到整个制造系统的效率和稳定性。随着技术的不断进步和制造需求的不断演化，网络协议的开发和优化将持续推动网络协同制造向更高效、更智能的方向发展。

3. 网络安全

随着制造系统对网络技术的依赖日益增加，网络安全成为一个不可忽视的重要方面。网络安全的重要性不仅体现在保护企业资产和商业秘密上，更关系到制造系统的稳定运行和企业声誉。因此，构建一个全面、多层次的网络安全防御体系是保障网络协同制造成功的关键。

数据是网络协同制造系统的核心资产，数据加密是保护数据安全的第一道防线。数据在传输过程中易于被截获，如果未经加密，传输的数据可能被第三方窃取或篡改。因此，采用强大的加密技术对数据进行加密，对数据传输和存储都是至关重要的。加密不仅可以防止数据被未授权访问，还能确保即使数据被截获，其内容也无法被轻易解读。

访问控制是网络安全的另一个关键环节。它包括身份验证和权限管理，确保只有经过授权的用户和设备才能访问网络资源和数据。身份验证机制如双因素认证、生物识别技术等，可以有效确认用户的身份；权限管理则确保用户只能访问其被授权的资源，防止未授权的访问或操作，从而减少内部和外部的安全威胁。

然而，即使采取了数据加密和访问控制等措施，网络协同制造系统仍可能面临来自网络的各种攻击。因此，部署入侵检测系统（Intrusion Detection System，IDS）和入侵防御系统（Intrusion Prevention System，IPS）是主动防御网络攻击的重要手段。IDS能够监控网络活动，识别潜在的攻击行为或威胁；IPS则在IDS的基础上采取措施，阻止或减轻攻击。通过这些系统，企业可以实时监控网络状态，快速响应潜在威胁，保护网络和数据免受攻击。

网络安全不仅仅是技术问题，也是人的问题。员工可能因为缺乏安全意识或不当操作而成为网络安全的薄弱环节。因此，定期对员工进行网络安全培训，提升他们的安全意识和操作技能是非常必要的。通过教育员工识别钓鱼邮件、避免使用弱密码、不在未授权的设备上访问敏感数据等，可以大大降低安全风险。随着网络协同制造技术的发展和网络攻击手法的不断进化，网络安全面临的挑战也在不断增加。企业需要持续关注网络安全领域的最新动态，适时更新和升级安全策略和工具，以应对日益复杂的网络安全威胁。

4.2.5 协同工作平台

协同工作平台在网络协同制造中扮演着核心角色，它不仅连接了分散的制造资源和能力，还促进了跨组织的协作和知识共享。这个平台使得制造单元、供应商、客户和合作伙伴能够在统一的环境中协同工作，从而提高了制造流程的效率和灵活性。

1. 平台架构

协同工作平台通常采用模块化的架构，以支持不同功能的集成和定制。这些模块可能包括项目管理、文档共享、通信工具、数据分析与可视化、资源规划等，它们共同构成了一个支持协作的综合环境。协同工作平台作为支持网络协同制造的重要组成部分，其平台架构是保障协作效率和质量的关键。

（1）项目管理　项目管理模块是协同工作平台的核心功能之一，它提供了任务分配、进度跟踪、里程碑设置等功能，帮助团队成员有效地管理项目。通过项目管理模块，团队成员可以清晰地了解项目的进展情况，及时调整工作计划，确保项目按时、按质完成。

（2）文档共享　文档共享模块允许团队成员共享文件、编辑文档并实时协作。这个模块确保团队成员之间能够随时随地访问最新版本的文件，保持信息的一致性和实时性；同时，团队成员可以在同一个文档中进行协作编辑，共同完成文件的创建和修改。

（3）通信工具　通信工具模块集成了即时消息、视频会议等通信工具，支持团队成员之间的即时沟通和远程协作。这些工具为团队成员提供了多种沟通方式，让他们能够随时交流想法、讨论问题，并及时解决工作中遇到的困难和挑战，促进团队合作和信息流动。

（4）数据分析与可视化　数据分析与可视化模块为团队提供了数据分析工具和可视化仪表板，帮助用户理解数据并做出基于数据的决策。通过这个模块，团队成员可以对项目和生产过程中的数据进行分析和挖掘，发现潜在的问题和机遇，并据此做出科学的决策，优化工作流程和资源配置。

（5）资源规划　资源规划模块支持资源分配、能力规划等功能，帮助企业优化资源利用，提高生产效率。通过这个模块，企业可以清晰地了解资源的使用情况和需求，合理安排资源的分配和调度，确保生产过程的顺利进行和资源的最大化利用，从而降低成本。

综上所述，协同工作平台的模块化架构能够满足团队协作的各种需求，提高工作效率和质量，促进团队之间的紧密合作和信息共享，为企业的发展提供有力支持。

2. 协作机制

在网络协同制造中，协同工作平台的设计应该支持异地团队的无缝协作，并且提供多种机制来保证协作的高效性和安全性。它具体包括以下几方面内容：

（1）访问控制　访问控制是协同工作平台中的重要机制之一，它确保只有被授权用户才能访问特定的信息和功能，从而保护敏感数据的安全。通过灵活的权限设置，管理员可以根据用户的角色和职责为其分配不同的访问权限，以实现信息的保密性和完整性。

（2）任务协作　任务协作机制允许多个用户同时参与任务的规划、执行和监控，从而提高工作效率和协作效果。团队成员可以在平台上创建任务、分配责任、设置截止日期，并及时更新任务的进展情况，以便其他成员了解和跟踪任务的执行情况，及时调整工作计划。

（3）实时更新和通知　实时更新和通知机制确保所有团队成员都能够及时获取项目的最新状态和相关通知，减少沟通延误和信息不对称。平台可以通过即时通信工具、邮件提醒、消息推送等方式向用户发送重要信息和通知，让团队成员能够第一时间了解到项目的变化和需要采取的行动。

（4）历史记录和审计跟踪　历史记录和审计跟踪机制记录了所有操作的历史，包括任务的创建、修改、完成等，以便于回溯和审计。通过该机制，管理员可以随时查看和分析团队成员的操作记录，了解他们的工作状态和行为，提高工作的透明度和可追溯性，确保项目的顺利进行和管理的规范性。

3. 技术支持

实现高效的协同工作平台离不开先进的技术支持，以下是对几种关键技术支持的介绍：

（1）云技术　云技术是实现协同工作平台的关键技术之一，它可以提供可扩展的、可靠的服务，支持大量用户的并发访问和数据处理。云技术可以为协同工作平台提供弹性的计算和存储资源，根据用户的需求动态分配资源，确保平台的稳定性和可靠性；同时，云技术还可以降低企业的 IT 成本，提高资源的利用效率，促进业务的快速发展和创新。

（2）移动技术　移动技术是现代协同工作平台的重要组成部分。随着移动设备的普及和性能的提升，越来越多的用户习惯使用手机、平板计算机等移动设备进行工作和协作。因此，协同工作平台需要支持移动技术，使用户能够随时随地参与协作，提高灵活性和响应速度。通过移动技术，用户可以方便地查看任务、编辑文档、参与讨论等，不受时间和地点的限制，能有效地提高工作效率和生产力。

（3）API 集成　API 集成是实现协同工作平台与其他系统和应用无缝对接的关键技术之一。通过提供开放的 API，协同工作平台可以与企业内部的 ERP 系统、CRM 系统以及外部的第三方应用进行集成，实现数据和流程的互通和共享。这样一来，用户可以在协同工作平台上直接访问和操作其他系统中的数据，避免了频繁切换应用的麻烦，提高了工作的效率和便利性。

（4）安全技术　安全技术是保障协同工作平台信息安全的基础。在网络协同制造中，信息安全至关重要，任何一点漏洞都可能导致严重的后果。因此，协同工作平台需要采用先进的加密和认证技术，保障数据传输和存储的安全性；同时，还需要建立健全的访问控制机制，限制用户对敏感数据的访问权限，防止数据泄露和未授权访问。

综上所述，技术支持是实现高效协同工作平台的重要保障，云技术、移动技术、API集成和安全技术等关键技术的应用，可以为协同工作平台的建设和运行提供强大的支持和保障。

通过构建和维护一个高效的协同工作平台，网络协同制造环境能够实现资源共享、知识交流和协作创新，进而提升整体的制造效率和竞争力。随着技术的不断进步，未来的协同工作平台将更加智能化、个性化，为用户提供更加丰富和便捷的协作体验。

4.3　网络协同制造的关键技术

4.3.1　工业互联网环境下的并行工程技术

在工业互联网环境下，并行工程技术成为推动制造业高效发展的关键驱动力之一。并行工程又称同时工程，是一种将产品开发过程中的设计、制造、测试等环节并行进行的工程管理策略，旨在缩短产品上市时间、降低成本，并提高产品质量。在工业互联网背景下，这一技术得到了进一步的发展和应用。下面详细介绍其核心内容。

1. 并行工程技术的基本原理

并行工程技术通过同时处理产品生命周期的不同阶段，如设计、制造、测试等环节，实现了多个任务的并行处理。这意味着在产品开发过程中，各个阶段的工作可以同时进行而不是依次进行，从而大大缩短了产品的开发周期。此外，这种方法还能在早期发现潜在问题，减少返工，降低成本，提高产品的市场竞争力。

并行工程技术通常涉及跨职能团队的合作，不同职能部门的团队成员如设计师、工程师、制造人员和测试人员等，将同时参与产品开发过程中的不同阶段，以便及时交流和协调，从而确保整个开发过程的顺利进行。在传统的串行工程中，设计完成后才能开始制造，制造完成后才能进行测试；而在并行工程中，这些阶段可以部分重叠进行。例如，在产品设计阶段，制造部门可以同时进行零部件的制造准备工作，而在制造阶段，测试部门可以同时进行产品性能测试，从而实现设计、制造和测试的部分重叠，缩短整个产品开发周期。并行工程技术使产品开发过程更加灵活和迭代。由于不同阶段的工作可以同时进行，团队可以更快地获得产品的部分成果，并在早期发现和解决问题，从而减少返工和降低成本，提高产品的质量和市场竞争力。在实际应用中，为了实现并行工程的最佳效果，需要对工作流程进行优化和管理，包括合理分配资源、优化任务分配、确立有效的沟通和协作机制等，以确保各个阶段的工作可以协调一致地进行，从而达到整体效率的最大化。

2. 并行工程技术的特点

（1）数据驱动 工业互联网环境下的制造企业可以通过收集和分析大量的生产数据，实现对生产过程的实时监控和数据驱动的决策。这些数据可以来自各个生产环节，包括设计、制造、供应链等，为并行工程提供了丰富的信息支持。通过对数据的分析，企业可以更准确地了解市场需求、产品性能和生产效率，从而优化产品设计和制造过程，缩短产品上市周期。

（2）协同协作 工业互联网平台提供了一个集中式的协作环境，设计师、工程师、供应商和客户可以在同一平台上实时交流和协作，他们可以共享设计文件、工程数据、生产计划等信息，实现信息的即时共享和反馈。这种协同协作的模式有助于加速决策的过程，提高团队的工作效率，从而加快产品的研发和制造速度。

（3）智能优化 工业互联网环境下的制造企业可以利用人工智能和机器学习技术对设计和制造过程进行智能优化。通过对生产数据的深度分析和建模，企业可以识别潜在的优化空间和问题，并提出相应的改进措施。例如，通过预测性维护技术，企业可以提前发现设备故障迹象，减少停机时间和维修成本；通过智能制造技术，企业可以实现生产过程的自动化和智能化，提高生产效率和产品质量。

综上所述，工业互联网环境下的并行工程技术具有数据驱动、协同协作和智能优化的特点。这些特点使制造企业能够更加灵活地应对市场需求的变化，提高产品的研发和制造效率，从而在激烈的市场竞争中保持竞争优势。同时，工业互联网技术的不断发展和创新也为并行工程的实施提供了更加广阔的空间和可能性。

3. 并行工程技术的应用

并行工程技术具有多方面的应用场景，其中包括设计与制造的并行、测试与开发的并行以及供应链管理与产品开发的并行。

（1）设计与制造的并行 传统的产品开发流程中，设计与制造往往是串行进行的，设计完成后才开始制造准备工作，这会导致一旦制造中出现设计问题，需要进行返工，延长开发周期和增加成本。而通过并行工程技术，设计与制造可以同时进行，设计人员可以与制造人员紧密合作，确保设计方案的可制造性。设计团队可以及时了解制造的需求和限制，提前解决可能出现的问题，从而加快产品从设计到生产的转换速度，提高生产效率和产品质量。

（2）测试与开发的并行 在传统的产品开发过程中，测试往往在开发完成后才进行，这样可能会导致设计中的问题在后期被发现，需要进行大规模的修改和调整，增加了开发周期和成本。通过并行工程技术，测试可以与开发并行进行，测试团队可以在开发过程中就开始进行产品的测试，及时发现并解决开发中的问题。这样可以减少后期的修改和调整，提高产品的质量和稳定性，缩短产品的上市时间，增强市场竞争力。

（3）供应链管理与产品开发的并行 在传统的产品开发过程中，供应链管理往往是在产品设计完成后才进行的，这样可能会导致材料采购、零部件供应等环节出现延误，影响产品的生产进度和质量。通过并行工程技术，供应链管理可以与产品开发并行进行，供应链团队可以提前介入产品开发过程，与设计团队和制造团队紧密合作，共同制定供应链管理方案，及时进行材料采购、零部件供应等工作，确保生产的连续性和高效性。这样可以缩短产品的上市时间，降低生产成本，提高企业的市场竞争力。

综上所述，通过并行工程技术的应用可以实现设计与制造的并行、测试与开发的并行以及供应链的并行管理，从而加快产品的开发周期，提高产品的质量和稳定性，降低生产成本，增强企业的市场竞争力。同时，这也需要企业建立良好的协作机制和沟通机制，加强各个团队之间的合作和协调，共同推动产品开发和生产的顺利进行。

4. 面临的挑战与应对策略

1）实现跨部门、跨组织的信息共享是并行工程的关键，但同时也面临着保护企业知识产权和商业机密的挑战。企业可以通过建立严格的权限管理机制，区分不同层级的信息访问权限，确保只有被授权人员才能获取敏感信息；此外，采用数据加密、访问控制等安全技术，加强对数据的保护，防止信息泄漏和不当使用。

2）选择合适的协同工作平台和工具对实现跨地域、跨文化的团队协作至关重要，企业可以根据自身的需求和实际情况，选择功能丰富、易用性强的协同工具，如 Microsoft Teams、Slack 等。同时，还需要对员工进行相应的培训和指导，确保他们能够熟练使用这些工具，提高团队协作效率和质量。

3）并行工程技术的成功实施需要具备相应技能和意识的人才，因此，企业需要培养具有并行工程意识和技能的人才队伍，包括培训员工具备跨部门、跨文化合作的能力，提高团队协作和沟通的效率；同时，企业还需要建立支持快速响应、协同合作的企业文化，鼓励员工勇于创新、敢于尝试，从而更好地适应并行工程技术的应用。

综上所述，面临并行工程技术应用的挑战，企业需要采取信息共享与保护、协同工具的选择和应用、人才和文化的适应等策略，以确保实施过程顺利进行，并最终取得预期的效果。这需要企业充分认识到并行工程技术的重要性，并在实践中不断总结经验，不断完善相关策略和措施，以应对日益复杂的市场环境和竞争压力。

通过在工业互联网环境下应用并行工程技术，企业可以更好地适应市场变化，提高产品开发的效率和质量，从而在激烈的市场竞争中获得优势。未来，随着工业互联网技术的不断进步，并行工程技术将展现出更大的潜力和价值。

4.3.2　资源优化配置技术

在工业互联网环境下，资源优化配置技术是实现高效、可持续制造的关键。这项技术涉及对生产资源如原材料、机器设备、人力资源以及能源的合理规划和分配，以确保在满足生产需求的同时最大化利用资源，降低生产成本，并降低对环境的负面影响。

1. 资源优化配置的重要性

资源优化配置对制造业尤为重要，它直接关系到企业的经济效益、生产效率以及企业的可持续发展和环境责任。

1）资源优化配置可以有效降低企业的生产成本。通过精确评估和合理规划各项资源的使用情况，企业可以避免资源的浪费和过度投入，从而降低生产过程中的成本。例如，在原材料采购方面，通过优化供应链管理和库存控制，企业可以避免过多的库存积压和资金闲置，降低采购成本和资金占用成本。

2）资源优化配置能够提高企业的生产效率和响应速度。合理分配和利用各项资源，可以避免生产过程中的瓶颈和资源紧缺现象，确保生产线的平稳运行。同时，通过优化生产计划和调度安排，企业可以更快地响应市场需求变化，提高生产的灵活性和响应速度。

3）资源优化配置对环境也具有积极影响。合理利用资源可以减少能源消耗、水资源浪费和废物排放，降低企业对环境的负面影响。例如，采用节能设备和生产工艺、优化物流运输方式等措施，可以有效减少碳排放和其他污染物的排放，为环境保护做出贡献。

总之，资源优化配置是企业可持续发展战略的重要组成部分。通过有效管理和利用资源，企业可以实现经济效益、社会责任和环境保护的有机统一。这不仅有利于企业长期的发展，也有利于社会的可持续发展。因此，资源优化配置不仅是企业的经济行为，更是企业履行社会责任和实现可持续发展的重要举措。

2. 资源优化配置的技术方法

在工业互联网环境下，资源优化配置的技术方法是实现高效生产和可持续发展的关键。具体包括以下几种主要的技术方法：

（1）数据分析和预测   数据分析和预测是资源优化配置的重要手段之一。通过收集、存储和分析生产过程中产生的大量数据，企业可以深入了解生产需求、资源利用情况和市场趋势，从而做出更加准确的资源配置决策。例如，利用数据分析技术可以预测产品需求量，从而调整生产计划和资源配置，避免库存积压或产能不足的情况发生。

（2）模拟技术和优化算法   模拟技术和优化算法在资源优化配置中发挥着重要作用。通过建立生产过程的数学模型和仿真平台，企业可以对不同的资源配置方案进行模拟和优化，找出最优的资源分配方案。这种方法可以帮助企业在不同的生产场景下进行决策，提高资源利用效率和生产效率。例如，利用优化算法可以在考虑到各种约束条件的情况下，找到生产过程中的最佳调度方案，实现资源最优配置。

（3）实时监控和调整   实时监控和调整是工业互联网环境下资源优化配置的重要技术方法之一。通过物联网技术和传感器设备，企业可以实时监测生产过程中各种资源的使用情况，包括能源消耗、原材料消耗、设备运行状态等。基于实时监控数据，企业可以及时调整资源配置，优化生产过程，应对生产变化和市场需求变化，提高生产的灵活性和适应性。例如，在生产过程中发现某台设备出现故障或效率低下时，可以及时调度其他设备来替代，保证生产进度不受影响，避免资源浪费和生产中断。

综上所述，数据分析和预测、模拟和优化算法以及实时监控和调整是工业互联网环境下资源优化配置的关键技术方法。通过采用这些技术方法，企业可以更加精准地进行资源配置，提高生产效率和产品质量，实现可持续发展的目标。

3. 实际应用案例

资源优化配置技术被广泛应用于各个领域。在制造业中，生产线的平衡对提高生产效率和降低成本至关重要。通过资源优化配置技术，企业可以对生产线上各个工序的资源进行合理分配和调度，确保各工序之间的协调和平衡。例如，在汽车制造业中，通过优化装配线上每个工序的人力、设备和材料资源的分配，可以缩短生产周期，提高生产效率，降低生产成本。此外，通过资源优化配置技术，企业可以实现对能源的有效管理和利用。例如，利用先进的能源监测和控制系统，企业可以实时监测各种能源的使用情况，及时发现和解决能源浪费的问题，优化能源使用结构，降低能源成本，提高能源利用效率。库存管理是企业运营中的重要环节之一，对企业的资金周转率和运营效率有着直接影响。通过资源优化配置技术，企业可以实现对库存的有效管理和控制。例如，利用先进的库存管理系统和预测技术，企业可以根据市场需求和生产计划，合理规划和控制原材料和成品的库存水平，避免库存积压和缺货现象的发生，降低库存成本，提高资金周转率和企业的竞争力。

综上所述，资源优化配置技术在实际应用中发挥着重要作用，不仅可以提高生产效率和产品质量，还可以降低成本、提高企业的竞争力和可持续发展能力。通过不断创新和应用这些技术，企业可以更好地适应市场变化，实现可持续发展。

4. 面临的挑战与应对策略

在实施资源优化配置技术时，企业可能会面临一系列挑战，这些挑战可能来自数据质量、技术集成、员工培训等方面。

1）数据质量对资源优化配置至关重要。不准确、不完整或过时的数据可能导致错误的决策和资源配置方案，进而影响企业的生产效率和经济效益。应对此挑战的关键是确保数据的准确性、完整性和实时性。企业可以通过建立有效的数据收集和处理机制，采用数据清洗、校验和验证等方法，提高数据质量。

2）在实施资源优化配置技术时，企业往往需要整合多个技术系统和平台，如ERP系统、MES等，以实现信息流通和协同工作。然而，不同系统之间的数据格式、通信协议等差异可能导致技术集成困难。为了克服这一挑战，企业可以采用标准化的数据交换格式和通信协议，建立统一的数据接口和集成平台，实现系统间的互联互通。

3）资源优化配置通常涉及复杂的数据分析、模拟仿真、优化算法等高端技术，而企业现有员工可能缺乏相关的技能和知识。因此，为了顺利实施资源优化配置技术，企业需要加强对员工的培训和教育，提高其对技术的理解和应用能力。可以通过举办培训班、引进外部专家或采用在线学习等方式，培养员工的技术能力和创新意识，提高其对资源优化配置技术的认知和应用水平。

综上所述，面对资源优化配置技术方面的挑战，企业应采取有效的对策，确保数据质量、技术集成和员工培训等方面的顺利实施。只有这样，企业才能充分发挥资源优化配置技术的作用，提高生产效率，降低成本，提升竞争力，实现可持续发展。

4.3.3 工业互联网网络协同制造资源云平台

1. 网络协同制造资源共享服务平台

通过网络共享和优化配置分散在各个企业中的制造资源，是网络协同制造模式的重要特征之一。能够集成多方面资源、具有多种功能的资源共享服务平台将成为网络协同制造的一种重要技术工具，可以有效地支持企业实施网络化制造。在网络协同制造模式的演进过程中，迫切需要建立公共的信息和知识资源库，如产品设计资源库、工艺资源库、标准件库等。共享这些资源对提高企业的技术创新能力，加速新产品开发，开展协同设计和制造将起到非常重要的作用，这也是早期云制造和云服务技术出现以前在网络协同制造系统建设方面的主要工作。

　　网络协同制造是通过建立虚拟企业联盟实现的。一个功能全面、面向网络化制造的资源共享服务平台，应通过联盟企业之间的资源共享和优化配置，支持企业之间进行技术合作、制造过程协作和企业业务过程重组等活动，建立战略合作伙伴关系，增强企业竞争力，以占领更多市场份额。它区别于其他众多信息网的主要特点，是对企业间协同工作过程的支持，以及以协作支持为引导的、贯穿于网络建设及信息和技术服务始终的理念和方法。

　　根据上述设计思想，网络协同制造资源共享服务平台的功能架构，主要是通过互联网获取各联盟企业中的可共享资源并加以归整，在此基础上，使各联盟企业实现资源共享，并为联盟企业间的相互协作提供支持，同时还为联盟企业的 Web 服务注册提供标准的平台环境，以实现虚拟企业应用系统集成。为此，需要建立以标准资源库、人力资源库、软件资源库、设备资源库和科技成果资源库等为核心的公共数据中心，为联盟协同工作提供支持和服务。

2. 网络化制造模式下的资源获取和集成技术

　　资源获取层根据功能可分为左、右两个功能系统。左边为模型中与具体资源交换数据和信息的部分，它利用元数据库提供的资源信息，把资源共享服务平台获取资源的请求分发到具体的资源，并把资源信息经过组合后返回给资源共享服务平台。分发和组合过程有赖于元数据管理系统提供的信息。该系统为资源共享服务平台屏蔽了互联网上错综复杂的分散资源环境，提供了一个全局虚拟资源环境。右边为元数据管理系统，具有智能搜索功能，能够自动搜索网络上的共享资源；可动态地抽取元数据，存储到专门的元数据库中；为资源共享服务平台提供元数据定义、浏览、查询、维护和输出等功能。该系统利用 XML 作为标准的描述元数据的语言，在 XML 的基础上，利用资源描述框架（Resource Description Framework，RDF）语言强大的资源描述能力，在网络上搜索相关的资源信息。

　　资源集成过程由过程控制智能体（Agent）和网络化制造系统中各联盟企业内的资源智能体通过动态交互完成。过程控制智能体的功能主要包括优化集成计划、提供动态资源集成工具，以及对网络化制造系统进行动态监控与管理等。当某个资源出现故障或发生一些突然的、不可预知的变化，或因一些不确定因素的影响而引起资源的状态发生变化时，将自动向过程控制智能体报告，同时引发各个相关智能体之间的通信。过程控制智能体将根据新的资源状况动态地进行再调度，这时各个智能体充分发挥自治能力，保证整个网络化制造过程优化，并持续地进行下去。

　　共享资源的网络化和集成化主要是适应联盟企业查询与检索各种制造资源信息的要求。为了有效管理大量的共享制造资源，可采取层次管理的思想，建立一套统一的分类标准，而且在任何应用状态中，均应明确一个主分类标准，以实现有效的操作指引。在建立分类标准时，优先考虑把国家制定的分类标准作为企业制造资源的分类标准。在层次结构中，企业作为叶节点，被当成实体对待；同时，各种制造资源均可应用面向对象的分析方法将其看作实体，通过类的继承、聚合和派生等操作进行演绎，从而形成完整的共享制造资源管理模型，将分布式、异构的企业资源集成起来，形成逻辑上统一集中管理的共享资源，实现虚拟企业中各联盟企业及联盟企业内不同部门间对共享资源的透明访问，以及访问过程中的权限控制。

4.4　网络协同制造的场景

4.4.1　数字化协同设计

协同制造是现代制造业中越来越重要的一环，而数字化协同设计作为其中的关键组成部分，极大地提升了产品设计和制造的效率与质量。本节将详细探讨网络协同制造背景下的数字化协同设计，阐述其概念、工具和平台。

1. 数字化协同设计的概念

数字化协同设计是指借助信息技术和网络平台，将产品的设计、分析和优化过程进行数字化、虚拟化的过程。不同地域和领域的设计团队可以在同一平台上进行实时沟通和协作，从而实现设计资源和设计能力的全面共享。其目标是通过集成设计资源与信息，促进设计方案的高效产生和优化，提高设计质量，缩短设计周期。

2. 数字化协同设计的工具和平台

（1）计算机辅助设计（Computer Aided Design，CAD）系统　CAD系统是进行产品三维建模和图样绘制的重要工具。现代的CAD系统不仅具备强大的建模和设计能力，还集成了模拟仿真和验证功能，使设计变得更加精准和高效。其主要功能和特点如下：

1）三维建模。CAD系统允许设计师创建详细的三维几何模型，精确描述产品的形状、结构和尺寸；可以进行旋转、缩放、切割等多种操作，方便设计细节的调整和优化。

2）仿真与分析。很多CAD软件集成了有限元分析（FEA）和计算流体力学（CFD）等仿真工具，能够在设计阶段评估产品的性能、强度、热力学等方面的表现，从而减少实际试验的需求。

3）协同工作。现代CAD系统如Autodesk Inventor、SolidWorks和CATIA等都提供协同工作功能，通过云平台实现设计文件的实时共享和共同编辑，支持多个设计师同时对模型进行修改和注释，保证设计一致性和协同效应。

4）应用实例。

① 通用汽车公司使用CATIA进行汽车零部件的三维建模和协同设计，通过分布在全球各地的设计团队，实现跨时区的无缝协作，加快了新车型的设计和推出速度。

② 波音公司利用Siemens NX软件进行航空器部件的建模和仿真，通过实时合作和模拟测试，确保了设计的精确性和制造的可行性。

（2）产品生命周期管理（Product Lifecycle Management，PLM）系统　PLM系统是一种用于产品从概念设计、研发、生产制造、服务维护到退役全过程管理的软件系统。它能够确保所有相关方都能访问正确的信息，并在整个产品生命周期内管理和控制产品数据。其主要功能和特点如下：

1）数据管理。PLM系统能够存储和管理大量的产品数据，包括CAD模型、图样、物料清单（BOM）、工艺文件等，确保数据的一致性和版本控制。

2）流程管理。PLM系统支持设计、更改、审批、发布等各种流程，保证每个节点都有明确的流程并可追溯和管理。

3）协作平台。PLM 系统如 Siemens Teamcenter、Dassault Systèmes ENOVIA 和 PTC Windchill 提供了协作平台，使团队成员可以通过网页或客户端进行实时沟通和协作，分享最新的设计数据和信息。

4）应用实例。

① 通用电气（GE）公司利用 Windchill 系统管理海量的产品数据，确保全球团队能够协同工作并共享最新的设计信息，显著提升了产品开发和制造效率。

② 空中客车公司使用 Teamcenter 进行航空器的生命周期管理，通过统一的平台协调多个供应商和合作伙伴，确保了复杂产品的协同开发和高效管理。

（3）虚拟现实（Virtual Reality，VR）和增强现实（Augmented Reality，AR）技术 VR 和 AR 技术为设计提供了一种全新的互动体验，使设计师和工程师可以在虚拟环境中进行产品展示、评审和改进。其功能和特点如下：

1）沉浸式体验。通过 VR 技术，用户可以进入虚拟的三维空间，真实地体验产品的外观、结构和功能，这种沉浸式体验有助于发现设计中的问题和改进机会。

2）实时互动。AR 技术允许将虚拟模型叠加到现实环境中，通过移动设备或 AR 眼镜，设计师可以在真实场景中查看和交互产品设计，直观地验证设计的可行性和实用性。

3）虚拟评审。设计评审是产品开发中的重要环节，通过 VR 和 AR 技术，全球各地的团队成员可以共同进行虚拟评审，无须实际样机，从而大幅节省时间和成本。

4）应用实例。

① 福特汽车公司借助 VR 技术进行新车型的设计和评审，通过虚拟环境快速验证和调整设计，有效提高了设计效率和产品质量。

② 西门子公司利用 AR 技术在工厂环境中进行虚拟设备布局和工艺验证，通过在实景中查看虚拟设备，有效避免了实际安装中的错误和问题。

（4）云计算和大数据分析技术 云计算和大数据分析技术为协同设计提供了强大的支持，通过云端资源和数据处理能力，设计团队可以更高效地进行大规模仿真和数据分析。其功能和特点如下：

1）资源共享。云计算平台如 Amazon Web Services（AWS）、Microsoft Azure 和 Google Cloud 提供了灵活的计算和存储资源，使设计团队可以根据需求动态分配资源，进行大规模的建模和仿真。

2）数据分析。大数据分析工具如 Hadoop、Spark 等能够处理和分析海量的设计数据，发现潜在的优化点和问题，从而改进设计和决策。

3）实时协作。云平台支持实时数据共享和协作，使团队成员可以随时随地访问和编辑设计文件，保证信息的一致性和实时性。

4）应用实例。

① 特斯拉公司利用 AWS 进行自动驾驶算法的训练和仿真，通过对海量数据的实时处理和分析，加速了自动驾驶技术的开发和验证。

② 波音公司在云平台上进行飞机设计数据的管理和分析，通过实时协作和大数据分析，优化设计过程，提升产品性能和质量。

4.4.2 人机协同制造

随着制造业逐渐向智能化和自动化方向发展，人机协同制造成为一种新的生产模式，极大地提高了生产效率和灵活性。本节将详细探讨网络协同制造背景下的人机协同制造，阐述其概念、工具和平台。

1. 人机协同制造的概念

人机协同制造是指在制造过程中人类与机器共同参与，通过将人类的智慧与机器的准确性和高效性相结合，完成各种复杂的制造任务。这种协同不仅包括传统的生产线工作，还涵盖设计、装配、检测和优化等各个环节。其核心目标是通过智能技术的应用，充分发挥人类和机器各自的优势，实现高效、灵活和智能的生产。

2. 人机协同制造的工具和平台

（1）工业机器人　工业机器人是人机协同制造的核心设备，通过编程或内置的人工智能技术，它能够执行各种精确和高重复性的工作任务。其主要功能和特点如下：

1）多轴运动和灵活性。工业机器人通常具备多轴运动能力，能够在三维空间内进行复杂路径和动作的规划。这种灵活性使其能够适应多种制造任务，包括装配、焊接、搬运和喷涂等。例如，六轴机器人可以围绕其六个自由度旋转和移动，这种设计允许它们在狭小空间内进行高精度操作，如电子产品组装。

2）高精度和高速度。工业机器人在执行重复性任务时表现出极高的精度和速度，显著减少人为误差，提高生产效率。例如，在汽车制造中，机器人能够在几秒内完成精密焊接，而这种任务如果由人类完成则可能需要更长时间且误差更大。这些机器人的速度不仅提高了单个任务的执行效率，还能通过并行处理大量任务来进一步提升整条生产线的效率。

3）智能化。现代工业机器人集成了先进的传感器和人工智能技术，能够进行环境感知、工件识别、路径规划和自主决策。这种智能化使机器人能够适应动态变化的生产环境，并在异常或故障发生时采取适当的措施。例如，使用机器学习算法训练的机器人可以在装配线中识别不同型号的零部件，并自动调整其操作步骤和参数，确保高质量的装配。

4）应用实例。

① ABB 的 YuMi 机器人是一种协作机器人，专门设计用于与人共同工作。其双臂设计和柔性操作使其能够完成复杂的精密装配任务，如电子元件的插装、测试和焊接。在生产过程中，YuMi 机器人通过内置的摄像头和力传感器，能精确识别和操作微小部件，确保高精度和可靠性。同时，其安全设计确保了与人协作时的人身安全。

② KUKA 的工业机器人在汽车制造领域被广泛应用，用于车身焊接、喷漆、装配和搬运等任务。通过与人协作，这些机器人能够显著提高生产线的效率和产品质量。例如，KUKA 的机器人在宝马车身装配线上，通过精确执行每个焊点，确保焊接质量一致且工艺稳定。这不仅提升了生产效率，还减少了后续质量检查和返工的需要。

（2）AR 和 VR 技术　AR 和 VR 技术通过提供虚拟环境或增强现实信息，帮助工作人员更好地完成制造任务，提高人机协同的效果。其功能和特点如下。

1）虚拟培训。VR 技术允许工作人员在虚拟环境中模拟生产任务和设备操作，减少实际培训的成本和安全风险。例如，在航空制造中，工作人员可以通过 VR 系统模拟飞机装配过程，熟悉操作步骤和工具使用。这种虚拟培训不仅提高了工作人员的技能熟练度，还能在设备维护和故障排除培训中发挥重要作用。

2）实时指导。AR 技术可以在实际生产过程中提供实时指导，通过增强现实眼镜或平板设备，将装配步骤、检验标准和警示信息叠加到工作人员的视野中，帮助其更加准确地完成任务。

3）应用实例。

① 波音公司在飞机线束装配过程中使用 AR 眼镜为工作人员提供实时装配路径和检查点显示，通过视觉提示辅助工作人员进行精准操作，减少错误率和返工次数，显著提高了装配效率和准确性。每个工作人员在开始装配前，AR 眼镜会显示详细的装配步骤和工具使用方法，并在发现异常或错误时即时警示。这一技术应用不仅提升了工作人员的操作熟练度，还减少了培训时间和错误成本，最终提高了整体的生产质量和效率。

② 西门子公司利用 VR 系统进行员工培训和工艺优化。新员工可以在虚拟环境中练习复杂的操作步骤，熟悉设备功能和安全规范。这种方式不仅减少了实际操作中的误差和风险，还提升了员工的整体技能水平。除了培训，西门子的 VR 系统还用于工艺优化，通过虚拟仿真测试不同的生产工艺和流程，找到最佳方案，再实际应用到生产中，这样可以大幅度减少试错成本和生产停机时间。

（3）人机协同系统集成平台　人机协同系统集成平台集成了机器人控制、数据管理和协同操作功能，可优化人机协同制造过程。其功能和特点如下：

1）实时监控和管理。人机协同系统集成平台能够实时监控机器人的状态和工作进度，并进行数据分析和反馈。例如，操作人员可以通过平台查看机器人的实时工作状态、运行速度、负载情况及错误信息等。这一功能有助于及时发现和解决问题，避免生产延误和设备损坏；同时，平台生成的历史数据报告也为后续的生产优化和决策提供了依据。

2）任务分配和协调。通过智能调度和任务分配，平台可以优化工作人员和机器人的工作负载。例如，当某个生产节点出现瓶颈时，系统可以动态调整机器人和工作人员的任务，确保生产线平衡运行。此外，平台还能根据实时数据和预测模型，提前制订调度计划，优化生产资源利用率，提高整体生产效率。

3）应用实例。

① 丰田公司利用集成平台，协调工作人员和机器人在装配线上的工作。平台通过实时数据分析和智能调度，确保每个生产环节的高效运转。例如，在车辆组装过程中，平台可以根据生产进度自动调整机器人焊接和人工装配的任务分配，提升生产灵活性和效率。这种高效的任务协调不仅减少了工作人员的工作负荷，提高了操作安全性，还通过资源优化降低了生产成本。

② 宝马公司通过人机协同系统，实现了机器人和工作人员在同一生产区域内的紧密合作。例如，在发动机装配线，工作人员和机器人协作进行零部件安装和检查，通过实时数据监测和任务调整，确保了操作的精度和一致性。这种协同工作方式不仅提高了生产效率，还极大限度地提升了产品质量和一致性，确保每台发动机都达到严格的质量标准。

（4）智能传感器和物联网（IoT）技术　智能传感器和物联网技术在现代人机协同制造中起到了关键作用，通过实时监测和数据采集，实现了智能化的管理和控制。其功能和特点如下：

1）实时监测。智能传感器能够实时监测生产过程中的关键参数，如温度、压力、振动等，并将这些数据传输到云端进行分析和处理。例如，在设备运行时，传感器持续监测其工作状态，并在出现异常时立即报警。这种实时监控不仅有助于维持设备的正常运行，还能提前发现潜在问题，从而进行预防性维护，减少停机时间和维护成本。

2）数据集成与分析。IoT 平台能够集成各种类型的数据，并通过大数据分析技术，提供洞察和优化建议，提高生产效率和质量。通过数据集成，平台能将来自不同生产环节的信息汇聚一起，形成全面的生产状态图；再结合数据分析工具，可以发现生产过程中的瓶颈和效率提升点，从而制定更为合理的生产优化策略。

3）自动化控制。通过与其他设备和系统的集成，实现自动化控制和快速响应。例如，智能传感器检测到某个参数超出预设范围，可以自动调节设备的运行状态或通知操作人员进行干预，从而避免生产事故发生。这种自动化控制不仅提高了生产的灵活性和响应速度，还能显著降低人为操作错误，提升整体生产流程的可靠性。

4）应用实例。

① 通用电气的 Predix 平台整合工业设备数据，通过传感器和物联网技术，实现实时监控和远程管理。在发电设备和飞机发动机的维护中，通过传感器监测关键部件的运行状态，提前发现和预测故障。这种预测性维护不仅减少了非计划停机时间，还通过优化维护计划降低了整体维护成本，提升了设备的使用寿命和可靠性。

② 西门子的 MindSphere 平台通过连接成千上万台工业设备，进行数据收集和分析，优化生产流程和能效管理。例如，在制造业中，MindSphere 可以实时监测设备的能耗数据，并通过数据分析找到节能优化点。这种数据驱动的管理方式不仅有助于企业降低能耗和运营成本，还提升了生产线的整体效率和环境友好性。

（5）人工智能（AI）和机器学习技术 人工智能和机器学习技术在优化人机协同制造过程中发挥着重要作用，能够提高生产过程的智能化程度和自动化水平。其功能和特点如下：

1）预测与优化。利用机器学习算法可以对历史数据进行分析，预测未来的生产需求和设备维护需求。例如，分析设备的操作数据，提前预测可能的故障和维护时间，进行预防性维护，减少设备故障和停机时间。同时，利用 AI 优化生产计划和资源分配，可以确保生产资源的高效利用和生产流程的持续优化。

2）智能决策。AI 技术能够实时处理和分析生产数据，提供决策支持。例如，通过生产数据分析和故障诊断，AI 系统能够及时发现生产过程中的异常并提出相应的解决方案，确保生产的稳定性和连续性。此外，AI 还可以通过优化算法，自动调整生产参数，提高生产效率和产品质量。

3）自然语言处理。利用自然语言处理技术可以实现人机之间的自然互动和命令控制。例如，工作人员可以通过语音指令控制机器人操作，提高操作的便捷性和效率。这种人机交互方式不仅降低了操作的复杂性，还提升了工作人员的工作体验，增强了人机协同的灵活性。

4）应用实例。

① 英特尔利用 AI 技术进行芯片制造过程中的故障预测和质量控制，通过机器学习算

法分析巨量的生产线数据，识别出可能导致生产缺陷的因素，并及时调整生产参数，降低缺陷率。这种基于 AI 的质量控制不仅提高了产品优良率，还通过持续优化生产流程，节约了生产成本，提升了整体生产效率。

② 特斯拉在其生产线上广泛应用 AI 和机器学习技术，通过实时监控和分析生产数据，优化生产流程和自动化水平。例如，AI 系统在车辆组装过程中，通过实时数据分析和路径优化，保证机器人装配的高精度和一致性。这种智能化生产方式不仅提高了生产效率和产品质量，还增强了生产系统的灵活性和适应性，使特斯拉能够快速响应市场需求变化。

4.4.3　供应链协同优化

随着全球化和市场需求的快速变化，制造业中的供应链管理变得越发复杂和关键。为了应对这些挑战，实现供应链的高效协同和优化已成为企业提高竞争力和市场响应能力的重要策略。在网络协同制造场景中，通过先进的信息技术和智能工具，供应链的各个环节得以紧密连接和优化，从而提升整体供应链的效率和灵活性。

1. 供应链协同优化的概念

供应链协同优化是指通过信息共享和协同机制，全面整合供应链各环节的资源、信息和流程，以提升整体供应链的效率、灵活性和响应速度。在网络协同制造环境下，供应链协同优化不仅包含传统的采购、生产和物流管理，还涉及供应链各节点企业间的信息集成和智能决策。

通过云计算、大数据、物联网和人工智能等先进技术，供应链协同优化能够实现实时数据采集和分析，动态调整供应链策略和流程，快速响应市场需求和变化，降低运营成本，提高服务水平。

2. 供应链协同优化的工具和平台

（1）供应链管理（Supply Chain Management，SCM）系统　SCM 系统是供应链协同优化的基础工具，通过全面信息集成和流程自动化，实现供应链各环节的协调与优化。其功能和特点如下：

1）全面信息集成。SCM 系统通过集成供应链上各个环节的信息，如采购、库存、生产、物流和销售数据，形成完整的供应链信息视图，帮助企业实现全方位的供应链协同管理。这些信息的实时共享和更新使企业能够准确掌握供应链状态，快速做出决策，避免信息孤岛和延迟。

2）流程自动化。SCM 系统通过自动化工作流和任务分配，简化供应链操作过程，减少人为干预，提高工作效率。例如，系统可自动生成采购订单、安排生产计划、调度运输资源，同时跟踪每个节点的执行情况。流程自动化不仅降低了运营成本，还通过标准化操作提高了流程的透明度和可追溯性。

3）智能分析与决策支持。SCM 系统集成了数据分析和优化算法，通过对供应链数据进行分析，提供决策支持。例如，系统可以分析历史销售数据，预测未来需求，调整生产和库存策略，优化供应链资源配置。这种智能决策支持帮助企业应对市场变动，提高供应链的响应速度和灵活性。

4）应用实例。

① SAP SCM 系统通过全面集成供应链信息，实现实时数据共享和协同管理。企业可以通过系统实时监控供应链各环节，进行智能计划和优化，提升整体供应链效率。例如，一家大型电子制造企业通过使用 SAP SCM 系统，成功实现了供应与需求的实时匹配，减少了库存成本，提高了生产效率和市场响应速度。

② Oracle SCM Cloud 提供了全面的供应链管理解决方案，包括采购、库存、生产、物流和订单管理。通过云端集成和智能分析，企业能够实现供应链全过程的优化和协同。一家全球汽车制造商使用 Oracle SCM Cloud 来管理其复杂的全球供应链，通过系统集成和实时分析，显著提高了供应链的透明度和协同效率，减少了供应链风险和运营成本。

（2）物联网（IoT）技术 IoT 技术在供应链协同优化中起到了关键作用，通过实时数据采集和传输，实现对供应链各节点的动态监控和智能管理。其功能和特点如下：

1）实时数据采集。IoT 设备如传感器、RFID 标签和 GPS 能够实时采集供应链各环节的关键数据，如库存水平、生产设备状态、运输车辆位置和环境条件等，并将数据传输到云端进行处理和分析。这些实时数据为供应链优化提供了准确和及时的信息支持，帮助企业快速响应市场和生产中的变化。

2）设备与资源管理。通过 IoT 技术，企业可以实现对供应链设备和资源的动态管理，如生产设备的状态监测和维护预测、仓库库存的自动盘点和补货以及运输车辆的路径优化和调度。这种动态管理不仅提高了资源利用效率，还减少了设备故障和生产中断，提升了供应链的整体稳定性。

3）智能决策与自动化控制。结合云计算和 AI 技术，IoT 系统能够进行实时数据分析和智能决策。例如，通过对运输途中的环境监测数据进行分析，可以自动调整冷链物流的温度控制，保证物品质量。自动化控制功能可以根据实时数据和预设规则，自动执行供应链操作，如自动调整库存水平、动态调度生产设备和优化运输路径，从而提升供应链的响应速度和灵活性。

4）应用实例。

① 美国联合包裹运送服务公司（UPS）通过物联网技术实现了运输车辆的实时跟踪和管理。每辆运输车上都配备了 GPS 和环境监测传感器，实时采集车辆位置、温度、湿度等信息，并通过 IoT 平台传输到后台系统。后台系统通过对这些数据的分析，动态优化运输路径和时间安排，提高物流效率。同时，实时监控也确保了运送物品的安全和质量。

② 华为公司采用 IoT 技术对其全球供应链中的仓储环节进行智能化管理。通过在仓库内部署传感器和智能设备，实现对库存物资的实时监控和自动化管理。例如，RFID 标签用于自动识别和管理库存物资，实现快速盘点和自动补货。IoT 系统还结合大数据分析，优化仓储布局和库存管理策略，减少库存成本和空间浪费，提高仓库利用率。

（3）大数据分析平台 大数据分析平台通过对海量供应链数据进行分析和挖掘，为供应链优化和决策提供深度洞察和智能支持。其功能和特点如下：

1）数据采集与处理。大数据分析平台能够整合来自供应链各环节的多源数据，包括生产数据、销售数据、物流数据和市场数据，通过数据清洗、转换和存储，形成高质量的数据集。这种全面的数据采集和处理能力为供应链分析和优化提供了坚实的基础。

2）预测分析与需求规划。通过机器学习和统计分析，大数据分析平台可以对历史数据进行建模和分析，进行需求预测和规划。例如，平台可以分析历史销售数据和市场趋势，预测未来的需求变化，帮助企业制订精准的生产和补货计划。这种预测分析不仅提高了供应链的准确性和可靠性，还减少了库存成本和生产滞后。

3）优化算法与智能决策。大数据分析平台集成了各种优化算法和智能分析工具，能够对供应链的多个环节进行优化和决策支持，如供应链网络优化、库存优化、运输路线优化等。平台通过对数据的深度分析，提出最优的供应链策略和方案。这些智能决策和优化工具能够帮助企业提升供应链效率，减少运营成本，并快速响应市场变化。

4）应用实例。

① 亚马逊通过其强大的大数据分析平台，对全球供应链进行全方位优化。例如，通过对历史销售数据和市场趋势的分析，亚马逊能够精准预测各地区的需求变化，优化库存水平和补货策略。此外，平台还集成了运输路线优化算法，根据实时订单数据和交通情况，动态调整物流配送路径和时间，提高配送效率，降低物流成本。

② 沃尔玛利用大数据分析平台对全球供应链进行全面管理和优化。平台通过对各门店销售数据、库存数据、市场数据和运输数据的综合分析，为供应链决策提供支持。例如，通过需求预测和库存优化，沃尔玛能够确保每个门店的库存水平恰到好处，避免缺货和过量库存。同时，平台通过运输路线优化，可以提高物流效率，缩短配送时间，提升客户满意度。

（4）云计算平台　云计算平台为供应链协同优化提供了强大的计算和存储能力，支持供应链信息共享、协同操作和智能决策。其功能和特点如下：

1）数据存储与共享。云计算平台提供了海量数据存储能力，能够存储来自供应链各环节的大量数据，并实现数据的实时共享和访问。各节点企业可以通过平台共享供应链信息，如库存情况、生产进度、运输状态等，形成透明的信息链。这种信息共享不仅提高了供应链的协同效率，还通过实时数据更新，确保了决策的准确性和及时性。

2）计算与分析能力。云计算平台提供了强大的计算能力和分析工具，支持大规模数据处理和复杂算法运算。例如，通过云平台进行大数据分析、预测建模和优化计算，无须企业自主管理和维护大量硬件资源。这种计算和分析能力能够帮助企业快速处理和分析供应链数据，进行智能决策和优化，提高供应链的响应速度和灵活性。

3）弹性和可扩展性。云计算平台具有高度的弹性和可扩展性，能够根据业务需求动态调整计算资源。例如，在销售旺季或大型订单来临时，云计算平台可以快速扩展计算和存储资源，满足供应链高峰需求。这种弹性扩展能力能够帮助企业应对市场波动和业务增长，避免资源浪费和性能瓶颈。

4）应用实例。

① 阿里巴巴集团通过阿里云平台，为其全球供应链提供强大的计算和存储支持。通过云平台，阿里巴巴能够实时监控全球范围内的订单、库存和物流信息，进行智能调度和优化。例如，在"双十一"购物节期间，阿里云平台通过弹性计算和大数据分析，快速处理海量订单数据，优化仓储和配送策略，以确保物流系统的高效运作和客户订单的及时交付。

② 戴尔公司通过其供应链云平台，实现供应链信息的实时共享和智能管理。平台集成了采购、生产、库存和物流等环节的数据，通过云计算和大数据分析，进行供应链优化和风险管理。例如，平台通过实时监控供应商的生产进度和发货情况，及时发现和解决潜

在风险，确保供应链的稳定运行。同时，平台通过库存优化算法，能提高库存周转率，减少库存成本。

（5）供应链风险管理工具 供应链风险管理工具通过识别、评估和应对供应链中的各种风险，确保供应链的稳定性和可靠性。其功能和特点如下：

1）风险识别与评估。供应链风险管理工具通过数据分析和风险建模，识别供应链中的潜在风险因素，如供应商中断、物流延误、自然灾害、市场波动等，并进行风险评估，确定风险的可能性及其对供应链的影响。这种风险识别与评估能力能够帮助企业提前发现供应链中的风险问题，采取预防措施，提高供应链的恢复力。

2）应急预案与响应。供应链风险管理工具根据风险评估结果，制定详细的应急预案和响应策略。在风险事件发生时，工具能够快速启动应急预案，进行资源调度和流程调整，减少风险对供应链的影响。例如，在供应商中断发生时，工具可以自动寻找替代供应商，重新安排供应链计划，以确保生产和交付的连续性。

3）实时监控与反馈。通过实时监控供应链各环节的状态，供应链风险管理工具能够动态跟踪风险因素的变化，并进行实时反馈和调整，通过预警系统及时向决策者发出风险警报，提供应对建议。实时监控和反馈机制提高了供应链风险管理的响应速度和灵活性，确保了供应链在复杂环境中的稳定运行。

4）应用实例。

① 思科公司通过其供应链风险管理系统，实现了全球供应链的实时监控和风险管理。系统集成了供应商评估、物流监控和市场预测等功能，通过数据分析和风险评估，识别供应链中的潜在风险因素。例如，在自然灾害或市场波动发生时，系统能够快速启动应急预案，调整物料采购和生产计划，以确保供应链的稳定运行和对客户需求的及时响应。

② 海尔集团通过其供应链保障系统，实现供应链风险的全面管理和控制。系统通过实时数据采集和分析，识别供应链中的风险因素，并进行动态评估和反馈。例如，在供应商交付延误时，系统能够自动分析库存水平和需求情况，及时调整生产和采购计划，避免生产中断和交付延迟。同时，通过风险预警机制，海尔集团能够提前采取措施，加强供应链韧性，减少风险影响。

4.5 案例

4.5.1 基于工业互联网大数据平台的智能焊装工厂

北京奔驰汽车有限公司（简称北京奔驰）的智能焊装工厂是一个典型的基于工业互联网大数据平台的智能制造工厂。通过先进的技术和智能系统，该工厂实现了高效、精准、灵活的生产：利用先进的机器人技术实现自动化焊接，提高了焊接质量和效率；借助工业互联网大数据平台实现生产过程的实时监控和数据分析，提高了生产线的稳定性和可靠性；采用智能物流系统实现零库存管理和智能调度，降低了物流成本和生产周期。这些举措使得该工厂实现了智能化生产，提高了生产效率和产品质量，为企业的可持续发展奠定了坚实的基础（见图 4-3）。

图 4-3　北京奔驰的智能化管理产线

　　北京奔驰的智能焊装工厂通过工业 4.0 的理念，进一步整合了物联网、大数据分析和云计算等技术，形成了一个高度自动化和信息化的生产环境。这种集成化的系统不仅优化了生产流程，也提高了资源的利用效率和生产的灵活性。

　　在安全管理方面，智能焊装工厂利用大数据分析来预测设备维护需求和潜在故障，从而实现预防性维护。这样的措施减少了设备的突发故障率，保证了生产线的连续运行，同时也降低了维护成本。

　　环境保护也是北京奔驰智能焊装工厂的一大特色。该工厂采用环保材料和节能技术，如 LED 照明和自动化空调系统，减少了能源消耗和碳排放。此外，工厂的废气处理系统和水循环利用技术也体现了其对环境保护的承诺和责任。

　　北京奔驰的车身二工厂不仅是智能化焊装的代表，也是工业互联网大数据应用的典范。通过高度的技术整合和智能化管理，该工厂展示了未来汽车制造业的新方向，即高效、环保、安全与智能兼备的现代化生产（见图 4-4）。

视频

图 4-4　全自动车身焊接

4.5.2 小卫星智能生产线

近年来，航天科工空间工程发展有限公司（简称空间工程公司）聚焦卫星通信技术与互联网相融合的低轨卫星互联网建设，以满足低轨卫星星座快速生产与快速部署需求为任务牵引，完成武汉国家航天产业基地卫星产业园建设，并打造了以"柔性智能化、数字孪生、云制造"为主要特点的国内首条小卫星柔性智能批量生产线，着力提升小卫星智能制造能力（见图4-5）。

图 4-5 "快舟·新洲"号的快舟一号甲遥五固体运载火箭

小卫星智能生产线面向 1t 以下小卫星规模化生产需求，以智能制造等先进技术为导向，建设了"18 类硬件系统、6 大软件"，涵盖仓储与物流、智能部装、总装、测试与试验等多个分系统，能够实现卫星从零部组件入库到整星下线的全部生产流程（见图4-6）。

目前，该产线已承担了 3 个型号共 7 颗卫星的生产任务，联合航天云网，承担科技部、工信部、国防科工局等预研项目 27 个，累积项目经费近 3.4 亿元；共制定国际标准 1 项、国家标准 11 项，申报专利数十项，授权 12 项，申请软件著作权 28 项。

产线项目成果将提供卫星智能生产线整体解决方案，协助国内卫星研制企业进行卫星生产线建设，统筹形成柔性、兼容、协同的卫星生产能力。与此同时，项目研究的技术和研究成果可推广应用于其他军工、民用产品，有效提升生产自动化和智能化水平，全方位提高产品质量和生产效率。

后续，空间工程公司将继续贯彻落实新发展理念和数字航天战略，进一步通过创新驱动实现制造模式转型升级，构建卫星智能制造新范式，助力低轨卫星互联网星座建设，推动航天产品生产智能化转型升级，为推动科技创新和维护空间安全做出更大贡献。

视频

图 4-6　卫星产业园建成我国首条小卫星智能生产线

4.5.3　基于Proficloud 的云-边-端一体化协同解决方案

随着工业自动化和信息技术的深度融合，云计算、物联网和边缘计算等新兴技术正迅速改变着工业生产的面貌。在此背景下，云 - 边 - 端一体化协同解决方案正成为工业数字化转型的关键驱动力。本节将以菲尼克斯电气为例，探讨其基于 Proficloud 的一体化解决方案在工业自动化领域的应用与意义。

菲尼克斯电气打造的云 - 边 - 端一体化协同平台，端侧通过对所有的电子器件升级实现更智能、更高效的采集并传输信息数据；边缘侧的边缘设备搭载多语言、多算法模型对边缘组网设备进行数据分析、处理，提供更高效的动态应用服务；云端侧实现各子系统间实时数据的交流和共享，弥补传统数据采集孤立的缺陷，解决系统难以联动的问题。云 - 边 - 端一体化协同平台可以对非正常状况做出判断并实施预警联动，实现高效、便捷的集中式管理并降低运营成本，从数据接入、处理、应用三个层面提供应用与管理解决方案。Proficloud 平台是菲尼克斯电气打造的云 - 边 - 端一体化协同解决方案的核心，该平台包含云端、边缘层和端点设备三个层次，通过灵活的架构实现数据的实时收集、处理和分析。云端提供强大的计算和存储能力，边缘层实现数据的快速处理和反馈，而端点设备则负责数据的采集和传输（见图 4-7）。

菲尼克斯电气利用 Proficloud 平台实现了生产过程的全面监控和管理。通过实时收集生产数据并进行分析，企业可以及时发现生产异常并进行调整，提高生产效率和产品质量。菲尼克斯电气利用 Proficloud 解决方案在多个工业领域展示了显著的成效。在汽车制造行业中，通过集成传感器和边缘设备，Proficloud 能够实时监测生产线状态，快速响应设备故障，从而减少停机时间并提升整体生产效率。此外，在能源管理领域，该平台帮助企业通过优化能源消耗和提高资源使用效率，支持可持续发展目标。

图 4-7　基于 Proficloud 的设备远程运维工业物联网解决方案

　　Proficloud 解决方案的另一大优势是其能够支持远程监控和维护，这在全球范围内的工厂操作中尤其重要。远程功能不仅减少了人员的现场出勤需求，而且提高了对全球设施的管理效率和响应速度。尽管如此，这种集成化和高度数字化的系统也需面对诸如技术更新速度和跨地域协作的挑战，需要持续的技术支持和专业培训来保证解决方案的最优性能。

　　菲尼克斯电气的 Proficloud 平台为企业提供了一个强大的工具，以适应快速变化的市场需求和技术进步。通过实现更高的自动化和数据驱动的决策，Proficloud 帮助企业优化操作、提高效率，并在竞争激烈的工业自动化领域中保持领先。未来，随着技术的进一步发展和应用的深化，菲尼克斯电气将继续在推动工业自动化和数字化转型的道路上发挥其创新和领导作用。

　　通过深入探索 Proficloud 的结构和应用实例，我们可以更好地理解其在现代工业自动化领域中的实用性和潜力。菲尼克斯电气的案例不仅展示了技术的先进性，也体现了在全球工业自动化转型中持续创新的重要性。

4.5.4　面向复杂装备的企业级生产管控中心

　　随着工业生产的复杂化和信息化程度的提高，面向复杂装备的企业如成都飞机工业

（集团）有限责任公司（简称成飞工业集团）正面临着管理和管控上的挑战。为了应对这些挑战，建设企业级生产管控中心成为必然选择。本节将详细介绍成飞工业集团建设飞机制造企业级生产管控中心的过程和意义。

成飞工业集团建设飞机制造企业级生产管控中心，通过各业务领域数据整合，形成统一的基于数据的管控机制，支持企业从业务驱动管理向数据驱动管理转型；构建多维度、多尺度生产数据分析挖掘及可视化管控平台，突破面向复杂装备研制生产过程的多源/复杂/异构数据挖掘及集成可视化；构建基于大数据分析及风险预警模型的航空武器装备，研制生产过程物流智能预测/预警等关键技术；构建高效集成的物联感知网络，实现多源异构数据融合驱动的多场景融合应用，形成关键作业过程状态感知能力、数控加工过程智能监控能力以及具备自评估和权值自优化机制的生产过程智能预测/预警能力（见图4-8）。

视频

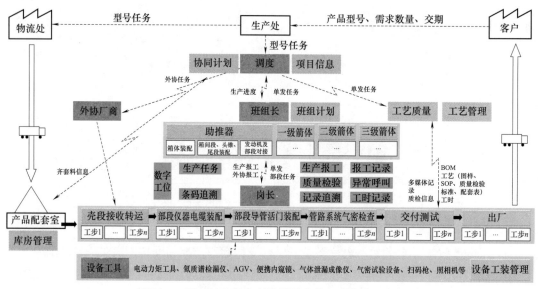

图 4-8   面向航空装备制造的数字化工厂集成平台

随着航空装备制造业的发展，成飞工业集团面临着生产规模不断扩大、生产流程日益复杂、市场需求日趋多样化等挑战。建设企业级生产管控中心能够帮助企业实现生产过程的全面监控和管理，提高生产效率、优化资源配置，更好地满足市场需求。成飞工业集团的生产管控中心采用了先进的信息技术和数据管理系统，包括数据采集与传输系统、实时监控与分析系统、决策支持系统等，通过对这些系统的整合，实现了各业务领域数据的统一采集、处理和分析，为管控决策提供了可靠的数据支持。通过建设企业级生产管控中心，成飞工业集团实现了从业务驱动管理向数据驱动管理的转型。通过实时监控生产过程数据、分析生产效率和质量指标，企业能够及时发现问题并采取有效措施，提高生产效率、降低成本，进而增强市场竞争力。企业运用物联网、边缘计算、工业控制等先进互联网技术，建立 CA-IIoT 工业物联网平台，实现设备组网、数据采集、数控传输、现场控制、中央控制功能（见图4-9）；基于5G通信技术，实现生产线业务层人、机、料、法、环、测各要素的数据连接、数据感知、数据采集、数据传输、数据存储以及控制指令的下发。

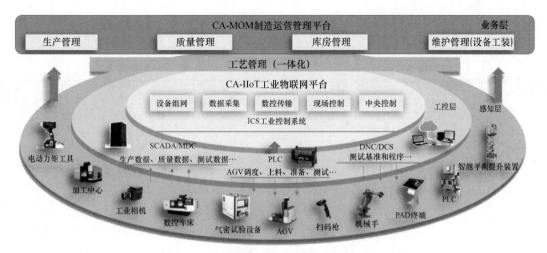

图 4-9　设备物联及工业控制结构

　　尽管建设企业级生产管控中心取得了显著成效，但仍然面临着诸如数据安全、系统稳定性、人才培养等方面的挑战。未来，成飞工业集团将继续加强技术研发和人才培养，不断优化管控中心的架构和功能，以适应快速变化的市场需求和技术发展。建设飞机制造企业级生产管控中心是成飞工业集团在数字化转型过程中迈出的重要一步，为企业实现从业务驱动管理向数据驱动管理的转型提供了有力支持。通过整合各业务领域数据，形成统一的管控机制，成飞工业集团将进一步提升生产效率、降低成本、增强市场竞争力，实现可持续发展。

习｜题

1. 什么是网络协同制造？它有哪些特点？
2. 网络协同制造系统由哪些模块组成？
3. 网络协同制造有哪些关键技术？
4. 网络协同制造有哪些主要应用场景？各自的主要功能和特点是什么？

科学家科学史

"两弹一星"功勋
科学家：孙家栋

第 5 章

大规模个性化定制

PPT 课件

5.1 大规模个性化定制概述

5.1.1 历史发展

    制造业是为了满足人们对生产、生活、文化和科技等的需要而产生和发展起来的。工业革命以前，制造业的主要形式是家庭作坊和手工工场，采用手工生产的单件生产模式，产品从数量到质量上都远不能满足市场的需求，生产主要是解决产品的有无问题。从 18 世纪 60 年代起，源于英国的以蒸汽机为主要标志的第一次工业革命，使机械化生产得以诞生和发展，制造业的生产模式也发生了根本的变化，工场手工业开始向工厂制度转变。在工厂制度下，主要是以机器生产为主的小批量生产。19 世纪 60 年代，以电力、电机和内燃机的发明为主要标志的第二次工业革命，为制造业提供了更强大的动力来源。同时，机械化生产技术逐步成熟和完善，逐步实现制造业的机械化大生产。此时，制造业的生产主要为单件生产，产品在数量上严重供不应求，产品市场为卖方市场。20 世纪初，亨利·福特（Henry Ford）和阿尔弗雷德·斯隆（Alfred Sloan）创立了大批量生产（Mass Production）方式，这种生产方式取代了欧洲企业领先了若干世纪的单件生产方式，福特公司的 T 型汽车因此称霸全球，这是制造业的又一次根本变革。大批量生产是在市场环境相对稳定的情况下，根据企业对市场的预测，以批量产品为特征的生产活动。大批量生产的主要特点是采用标准的制造过程和标准化的零部件，进行高效率的自动化作业，通过规模经济效应降低生产成本，提高产品质量。

    第二次世界大战以来，高新技术特别是电子技术的飞速发展，在传统的机器中增添了控制系统，开辟了机器操纵机器的新时代。自动化技术和制造技术的不断融合和进步，使制造业的生产逐步向自动化的大批量生产方向发展，此时供不应求的卖方市场使产量成为生产的主要目标。随着大批量生产的应用和普及，市场上同类产品的数量急剧增加。同时，客户的个性化需求开始受到广泛重视，为客户定制生产已经成为厂家争夺市场份额的重要手段。先进制造技术、计算机技术及网络技术的发展，使得按照客户的个性化需求进行定制生产从理想转变为现实。客户可以在网上选择配置自己的个性化产品，而企业则可以通过产品设计、制造和销售资源等的重用来降低定制产品的生产成本，有能力以接近大批量生产的价格向客户提供个性化的定制产品，逐渐成为21世纪制造业的主流生产模式。

1970年，阿尔文·托夫勒（Alvin Toffler）在其《未来的冲击》（*Future Shock*）一书中提出了一种全新的生产方式的设想：以类似标准化或大批量生产的成本和时间，提供满足客户特定需求的产品和服务。1987年，斯坦·戴维斯（Stan Davis）在《完美的未来》（*Future Perfect*）一书中首次将这种生产方式称为"Mass Customization"，即大规模定制，简称MC。这种既能满足客户的真正需求而又不牺牲效益和成本的新的生产方式目前得到了普遍接受和认同，逐渐成为企业竞相选用的一种有效的竞争手段。

图5-1描述了生产模式的演变与产品批量、种类的关系。从图中可以看出，生产模式的演变是一个渐进发展、螺旋式上升的过程。"大规模定制"一词将两种完全不同生产方式，即大批量生产和定制生产融合在一起。大规模定制以大批量的效益进行定制产品的生产，即定制产品的成本要像大批量生产的成本那样低，定制产品的交货期要像大批量生产的交货期那样短，定制产品的质量要像大批量生产的质量那样稳定，然而产品却是按照客户的个性化需求定制的。总之，大规模定制综合了大批量生产的低成本、短交货期以及定制生产等满足客户个性化、多样化需求的优点，有利于企业的生存和发展。

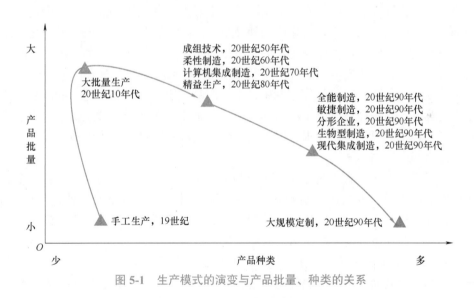

图 5-1　生产模式的演变与产品批量、种类的关系

5.1.2　特征

先进的制造技术、管理技术和信息技术是实现大规模定制的基础和保障；快速响应和低成本是大规模定制的两个支柱；个性化是大规模定制的核心。因此，大规模定制的本质特性可以从三个方面来描述：高度个性化的产品或服务、快速响应市场需求变化的能力和较低的定制成本。高度个性化的产品或服务是指产品或服务能够最好地满足客户的个性化需求，是按照客户的要求"量身定制"的，即是真正且全面地实现深层次的客户主导。快速响应市场需求变化是指当客户的需求产生以后，能够以最快的速度设计、制造（或提

供）客户所需求的产品（或服务），不会因为批量小、个性化程度高而导致生产（或服务）组织困难和加工（或服务）周期的延长，也即能够实现高度的柔性化生产（或服务）。较低的定制成本是指在对客户的个性化需求做出快速反应的同时，并没有因此而导致产品（或服务）的成本大幅增加。由此可知，大规模定制生产方式具有以下主要特征：

（1）以客户需求为导向　在大规模定制生产方式中，企业以客户提出的个性化需求为起点，根据客户要求设计、制造和销售产品或服务，即它是一种需求拉动型的生产方式。

（2）以先进的信息技术与制造技术为支持　大规模定制生产要求对客户的需求做出快速反应，这就必须依赖先进的信息技术和制造技术。信息技术和电子商务的迅速发展，使企业能够快速地获取客户的订单；计算机辅助设计系统能够根据在线订单快速设计出符合客户需求的产品；柔性制造系统、计算机辅助制造等技术可以保证迅速生产出高质量的定制产品。

（3）专业化的产品制造　在一般机械类的产品中，超过70%的功能部件存在功能和结构的相似性，一旦打破这种行业界线，利用成组技术原理将这些功能相似的部件按照一定类别集中起来，则很有可能形成大批量生产。

（4）以模块化设计、部件标准化为基础　大规模定制的基本思想是将定制产品的生产问题通过产品重组和过程重组转化为或部分转化为批量生产，充分利用大批量生产方式的优点。通过模块化设计、部件标准化，企业可以批量生产各模块和部件，减少定制产品中的定制部分，从而大大缩短产品的交货期和减少产品的定制成本。另外，模块化产品还具有"用户只需更新个别模块即能满足新的要求，而不需要重新购买一种新产品"的显著特点，这样就能节省客户的成本，并且还能尽可能减少原料的浪费，符合环保大趋势。

（5）以质量为前提　在大规模定制中，由于产品是定制的，客户退回的产品无法像大批量生产的标准产品一样还可以销售给其他客户。企业要保证能有效运行，则要求以高质量的产品设计和工艺设计作为前提，以零缺陷的制造或服务过程作为保障，以客户满意的售后服务作为补充与完善。

（6）以敏捷为标志　在大规模个性化定制中，企业与客户是一对一的关系。企业面对的是千变万化的需求，要快速满足不同客户的不同需求，要求企业具有快速的反应机制，即通常所说的敏捷组织。这种敏捷不仅体现在敏捷的产品开发、柔性的生产设备、多技能的人员等方面，而且还表现为组织结构的扁平化和精炼。

（7）以供应链管理为手段　在大规模定制中，企业可充分利用外部资源，在产品开发、设计、制造、装配、销售和服务的全过程，通过供应链管理将合作企业连接起来，按大规模定制生产方式实行有效的控制与管理。

5.1.3　分类

从理论上来说，实施大规模定制生产方式的企业要满足客户的所有需求，而实际上，更多的企业只是提供更多样化的模块或产品（或服务）供客户选择。这是定制化程度的问题，一直以来也是大规模定制争论的主要焦点问题。有些学者认为，解决这个问题的方法是企业先确定产品或服务定制的范围，客户再在这个范围内做出选择；有些学者则认为，成功的大规模定制系统应该能够将真正的个性化与高弹性的部件变化和标准的过程综合在一起，来满足客户的需求。由于客户的定制需求程度各异，因此大规模定制从定制这一角度可以分为不同的层次。

学者们从产品的性质、企业的技术水平、供应商的参与程度、客户的要求程度等不同的角度对定制化程度进行了分析，并对大规模定制进行了分类。

兰佩尔（Lampel）和加拿大著名战略理论家明茨伯格（Mintzberg）认为，在完全定制与完全标准化之间存在一个战略的连续集，并根据客户参与设计的程度提出了大规模定制的五种类型，即完全标准化、部分标准化、定制标准化、剪裁定制化和完全定制化。

1）完全标准化，是指大量生产标准化产品。

2）部分标准化，是指为各细分市场提供不同的产品和服务，即多样化生产标准化产品。

3）定制标准化，是指从选择标准化的部件开始进行定制。

4）剪裁定制化，是指从产品的制造阶段开始定制。

5）完全定制化，是指从产品的设计阶段开始定制。

罗斯（Ross）按定制发生点的位置不同，将定制分为核心式定制、多样化定制、生产后定制、零售式定制和自适应定制五种类型。

1）核心式定制，是指客户能够修改核心部件的定制。

2）多样化定制，是指由品种多样化推进的定制。

3）生产后定制，是指产品生产后通过对服务的定制来实现定制。

4）零售式定制，是指在零售商处实现的定制。

5）自适应定制，是指客户根据自己的需要来进行的定制。

派恩（Pine Ⅱ）和吉尔摩（Gilmore）根据定制切入点和客户偏好的不同，把大规模定制生产分为合作型定制、预测型定制、适应性定制和装饰性定制四大类。

1）合作型定制，是指定制企业通过与客户交流和合作，帮助客户明确需要，准确设计并且制造出能够满足客户需要的个性化产品和服务。这是一种客户参与的定制。

2）预测型定制，是指企业在深入了解客户的具体要求的基础上，根据预测为客户分别提供所需的个性化产品和服务；而客户不参与定制过程，也不知道这些产品和服务是为他们定制的。

3）适应性定制，是指企业为所有人提供标准化的产品，但是在客户使用它们的过程中，这些产品能够自动调整或客户可以根据其特殊需要进行适应性修改和重新配置。

4）装饰性定制，是指企业以不同的包装把同样的产品提供给不同的客户。这种定制方式适用于客户对产品本身并无特殊要求，但要求包装符合其特定要求的情况。

祁国宁、顾新建和李仁旺引入了客户订单分离点（Customer Order Discoupling Point，CODP）的概念。他们按 CODP 在生产过程中的位置不同，将生产方式分为按订单销售（或称为库存生产）、按订单装配、按订单制造和按订单设计四类。

1）按订单销售，是在产品销售阶段，客户根据个性化的要求选择企业提供的标准化产品或服务。

2）按订单装配，是将预测生产的库存部件装配成客户需要的定制产品。其装配和销售活动是由客户订货驱动的。

3）按订单制造，是根据已有的部件模型，对部件进行制造和装配后向客户提供定制产品。其采购、部分部件制造、装配和销售是由客户订货驱动的。

4）按订单设计，是必须重新设计某些部件才能满足客户订单的需求，进行制造和装配后向客户提供定制产品。其全部或部分产品的设计、采购、部件制造、装配和分销等都是由客户订单驱动的。

5.2 大规模个性化定制的关键技术

5.2.1 客户需求识别与分析技术

1. 客户需求的特点

在进行客户需求识别前，首先需要了解大规模定制下客户需求的特点，以便于更有针对性地实现客户需求的获取、识别、聚类等。

（1）需求的模糊性 需求的模糊性也可以称为不确定性，是指客户对产品提出的定制需求有些是不明确、不具体的，例如，客户对某些需求的表达采用略大于、稍微、较好、大约等具有模糊含义的词语。

（2）需求的动态性 需求的动态性是指客户需求是变化的，表现在以下两个方面：一方面，由于客户需求贯穿于产品的全生命周期，同一客户需求在产品生命周期的不同阶段可能表现为不同的形式；另一方面，由于客户在最初对产品提出定制要求时多出于自身的爱好和习惯，缺乏对产品属性、结构或性能等的客观了解，或随着产品设计的进行，某些需求与设计要求之间存在矛盾或不能同时满足。这种情况则需要对若干客户需求进行适当的修改或调整。

（3）需求的多样性 客户需求的多样性是实现大规模定制的基础。从需求的覆盖面来看，客户对产品的定制要求有内在的和外在的需要，包含设计方面、制造方面、管理方面以及使用性能方面等；从需求的表现形式来看，客户需求不仅有自然语言的描述形式，还有图形、表格、符号等多种表现形式。

（4）需求的优先性 需求的优先性是指客户需求之间具有差异，即需求的重要度和满意度是不相同的。有些客户需求是必须满足的（如一些基本的功能需求），有些需求是尽量满足的（如产品的一些性能指标、技术参数等），有些需求是期望满足的（如客户提出的心理上需要满足的需求）。

2. 客户需求的获取

随着科学技术的迅速发展和人们生活水平的普遍提高，客户对产品的需求也在不断变化。因此，企业要想在激烈的市场竞争中立于不败之地，必须不断地同客户接触，获取客户的需求。一方面，企业以产品的消费者或潜在客户为对象，利用相应的方法获取的产品需求，称为预测客户需求；另一方面，客户以订单的形式向企业提出的需求，称为订单客户需求。

（1）预测客户需求的获取 对产品的消费者或潜在客户的需求即预测客户需求的获取是一个复杂的过程，一般采用市场调查法来完成，这是获取预测客户需求信息的最直接、最有效的手段。

市场调查法是一种企业组织有关人员进行市场调查分析，从而确定客户需求的方法。该方法主要包括两方面：一是确定调查项目。市场调查的项目包括需求的类型、客户对每一类需求的重视程度，以及客户对被调查产品和市场上其他同类产品的各项需求的满意度等。二是调查法的实施方式。根据市场调查采用方法的不同，其具体的实施方式也不同。

常用的市场调查法主要有观察法、询问法和实验法。

1）观察法。观察法是指调查者在调查现场（柜台、产品使用现场等）有目的、有计划、有系统地对调查对象（即客户）进行观察记录，以取得所需信息的方法。观察法的优点是调查较为客观，调查结果受调查人员的偏见影响较小；缺点是所获得的信息往往有一定的局限性，很难了解客户的全面需求。

2）询问法。询问法是将所要调查的事项以当面、书面或电话的方式向调查对象（即客户）提出询问，以获得所需要的资料。它是市场调查中最常见的一种方法，具体可分为面谈调查、邮寄调查、电话调查、留置询问表调查、网上调查五种。这五种方法各有优缺点：面谈调查能直接听取对方意见，富有灵活性，但成本较高，结果容易受调查人员水平的影响；邮寄调查成本较低，但回收率低；电话调查速度快、成本最低，但只限于在愿意接听电话的客户中调查，整体性不高；留置询问表调查可以弥补以上缺点，由调查人员当面交给调查对象问卷，并说明方法，由其自行填写，再由调查人员定期收回；网上调查法是利用互联网、App等网络平台的交互式信息沟通渠道来搜集有关统计资料的一种方法，具有组织简单、费用低廉、样本量大、客观性强、不受时空与地域限制、速度快等优点。

3）实验法。这种方法是在一定条件下进行小规模实验，然后对实际结果做出分析，研究是否值得推广。例如，企业按照预测到的客户的可能需求试制出相应的产品，提供给一定的客户，调查客户的反馈情况。

总之，市场调查法的优点是能够准确、有效地直接获得企业产品的使用者或者潜在客户的需求信息；缺点是需要大量技术人员的参与，成本较高，且受客户的主观影响较大。

（2）订单客户需求的获取　客户将个性化需求以订单的形式提供给企业，这部分需求被称为订单客户需求。企业对订单客户需求的获取方式主要有两种：基于互联网与客户对话的交互式需求获取方法和系统自动引导客户表达需求信息的方法。

1）基于互联网与客户对话的交互式需求获取方法。随着信息技术和网络技术的发展，互联网已经融入人们的生活中，基于互联网的需求获取方式开始成为大规模定制下客户需求的主要手段。步骤如下：

第1步：客户用自己的语言以订单的形式表达个性化的需求，并将订单通过互联网传递给企业。

第2步：企业收到客户的订单，通过对订单中包含的客户个性化需求进行简单分析和理解，并结合自身的生产能力，找出不能满足的客户需求项发回到客户处进行协商。

第3步：客户通过不断地与企业进行对话，适当地修改部分需求项，直至达到企业和客户都能接受，再将最终的订单传递给企业，完成企业对客户个性化需求的获取。

2）系统自动引导客户表达需求信息的方法。企业设计一套客户需求信息自动获取系统，客户只需在系统主界面上按相应的需求类别要求逐项输入即可。这种方式对系统设计的要求较高，系统设计人员必须详细全面地了解客户可能提出的所有类别的需求，才能使该客户需求自动获取系统更好地为订单客户需求的获取服务。

3. 客户需求的表达

无论是预测客户需求，还是订单客户需求，大都是采用自然语言进行描述的。在产品配置设计中，需要将这些自然语言转换为形式化语言，以便于产品配置设计系统对客户需求的准确理解和掌握，即用三元组的形式表达为客户需求：[需求类型，需求值的类型，需求值]。

（1）需求类型　客户需求可分为六大类：功能需求、性能需求、结构需求、经济性需求、可靠性需求和维修性需求。其中，功能需求是指客户对产品的功能方面所提出的要求，如产品的传动能力、适应能力、承载能力等；性能需求是指产品的物理性能、使用性能等，如产品的质量、重量、材质等；结构需求包括产品的外形尺寸、密封性等；经济性需求包括产品的价格等；可靠性需求是指产品是否安全可靠；维修性需求包括产品的维修是否方便。

（2）需求值的类型　客户需求是多样的，因此客户需求值的类型也是多样的。需求值的类型可划分为数值型、状态型和枚举型等。

1）数值型需求值。数值型数据是指直接使用自然数或度量单位进行计量的具体数值。数值型需求值则是指某一项客户需求的参数值为精确值或数值区间。例如，传动比为 2.5，则这项需求值为 2.5；某产品的价格为 200~300 元。

2）状态型需求值。状态是指某一事物所处的形态或状况。状态型需求值则是指以数值的形式描述客户需求项的各种状态，某项客户需求可能存在两个状态，也可能多于两个状态，具体的某个状态值由设计者设定。例如，减速机的布局是立式的或卧式的，可用"0"表示立式，"1"表示卧式；零件的材质是多种状态属性，如铸钢、铸铁、铜等，可用"2"表示铸钢，"1"表示铸铁，"0"表示铜。

3）枚举型需求值。枚举是值类型的一种特殊形式，在 C/C++ 中是一个被命名的整型常量的集合。枚举在日常生活中很常见。在客户需求领域，事先考虑到某一需求变量可能的取值，尽量用自然语言中含义清楚的单词来表示它的每一个值，这种方法称为枚举方法。用枚举方法定义的类型称为枚举类型。枚举型需求值是指需求项的参数值是一组有一定联系的、离散的值的集合。

（3）需求值　上述客户需求的统一表达式可分为两类情形：一类是描述类需求；另一类是比较类需求。相应地，这里的需求值也分为两类：针对描述类需求，需求值为确定数值或区间；针对比较类需求，需求值为"比较运算符＋确定数值"的形式，这里的比较运算符包括小于或等于（≤）、大于或等于（≥）、小于（<）、大于（>）、不等于（≠）等。

4. 客户需求的聚类

将散乱的、不确定的客户需求经过有效处理，转化为相应的技术需求，是快速、准确地实现客户个性化需求、提高客户满意度、降低成本的重要手段。应用聚类分析法来实现对不同客户需求的聚类，不仅从数量上减少了对产品有不同需求的客户群，而且充分体现了聚类分析的完备性，有助于推荐大致满足客户需求的定制产品。

聚类的目的是将对象分组，同一个聚类中的对象具有相似特征，不同聚类中的对象则相异。

目前关于聚类分析算法研究的论文很多，如果聚类分析被用作描述或探查的工具，可以基于同样的数据而尝试使用不同的算法，以发现数据可能揭示的结果。大体上，主要的聚类分析算法可以分为如下几类：

（1）划分聚类　划分聚类是给定一个 n 个对象或元组的数据库构建 k 个划分的方法。最具代表性的是 k 均值算法。

（2）层次聚类　层次聚类主要有创建一个层次的聚类和另外一些部分层次的聚类两种。常用的层次聚类算法有系统聚类、BIRCH、CURE 等。

（3）基于密度的聚类　此方法根据密度的概念对分类对象进行聚类，只要邻近区域的密度（对象或数据点的数目）超过某个闭值，就继续聚类。常用的密度聚类算法有 DBSCAN、OPTICS、DENCLU 等。

（4）基于网格的聚类　网格聚类是将对象空间量化为有限数同的单元，形成一个网格结构，所有的聚类都在这个网格结构上进行。常用的网格聚类算法有 CLIQUE 和 STING。

5.2.2　产品模块化技术

面向大规模定制的开发设计是建立在产品模块化基础上的。产品模块化是标准化和规范化的结果，是实现产品资源重用的基础，是实现产品配置设计和变型设计的关键。

1. 产品模块化概述

产品模块化的基本思想是，在全面分析和研究客户（包括潜在客户）需求的基础上，开发一些具有独立功能的模块，由这些模块组成完整的产品族。一个面向大规模定制的、模块化的产品族由描述产品构成情况的产品主结构以及描述零部件（模块）各方面特点的主模型和主文档组成。产品的主结构以及各模块的主模型、主文档之间存在着十分紧密的联系。

（1）产品主结构　产品主结构描述了一个可配置的、包含所有标准构件的模块化产品系统的组成情况，可以根据不同客户的需要，从产品主结构中派生出客户定制产品的结构。

（2）零部件主模型　零部件主模型（或称原始模型）利用一些关键的参数来描述零部件外形和尺寸之间的联系，只需要在主模型中输入一组数值，就可以自动派生出零部件的一个变型。

（3）零部件主文档　在变型设计中，所谓的主文档是各种模板的总称。利用不同的模板可以派生出不同类型的文档。例如，为了派生某个零件或部件的工程图，需要建立该零件或部件的工程图模板，称为主图；为了派生某个零件或部件的工艺过程规划，需要建立该零件或部件的工艺过程规划模板，称为主工艺过程规划；为了派生加工某个零件或部件的 NC 程序，需要建立该零件或部件的 NC 程序模板，称为主 NC 程序；如此等等。

面向大规模定制的开发过程的任务是开发产品的主结构以及各个模块的主模型、主文档；面向大规模定制的设计过程则是利用产品的主结构以及各模块的主模型、主文档，根据客户的要求迅速配置或变型设计出个性化的定制产品。

产品模块化综合考虑了系统（产品）对象，把系统（产品）按功能分解成不同用途和性能的模块，并使模块的接口（结合要素、形状和尺寸等）标准化，选择不同的模块（必要时设计部分专用模块），可以迅速组成各种要求的系统（产品）。

20 世纪 50 年代末期，国外就开始对产品的模块化技术进行研究，并研制出了一些模块化产品。当时的模块化技术一般仅适用于设计同类型产品，而不能适应不同类型产品设计的需要。进入 20 世纪 80 年代，CAD 技术、成组技术等各种新技术的发展推动了模块化技术的进一步发展，其应用的范围更广、应用的程度更深。

大规模定制企业可以利用各种模块化的零部件，根据客户的不同需要组合成不同的产品。对于客户来说，得到的是符合特定需求的"新产品"；而对于制造厂来说，则是利用成熟技术和模块制造的"成熟产品"，只是组合方式和构成要素不同而已。

产品模块化的重要意义如下：

（1）简化设计，实现技术和资源重用   由于模块具有很好的可重用性，因此可以根据客户的需求，以简单化和统一的模块组合成各种不同的产品，解决产品内部多样化与外部多样化的矛盾，加速产品的更新换代，提高产品的竞争能力。在模块化设计中，因为已经有了一个现成的模块化体系，产品设计的主要任务是选用不同的模块进行接口和组装设计。只有当现有模块的简单组合不能完全满足新产品需要时，才对某些模块进行改型或设计一些新模块。可见，模块化设计方法可以大大减少设计人员非创造性的甚至是低水平的重复性劳动，实现技术和资源的共享，从而减轻产品设计、制造及装配专业技术人员的劳动强度。

（2）有利于发展产品品种   在多样化和个性化的时代，要求企业不断推出新产品。模块化产品是组合式结构，以模块作为其构成单元，各种新产品均以通用模块（不变部分）为基础，只改变少量模块及组合关系就可形成新的产品品种。因此可以加快新产品的开发速度，增强企业对市场变化的快速反应能力。

（3）提高生产效率，缩短供货周期   模块化实质上是部件级甚至子系统级的标准化，在满足产品多样化需求的同时，模块化技术有效地统一、简化和限制了零件和部件的品种和规格，减少了产品的内部多样化。模块化产品是按模块来组织生产的，可以形成一定的批量，有确定的工艺流程和工艺装备，生产效率高，制造周期短。对制造周期长、技术难度高的模块，如有适当储备，可以大大缩短供货周期。模块化使企业能够控制日益增加的复杂性，使设计人员、管理人员和使用者都获得很大的灵活性。

（4）提高产品的质量和可靠性   模块是一种技术比较先进、结构比较合理的通用部件，在作为通用模块之前，一般还需要经过长时间的试用和实践验证，并反复修改优化，是集体智慧的结晶，因而模块的质量比较高且具有较高的可靠性。组合模块重复应用，便于总结经验、优化设计、提高质量。基于模块化的新产品具有很高的一次成功性，很少出现返工现象。

（5）具有良好的可维护性   模块化产品互换性强，便于拆装、维修和搬运。在模块化结构的产品中，由于各模块有明确的功能划分，所以发生故障以后易于判断，并可以迅速找到有障碍的模块，缩短了故障诊断时间；由于模块易于从整机中拆卸和组装，可以以模块为单位进行维修，从而大大改善了维修条件，简化了维修工作，可加快维修速度、提高维修质量。通过产品模块化，产品的构成将由以零件作为基本单元发展为以模块作为基本单元，新产品的开发实质上变成了模块的开发。当一个老产品被淘汰以后，组成该产品的模块还可以继续用于组合成其他产品，大大提高了模块的重复利用率。

2. 产品模块化的基本原理

在进行面向大规模定制的模块化产品开发时，遵循以下基本原理：系统的分解与组合原理、相似性原理、模数化原理、产品结构层次压缩原理、最大凝聚性原理和相对独立性原理。

（1）系统的分解与组合原理　系统可以分解，也可以组合。一个大系统可以分解为若干子系统，子系统又可以分解为若干具有独立功能的单元，单元还可以分解为一些基本的构成要素。这些子系统、功能单元和基本构成要素形成了不同层次的模块。一个产品往往是由一些具有不同作用原理或不同功能的模块组成的。

产品零部件的模块化就是建立在系统的分解与组合原理基础上的。把一个具有某种功能的产品看作一个系统，该系统又可以分解为若干个功能模块。由于某些功能模块可以通用和互换，于是便可以将这些功能模块分离出来，以标准模块或通用模块的形式独立存在，这就是分解。在大规模定制中，为了满足客户的个性化要求，把若干个不同的标准模块、通用模块和个别的专用模块，可以按照客户的要求有机组合起来，形成具有新功能的定制产品。

（2）相似性原理　不同系统中包含相同或相似的模块，不同模块包含相同或相似的要素，通过同类归并、选优和简化，可以形成具有相同要素的、标准化的功能模块。产品模块化设计方法对来自不同产品中的各种零部件进行相似性分析，将相似的零部件进行适当的归并处理，设计出一系列功能模块，通过模块的选择和组合构成不同的客户定制的产品，以满足市场的不同需求。这是一种实现标准化与多样化有机结合以及多品种、小批量与效率有效统一的方法。

（3）模数化原理　产品模块化是以互换性为前提的，即当接口保持不变的情况下，要求在同类型或不同类型的产品中，模块在尺寸和功能上可以互换通用。要实现产品零部件的模块化，必须实现组合物空间尺寸的互换。建立模数系统能够使各种不同尺寸的组合模块之间具有灵活的置换条件。

十进制标准数系在产品的模块化设计中有十分重要的作用，特别适合用来对系列产品或标准零部件的各种规格进行分级。

所谓十进制标准数系，是由某一常系数 Φ 倍增而成的，Φ 称为数系的级比。其计算方法如下：

$$\Phi_n = 10^{1/n}$$

式中，n 为分段数。例如，对于 $n=10$，数系的级比 $\Phi_{10} = 10^{1/n} = 10^{1/10} = 1.25$，此时将该数系记为 R_{10}。

实践证明，几何分级是具有一定的科学根据的。例如，这些数系符合韦伯 - 弗希纳

（Weber-Fechner）定律。这一定律指出，几何分级的刺激（如亮度、声压）会引起算术分级的感觉。

各数系的级比 Φ_n 如下：

$$R_5：\ \Phi_5 = 10^{1/5} \approx 1.6$$
$$R_{10}：\ \Phi_{10} = 10^{1/10} \approx 1.25$$
$$R_{20}：\ \Phi_{20} = 10^{1/20} \approx 1.12$$
$$R_{40}：\ \Phi_{40} = 10^{1/40} \approx 1.06$$

（4）产品结构层次压缩原理　产品的结构通常可以用树状结构加以描述。树状结构的层次数间接反映了产品的复杂程度和制造深度，进而影响产品的制造周期。一般情况下，中等复杂程度的产品，如电视机等的结构层次为 9~10 层；复杂产品，如涡轮机、汽车或飞机等的结构层次则可达 14~20 层甚至更多。通常情况下，产品结构层次越多，产品的制造周期就越长。合理压缩产品的层次，简化产品的结构，不但可以缩短产品制造周期，还可以简化产品制造过程。压缩产品层次的主要方法是提高部件的"功能集成度"和采用由其他制造厂家提供的现成部件模块。

（5）最大凝聚性原理　在进行模块化产品开发时，需要对模块进行优化。模块优化的目标是模块内的信息、功能和结构等的关联度尽可能大，模块间的信息、功能和结构等的关联度尽可能小。按照最大凝聚性原理设计出来的模块具有很高的功能集成度，更加有利于简化产品的结构。

（6）相对独立性原理　按照相对独立性原理，在进行模块的开发时应该注意到以下几点：

1）模块应该具有一定的独立性和从整机分离出来的可能性，具有清晰的、可识别的功能。

2）模块应可作为"黑箱"独立流通于市场。一个模块虽然要与其他模块连接，但其在结构上并不是必须作为某个模块的附属装置才能完成自己的特殊功能。

3）可以通过更换模块而组合成多种变型产品。

4）便于单独组织生产。

5）便于售后服务、维修和升级更新。

6）模块的功能和性能可以被单独实验。

5.2.3　可重构制造系统

制造企业要想保持竞争力和盈利能力，就需要具有高度的市场敏感性，能够快速应对制造需求及市场的变化，及时推出满足客户需求的产品。可重构制造系统（Reconfigurable Manufacturing System，RMS）因其高度的可重构性和响应性而引起了企业界的关注。RMS 可以通过重构制造系统结构、硬件和软件快速改变制造系统的功能，以应对市场波动、技术创新和政策变化的影响。这种重构是可能的，这归因于 RMS 的两种可重构能力（功能重构和生产能力重构）和两种可重构层级（系统级重构和设备级重构），而可重构特性和能力又取决于制造系统是否具有一个良好的设备布局。一个好的布局能够大幅度降低系统重构的成本，缩短重构的时间，同时提高产品的质量。能否设计出较优的布局直接影响着企业能否快速响应市场需求的变化并及时推出符合客户需求的新产品，同时也直接影响着企业能否在竞争中保持优势。因此，RMS 的布局设计研究对整个制造系统的初期设计、后期重构以及企业的实际生产都具有重要的意义。

针对个性化、定制化的生产模式，如何规划设计一个有效的设备布局，使其既能合理地利用占地空间以满足生产正常高效地运行，又能合理地调整设备间的物流量，优化物流路径，进而减少物料搬运成本，此外，还要能充分发挥其可重构特性，动态响应不断变化的制造需求，是现阶段制造企业尤其是中小型企业的一个重要课题。

1. RMS 的定义

可重构制造系统是一种新型制造系统，随着研究的不断深入，这一概念越来越清晰。1999 年，密歇根大学的约拉姆·科伦（Yoram Koren）教授等人提出 RMS 是一种面向零件族生产，可以通过重构制造系统结构、硬件和软件快速改变制造系统的功能及产能，以快速响应生产需求变化的新型制造系统。强调重构是发生在可重构机床（Reconfigurable Machine Tool，RMT）设备级的基础上。2000 年，清华大学的罗振璧教授等人在科伦教授的定义基础上进行修改，将重构层次由设备级扩展到系统级，提出了 RMS 是一种能够按照市场需求的变化和系统规划设计的方法，通过模块重组和更新系统组态或子系统的方式快速调整制造过程、系统生产功能和系统生产能力的可变制造系统，可降低重构成本，缩短系统研发周期，提高产品质量和投资效益。

RMS 由于其可重构性（产品重构、设备重构、布局重构、控制系统重构等），可以通过增加 / 减少 / 重组模块组件或设备的方式进行自身重构，使整个系统不断更新，保持生产制造的适应性及生命力。

2. RMS 的核心特征

RMS 因其可重构性而被认为是一种新型制造系统。可重构性是一种工程技术，它要求生产设备和制造系统必须由能够快速可靠、可集成的硬件和软件模块组成，能够实现经济高效、快速重构，从而快速响应市场变化。如果系统及其设备在一开始就不是为可重构性而设计的，那么重构过程将是困难的、不切实际的。实现这个设计目标需要 RMS 具备六大核心特征：

（1）定制化（Customization） 定制化的灵活性仅限于一个产品族，这意味着系统和设备是围绕正在生产的产品族而设计的，只为特定部件提供所需的灵活性，从而降低成本。

（2）可转换性（Convertibility） 它体现了分批作业之间快速平稳转换的性能。在可重构系统中，最佳工作模式是分批配置的，转换需要更改工具、零件程序和夹具等，能够方便地转换现有系统和设备的功能以适应新的生产需求。

（3）可扩展性（Scalability） RMS 能够通过增加或减少制造资源（如模块组件或设备）和改变系统的组件，轻松地改变制造系统生产能力。

（4）模块化（Modularity） RMS 对主要部件（如结构单元、控制元件、软件和工具）进行模块化设计；除此之外，根据操作功能进行单元划分，对系统进行模块化设计，以实现最佳配置。

（5）可集成性（Integrability） RMS 的组件间接口采用标准化设计，能通过一组机械、信息和控制接口快速、精确地集成模块，从而实现设备和制造系统的快速集成和通信。

（6）可诊断性（Diagnosability） RMS 能够自动识别系统的当前状态，以检测和诊断输出产品缺陷的根本原因，并快速纠正加工缺陷，实现自诊断、自决策。

3. 设备层重构——可重构机床（RMT）

可重构制造系统的设备层涉及的主要内容包括机床功能模块合理划分、模块之间机械界面的标准化、机床可移动性研究和基于软构件的设备层控制系统等。所以，可重构机床（RMT）是 RMS 设备层的重要组成部分，其主要目的是如何使加工设备能快速适应被加工零件的各种变化。要实现机床的可重构，最有效的途径是进行机床模块化设计。如何使模块化机床在设计上保证对加工零件变化的快速响应，实现加工过程的重构性，通常要解决如下问题：

（1）机床功能模块化合理划分 正确划分功能模块是可重构制造系统的关键技术之一。合理的模块划分可以简化设备的结构，降低设备的重构频率，提高模块之间的精度匹配。模块应具备确定的功能，过小、过大的模块划分都是不合适的。过小的模块划分将导致重构频繁发生，过大的模块划分将使设备的柔性受到极大的限制。

（2）模块之间机械界面的标准化 只有各种模块的界面标准化，可重构制造系统才能得到广泛应用。其中包括机械、液压、润滑、冷却、电控接头。

（3）机床可移动性研究 对可重构制造系统，由于工艺路线的变化，机床布局的重新调整是经常发生的。因此，可重构制造系统的机床必须具有标准的对地基、能源等要求，重量较轻，调试容易。

（4）基于软构件的设备层控制系统 可重构制造系统的机床由于生产任务的改变，需要经常增加、减少模块，其控制系统也应该用模块化的设计方法并应用软构件的思想支持控制软件重构，允许应用模块方便地在控制系统中"插入和拔出"。

4. 系统层重构——可重构制造系统（RMS）

生产率和柔性之间的矛盾一直是传统制造系统无法解决的难题。尽管当产品在一定范围内变化时，柔性制造系统（FMS）具有较高的制造柔性，但当产品变化超过这个范围时，其适应新产品的能力则会消失，从而失去柔性。即使这时设法在原有的系统周围添加新的机床设备以适应新产品的需求，也会由于物流传输的复杂化制约系统生产效率的提高。RMS 通过机床设备的重新布置来适应新产品的需求，不仅保证了 RMS 具有较高的柔性，同时由于物流在系统内的有序和顺畅传输，也保证了系统具有较高的生产效率。

RMS 由若干台加工设备组成，这些设备可以被设计成多种组织形式。例如，由 4 台加工设备构成的系统可以有 10 种不同的组合方式；而由 5 台机床构成的系统，其组合方式达 24 种之多。不同的设备组织结构形式对制造系统的生产率、产品质量、功能柔性、生产成本以及可靠性等均有很大的影响。如何对各种组织结构形式进行综合性能评价，并根据具体加工任务为制造系统选择一种最合适的设备组织方式，是 RMS 设计中的主要任务之一。

图 5-2 所示是包含 6 台机床的部分设备布置图。其中，图 5-2a 为串行结构，具有成本低、适合产品品种相对固定的大中批量加工等特点；但这种结构可靠性低、功能柔性较差，已不能满足当今快速变化的市场需求。图 5-2b 为并行结构，具有极高的功能柔性，

可以方便地添加或减少设备；但这种结构设备投资较大，特别是在这种结构中，每台机床必须完成零件的所有加工任务，所以必须配备更多的刀具数量，因此所加工零件的单件成本也较高。相对来说，图 5-2c 和图 5-2d 最为合理，也最适合 RMS 采用，因为它们具有如下优点：①既具有并行结构的高柔性，又可按工艺合理选用设备而获得高生产率和加工精度；②可通过重构或更改某加工单元的设备组成新系统，对形状或工艺变动较大的零件进行加工；③可扩展或减少并行的加工单元组数，从而能够根据市场的动向迅速无缝地调整某些产品的产量。

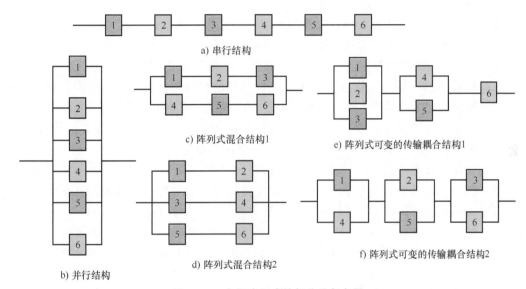

图 5-2 6 台机床组成的部分设备布局

5.2.4 智能成组技术

1. 成组技术的起源

20 世纪初，以美国福特汽车公司为代表的大批量生产方式取代了传统的单件生产方式，极大地提高了社会生产力水平，使人类社会从规模经济中获得极大的好处，社会产品产出空前繁荣。进入 20 世纪中叶以后，技术的迅速进步、产品生命周期的缩短、市场竞争的日益激烈和人们需求的多样化使得多品种小批量的生产企业的比例日益增大，大批量生产难以满足用户多样性的个性化需求。为了提高多品种小批量的生产企业的效益，人们提出了多种方法，成组技术就是其中一种重要方法。

成组技术发源于成组工艺。为了降低制造的复杂性，人们发现在不同的产品中存在大量的相似件，将各种不同类型产品的相似件归类成组，这些成组的相似件可以采用与这一成组零件族相对应的一组加工设备集中加工，称为成组单元，并采用成组夹具等先进技术，可以有效地减少产品类别，从而降低制造的成本和周期。为了识别零件的相似性，人们提出了各种零件分类编码系统。在较长的一段时间内，零件分类编码系统是由人工编制的，因此码位不能太长。为了使有限的码位能包容尽可能多的信息，人们对不同行业甚至不同企业的产品都分别建立了零件分类编码系统。成组技术的重要思想就是聚类和标准化，人们从不同生产流水线中找出相似的模块，进行标准化后建立了组合机床的新概念，使流水线的制造成本大大减少，制造周期明显缩短。

成组技术发源地之一的德国还进一步将零件分类编码系统发展为一种物号系统，使分类码和识别码结合起来，并在物号系统的基础上对产品进行标准化、模块化和系列化设计，典型产品如积木块系列工业汽轮机。德国又进一步提出了 DIN 4000 和 DIN 4001 标准，采用事物特性码对零件特征做初分类，采用母图对一类相似件的结构特征做详细描述，采用事物特性表对各个不同零件的几何尺寸及功能、工艺特征做进一步的详细描述，并对大量的标准零部件采用这一方法进行描述。

随着以数控技术为代表的自动化技术的发展，成组技术又进一步与自动化技术结合起来，出现了柔性制造系统、柔性制造单元，这类自动化制造系统主要是针对某一大类零件进行加工。这一时期成组技术主要应用于产品生命周期的制造阶段。

在成组技术的实践中人们发现，为了有目的性地提高零件的相似性，设计阶段是关键，设计阶段决定了产品成本，只要在产品设计阶段很好地应用成组技术，那么在制造加工中成组技术的应用就比较容易。因此，成组技术的应用又从制造领域推广到设计领域，使成组技术成为一种贯穿产品整个生命周期的系统生产技术。

随着计算机技术的发展，出现了 CAD 系统、CAPP 系统、CAM 系统和计算机辅助生产管理系统等，这些计算机应用系统在开始发展阶段就自觉或不自觉地利用成组技术原理，以提高系统的效率。在计算机集成制造理念被提出之后，将制造与设计整合应用成为制造技术发展的重点，人们在 CIMS 的实践中发现，成组技术是实现 CAD、CAPP、CAM 的桥梁。曾获得美国"工业领先奖"的北京第一机床厂就是利用成组技术实现了系统的集成。

2. 面向大规模个性化定制的智能成组技术

成组技术通过充分利用产品和制造过程中的相似性，将不同产品中的相似零部件，甚至零件中的部分结构信息归类处理，形成"成组批量"，从而取得较大效益。如果离开成组技术的思想，不充分利用以往的信息资源和知识资源，大规模定制将无法实现，缺少成组技术思想支持的 CAD 系统只能制造混乱。

（1）面向大规模个性化定制生产的成组设计　设计是实现任何一种生产方式的前提，大规模个性化定制生产模式的实现同样依赖于产品设计的成功。大规模定制的设计方法是在现有设计方法的基础上发展而来的，它继承了大批量生产的设计方法中仍然能够使用的方法，如模块化设计、标准化、规范化、并行设计等，又对一些不符合要求的设计方法在流程和具体做法上做出一定的改进和提高，形成一种符合新范式要求的新型设计方法，成组技术是大规模定制设计的重要手段，其主要表现如下：

1）将新产品开发与变型设计加以分离。在新产品开发时，分析已有的客户需求，对将来的客户需求进行预测，按照成组技术原理，对客户的需求进行相似归纳和分类并定义客户群，在此基础上建立产品族结构，对可能遇到的需求提前准备，形成完善的变型机制，为快速满足随时到来的客户需求提供基础。变型设计阶段在产品开发阶段的基础上，充分利用现有的设计资源，以产品配置器为主要工具，对客户需求予以快速实现，在不能满足时进行定制设计。

2）并行设计。为快速响应客户需求，缩短定制时间，需要在大规模定制设计中引入并行工程的概念。成组技术为产品设计和制造提供了符合并行工程目的的方法和途径。成组技术在产品开发设计阶段，通过分类检索，可以大量借用现有的零部件以及相应的工艺工装，缩短设计制造周期，降低产品成本，由于现有零部件是在实践中经过检验的，还可有效地减少工程更改，保证产品质量。综上所述，成组技术是实现并行设计的有效手段。

3）面向产品族的设计。传统的设计采用单一产品孤立的设计方式，几乎每个产品都要重新设计，造成大量无法重用的资源，并且随着用户对产品个性化要求的强化，重复性劳动日益增多。大规模个性化定制设计的实现基础是面向产品族的设计。面向产品族的设计是指设计过程中通过将已有大量客户需求，结合预测需求的分析，不再仅仅考虑一种产品的设计实现，而是结合产品族中拟采用的定制方法提取变型参数，同时对一族产品进行设计的方法，其设计结果形成可变型的产品模型。产品族以及体现产品族的可变型的产品模型，是实现大规模个性化定制设计的关键，因此要求它能够覆盖对产品族提出的功能需求，即它的内在产品结构能够满足企业客户群的所有可能的需求。成组技术为产品族的形成提供了技术基础。利用成组分类，对客户需求的相似特征和属性进行识别，并归纳成组，定义客户群；再根据一类客户对产品功能要求的共性和个性划分产品族，最大限度地满足客户群的所有可能需求。

4）零部件的标准化和规范化。产品中大量标准零部件的使用有利于成本的降低，因此，实现大规模个性化定制的企业应该将对产品成本影响较大的零部件进行标准化，而通过其他零部件的变型来满足定制的需求；为了实现柔性制造，还应该考虑对原材料、加工代码等进行一定程度的标准化。规范化是指对零件进行分析，将企业中的相似零件进行合并、分解，提高零件的使用频率，减少企业内部的零件数，从而降低零件管理费用的方法。通过对零部件的标准化和规范化，企业内部的零部件数量和种类减少，零件分布日趋合理，在定制产品的实现中，标准件的使用比例得到提高、零部件的重用性得到提高，有利于采用先进的生产技术组织规模生产，从而可以提高定制效率、保证定制质量、降低定制成本。实现标准化和规范化的方法包括产品结构分析、零件分析、参数分析、编码技术等，对零件的使用频谱进行分析，对使用频谱高的零件进行标准化，对使用频谱较低的零件进行规范化。

用户对产品的个性化要求，必定是在原有产品的基础上提出来的，企业在产品更新换代时也离不开原有的基础。另外，产品在更新时也绝非全部重新设计，通常只是更换部分功能部件或是改进和提升个别部件的技术性能来满足新用户的要求。由此可见，如何利用成组技术原理将产品按功能相似性划分部件，开发系列化、通用化甚至标准化的功能模块是至关重要的。我国造船工业正在通过产品模块化技术，研究船舰所有系统的系列化模块，使之适应各种船舰，达到每艘船的设计、建造、维修和改装都一律以模块为单元进行构造或变换，并以此建立全新的造船模式，还拟通过成组技术和信息技术的应用，使造船业由原来的整体造船、分段制造、分道制造向集成制造模式发展，从而从根本上改变我国造船业的面貌。

（2）面向大规模个性化定制生产的成组制造 大规模个性化定制的制造需求常常是动态变化的。客户订单随时可能到达，它们可能属于不同的类型，具有各自的到期时间且批量很小。制造控制系统必须具有足够快的响应速度进行处理。为了降低制造控制系统的复杂性，大多数制造资源如工人、机器人、机器、工作站等，应具有多种能力，以便同一工作的多步操作能够在不同的机器或装配工作站上展开，甚至可以改变生产频率；产品装配的时间后延，使供应链中的风险分散化，相应降低全局成本，尤其是库存成本。大规模个性化定制产品经常采用模块化设计、非线性工艺路线、可选工艺路线和可变加工序列来放松对传统工艺路线的约束，为工作和资源的不同匹配提供了可能，从而使加工路线的柔性显著增加。大规模个性化定制系统面向客户的个性需要，但不同的定制产品间存在产品相似性，通过考虑这些相似性，可以缩短设置时间或降低其他与批量相关的成本消耗，减少制造系统的复杂性。具体做法如下：

1）按产品族组织生产。产品族内的产品和零部件具有相似的特征和属性，具有相似的工艺、工装和设备。因此，按产品族组织生产可以大大缩短生产周期，降低生产成本，提高生产制造的柔性。

2）按零件组编制生产工艺。按成组技术将不同产品中工艺相似的零件归并成组，按零件组编制可供同组零件共用的工艺规程。相较传统逐件单独编程的方法，成组工艺编程要简便快捷，还可防止人为的工艺多样化，以及由此造成后续生产过程的复杂化。

3）按成组思想组织工装设备。同组零件的工艺规程统一，其所用的工装设备也可以统一。因此，在加工设备选择和制造时，应充分考虑零件组的工艺特征和工艺规程，针对零件组的实际需要，合理配置加工设备的功能，做到物尽其用，防止不必要的浪费。按零件组设计工装，可以减少工装数量，简化生产准备工作，缩短生产准备时间。

（3）面向大规模个性化定制生产的成组生产单元　根据成组技术原理形成的生产单元组织形式，可用于大规模个性化定制生产的生产组织和计划管理。特别是针对企业传统设备较多、生产手段落后、资金投入少的实际情况，利用现有普通机床组成生产单元，形成柔性制造系统的雏形，可以较少的资金投入取得较大的经济效益。一旦资金到位，对生产单元进行改造，就可以形成柔性制造系统。生产单元依据成组技术原理，将机床布置成特定的工作单元，一组相似的零件可在单元内完成全部或大部分加工任务，这样可以减少零件物流路线和生产准备时间，简化管理，提高工人的熟练程度，从而提高生产效率和零件质量，有利于采取准时制造方式，实现"一个流"生产，减少在制品库存积压。

5.2.5　创成式设计

1. 创成式设计的概念

"创成式设计"是英文 Generative Design 翻译过来的一种对设计系统和方法的描述，也常译作"生成式设计"或"衍生式设计"。对缘起于计算机辅助设计（CAD）、算法辅助设计（Algorithms-Aided Design）和参数化设计（Parametric Design）等的创成式设计，其基本内涵是指构建于数字化制造条件下的、基于协议与规则的、用户深度参与对象生成过程的设计途径及其方式，可通俗地理解为一种通过设计软件中的算法自动生成设计目标物的方法。近年来，随着数字科技及其关联衍生技术的迅疾发展，特别是人工智能（AI）、虚拟仿真（VR）、3D 打印等新兴科技对设计理论及其实践的持续介入与深度融合，创成式设计已远非先前计算机辅助设计或参数化设计等概念和能力的认知所及，有了质的提升和飞跃，并渐趋嬗变发展为一种全新的设计样态与范式。

2. 创成式设计的过程

传统设计是"设计师的创意灵感 + 一台计算机渲染 = 图样中的设计方案",而创成式设计则是"设计师和计算机的深度合作与共同创造",即人机共作,可理解表现为"数据录入 + 规则算法 + 智能交互 + 云计算能力 = 数据库中数以千计的设计方案"。在创成式设计的新样态与范式下,设计师通常只需要描述一种诉求、提出一个问题或设定一项目标,相应的创成设计软件便会根据特定的"规则算法","自主、自行"地进行"无人化"的设计及其生成工作;而设计师的工作则是通过人机界面、云计算等途径和手段,对大量生成的设计结果予以实时修订、调整,并以迭代循环的方式筛选出最为优化、有效的方案,供设计者或相关方做出最后的决策,直至获得最终的设计解决方案(见图 5-3)。对于创成式设计,设计软件、机器学习、云计算和相关的生成制造技术等成为设计师密不可分的合作伙伴与至关重要的条件要素,其核心在于设计探索、交互创新和高级计算。不同于既往的设计范式,创成式设计既可认知为一个设计探索与迭代设计的过程,也可视作一个人机交互、自我创新的过程。这种全新设计范式的达成主要得益于 CAD 由"单向、分散"向"双向、集成"的技术能力及其工作方式的提升和转变,以及由此衍生形成的设计主体与设计结果的增益和增效,具体表现为设计软件由单纯、被动地记录和展现人类设计,转变为"人机共作"样态的自主、自行设计。

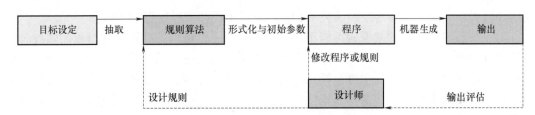

图 5-3 创成式设计过程

现在创成式设计已经成为一个新的交叉学科,它与计算机技术深度结合,使得很多先进的算法和技术被应用到设计中。得到广泛应用的创成式算法包括参数化系统、形状语法(Shape Grammars,SG)、L- 系统(L-Systems)、元胞自动机(Cellular Automata,CA)、拓扑优化算法、进化系统和遗传算法等。还有很多受生物和自然系统启发而开发的算法,如参考遗传进化和后天免疫系统的适应能力开发的遗传免疫算法,以及参考鸟类、蜜蜂、蚂蚁和细菌的觅食行为开发出的蚁群、蜂群算法等,也被移植过来用作仿生生成设计或优化的算法,有的已经在首饰装饰品设计、家居用品设计等方面实际应用。此外,生成的数字化模型也为 VR 模型的创建奠定了基础,各种 VR 应用如 VR 方案展示、VR 电子沙盘、VR 建筑馆等都得以实现。

3. 产品创成式设计

就产品设计而言,作为一种全新的设计样态与范式,产品创成式设计主要是凭借专业性产品设计软件中的规则算法自动生成与获取产品的设计方法。其主旨要义在于:能够让设计师依托产品数字生成工具,快速探索在某种特定属性定义和价值诉求下,实现大量产品设计方案的可能性。在具体的产品设计及其生产实践中,创成式设计师或工程师首先需要定义一个产品项目的设计目标。该目标主要包括:①某一产品欲实现的特定性能诉求、空间尺度、材料特性、制造方法和成本约束等内容及其关联信息；②通过鼠标、键盘或语音等方式和途径，设计师将这些设计目标及其信息输入某种创成式设计软件中，相关软件会依据特定的规则算法，在人工智能的助力下自动生成一系列有可能的解决方案（大量虚拟的、符合设计目标要求的、物理性产品的"数字化模型"）；③设计师可借助数字孪生技术及扩展现实技术（XR）等，对众多虚拟的"数字化模型"中的可行性方案进行直观、综合的预期评价与品质分析，并根据评价和分析结果修改、调整相关设计软件先期的规则算法、应用程序或参数设定等，以迭代循环的设计方式获得一个在虚拟世界中堪称"理想"的"阶段性解决方案"；④设计师将该数字化的"阶段性解决方案"付诸3D打印、注射成型等数字制造技术，输出、转化成为初始的、实物化的"设计原型机"；⑤设计师再依据既定的设计目标，采用数字主线技术、赛博物理系统（Cyber Physical Systems，CPS）等将"设计原型机"在设计、生产及运维中获得的各项仿真分析数据，实时回馈至前期的"阶段性解决方案"（物理性产品的"数字化模型"），以再次设计迭代循环，持续地对设计方案相应的规则、程序或参数予以针对性修订、更改或重置，直至形成一个能够覆盖产品全生命周期，且令设计、生产及用户端均满意的"最优"设计方案，并最终完成设计方案的物理性产品生产。

产品创成式设计是通过编程进行的，设计师的设计思维模式和工作过程也更像程序员：他们不再需要在脑子里想出具体的形象，而是需要厘清任务、设计目标、功能、约束、几何关系、变形规则等之间的关系，并且可以用规则来描述它们。

对于产品设计工程师来说，可能不擅长写代码，不过可以选择可视化编程的软件。创成式设计的流程如图5-4所示：设计师选择生成模型的策略、编写算法；算法自动生成模型；模型的选择依需求分为主观选择和客观选择，其中主观选择是通过人机交互修改参数改变模型、观察选择，客观选择是根据客观的设计目标，结合仿真、优化方法，由计算机自动完成的。

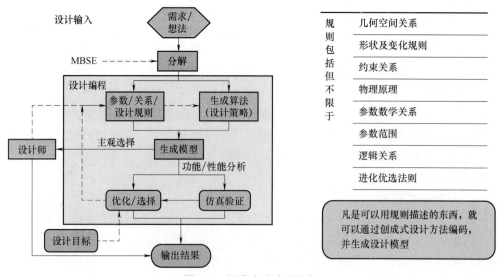

图5-4　创成式设计的流程

基于产品创成式设计的内涵要旨、过程机理及其目标取向等因素的考量，世界各大CAD厂商都在近期不约而同地推出了一系列相关产品。例如，欧特克公司（Autodesk）开发的 Fusion 360、Ultimate、Alias、ReCap Pro 和 Meshmixer 等，参数技术公司（PTC）发挥云计算力量的 Creo（Pro/E），达索系统公司（Dassault Systems）的核心产品SolidWorks，澳汰尔公司（Altair）提供的 SolidThinking，以及西门子公司（Siemens）研发的 SolidEdge、NX 等，可谓百家争鸣，层出不穷。

5.3　各环节的大规模个性化定制

5.3.1　面向大规模个性化定制的设计技术

1. 面向大规模个性化定制的设计技术概述

面向大规模个性化定制的设计技术是实现大规模定制的核心和源头，其充分考虑到零部件以及工艺过程、工艺装备的可重用性，尽可能减少零部件以及工艺过程、工艺装备的种类。大规模个性化定制对设计技术的主要要求是：面向整个产品族，而不仅仅是面向单个产品；面向产品全生命周期，而不仅仅是面向产品的开发设计过程。总之，面向大规模个性化定制的设计技术紧紧围绕一个核心问题，即尽可能减少产品的内部多样化，增加产品的外部多样化。

面向大规模个性化定制的设计技术十分强调基于相似性的"简化"和"重用"。此处的"简化"和"重用"既是目的，又是手段，具有十分丰富的内涵，包括产品结构的简化、生产过程的简化和组织机构的简化等一系列内容。面向大规模个性化定制的设计技术赋予产品零部件及其工艺过程和工艺装备更高的相似性，从而为在后继生产活动中重用这些相似性奠定了良好的基础。因此，为获得全面实施大规模个性化定制的综合经济效益，首先应该在设计阶段应用大规模个性化定制的原理。

2. 面向大规模个性化定制的设计技术特点

面向大规模个性化定制的设计技术吸收了成组技术、并行工程、敏捷制造、计算机集成产品工程等基本思想。其主要特点如下：

（1）面向整个产品族，而不仅仅是单个产品　人们在生产实践中发现，产品和工艺过程中存在着大量的相似性，充分利用这些相似性可以实现产品的模块化和标准化，从而减少产品和生产过程的复杂度，提高企业的反应能力和竞争能力。

为了提高产品中相同和相似零部件的比例，并缩短"学习曲线"，面向大规模个性化定制的设计技术主要包括两方面的工作：产品族的建立和产品族的应用。

1）产品族的建立。产品族是由一些功能相似、结构相似或工艺相似的产品组成的。面向大规模个性化定制的设计技术在产品标准化和规范化的基础上，采用有效的产品信息分类编码体系对产品族中的相似性进行描述，并建立可变型的模块化产品模型。在此基础上建立共享的工程数据库，为开发设计人员提供各种标准的设计资源，消除或减少重复设计，以较低成本迅速满足客户的个性化需求。

2) 产品族的应用。针对客户所需的定制产品，设计人员利用产品信息分类编码系统，检索数据库中现有产品和零部件的设计资料，以确定重复使用现有产品和零部件的可能性。其决策过程为：①将产品分解为几个部分，其中一部分对每个产品品种而言是共性部分，而另一些是个性部分，因产品的不同而异；②对共性部分的设计可以利用已有的设计资源；③对个性部分再进一步分解为共性部分和个性部分，直至分解到零件的结构要素为止；④对结构要素的个性部分进行新设计，对个性部分的组合进行新设计。

（2）面向产品全生命周期，而不仅仅是产品的开发设计过程　面向大规模个性化定制的设计技术不仅要缩短产品的开发设计周期、提高产品开发设计质量，还要考虑到缩短产品加工和装配的周期、降低产品加工和装配成本，甚至考虑到减少产品维护和报废后回收所需的时间和费用。所以，要求开发设计人员应该有一种全局观，要考虑到产品的开发设计、制造、管理、销售和售后服务的全生命周期，而不仅仅是产品的开发设计过程。

DFX（Design for Xibility）是面向大规模个性化定制的设计技术的重要组成部分，目前在国外的机械、电子等领域已经从概念走向应用，并积累了许多实际经验且逐步成熟。DFX涵盖的学科较多，涉及产品开发设计的各个阶段，到目前为止，应用较为广泛的是机械领域的DFM（面向可制造性的设计）和DFA（面向可装配性的设计），使机械产品在制造和装配以前就解决了可制造性和可装配性问题，为企业带来了许多效益。

尽管由于该项技术难度较大，其发展速度还无法满足企业对DFX技术日益增长的需求，软件工具的实用性还有待进一步提高。但是，DFX思想已经贯穿整个产品开发设计过程，涉及的领域正不断扩大，已经从DFM、DFA、DFT（面向测试的设计）等发展为DFS（面向后勤支持的设计）、DFE（面向环境的设计）、DFD（面向报废的设计）等。

面向大规模个性化定制的设计技术除了要保证很好地实现产品功能，以及保证加工和装配的经济性以外，还要考虑到定制点后移的可能性。为此，要求开发设计人员在进行产品的开发设计时尽可能简化产品结构，采用模块化的设计方法。这样更容易诊断和隔离生产中的产品质量、成本等问题，并且使这些问题更加容易解决。

（3）对开发设计人员提出了新的要求　在实施大规模个性化定制的过程中，产品开发设计人员的工作方式将会有很大的改变，这对开发设计人员提出了新的要求。这些要求可以归纳如下：

1) 知识面要宽。在传统的制造企业中，开发设计人员所负责的工作范围很窄，仅限于某一两个专业。例如，在机床设计中，机械部分、液压部分或电气部分是被严格地加以区分的，分别由受过不同专业培训的开发设计人员负责。在大规模个性化定制的企业中，为了适应项目组工作，开发设计人员必须是多面手——他们应该是一两个领域的专家，同时又熟悉其他领域的工作，这样才能有效地进行协同工作，并很快与合作伙伴取得对新产品的一致意见。

2）考虑问题范围要广。在大规模个性化定制的企业中，要求开发设计人员将其考虑问题的范围从原先的产品开发设计扩大到生产技术准备、加工、销售、使用和产品用后处置，即产品的整个生命周期。

3）协同工作能力要强。大规模个性化定制的设计技术强调项目组而不是个人独立工作。在这种情况下，开发设计人员必须从原先的个人工作方式转变为团队工作方式。这也需要经过较长时间的培训，有一段很长的适应过程或项目组内部的"磨合"过程。

面向大规模个性化定制的设计过程的主要工作是根据客户的要求，在产品主结构和零部件（包括形状特征）的主模型、主文档基础上，采用变型设计和配置设计等方法迅速设计出定制的产品。在产品族的整个生命周期中，可能会根据技术的发展或产品的使用情况对产品的主结构或零部件的主模型、主文档进行必要的修改，然后在修改以后的产品主结构和零部件的主模型、主文档基础上进行变型设计和配置设计。整个过程一直要进行到产品族的生命周期结束为止。

3. 产品配置设计方法

产品配置作为大规模个性化定制的一个重要组成部分，是实现产品快速定制的核心技术和使能手段。产品配置的基础是模块化和标准化，在此基础上，通过模块间的合理匹配和快速变型，便可以快速地为客户提供个性化产品。因此，产品配置的有效运用和实施对大规模个性化定制的实现具有重要的作用。图 5-5 是基于大规模个性化定制的产品配置设计过程。

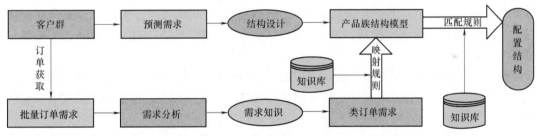

图 5-5　基于大规模个性化定制的产品配置设计过程

产品配置是受客户群驱动的一种设计方法，产品族的开发与建立则是产品配置设计的基础。因此，在客户群与产品族的基础上进行产品配置，是成功实施大规模个性化定制的关键技术。首先，企业的设计人员根据市场调查预测新的客户群和进行新的市场定位，经过合理化的预测需求分析后，便可以针对可能出现的新产品和客户群来确定产品的基本结构。然后，根据结构设计的要求来设计产品族结构模型。为了适应不断变化的市场以及客户需求的动态多样性，企业的设计人员要不断地对需求进行预测以及时更新产品族模型。客户订单是产品配置的源头，为了实现大规模个性化定制的生产方式，企业对一段时间内获取的大批量订单进行集中分析，并应用聚类知识将需求相似的订单聚为一类，形成聚类订单。为了将需求转化成配置模型，此时需要将聚类订单中的需求向产品族结构模型进行映射，以找到适合需求的功能模块以及零部件，最后通过匹配规则将模块和零部件进行组装，形成满足客户需求的产品配置模型结构。

大规模个性化定制环境下的产品配置的一个重要目标是以尽可能少的技术多样性去

实现尽可能多的功能多样性，以产品族作为配置基础实现产品配置知识的共享和重用，准确、快速、低成本地进行设计活动，从而适应动态变化的客户需求。因此，产品配置应该是一个多目标的规划过程。

（1）基于特征匹配的产品配置　特征是含有特定的设计和制造内涵的信息集合，是以形状特征为载体，由尺寸公差、约束及其他非几何属性共同构成的信息集合。基于特征匹配推理的产品配置首先需要建立包含零部件特征信息的产品主结构，并根据客户需求以特征匹配为原则，来实现产品的配置方案生成。由于特征匹配推理过程具有简单、快速的特点，但是其灵活性较差，所以该方法只有在产品具有少数离散选项的情况下适用。

（2）基于规则的产品配置　基于规则的产品配置方法遵循"if条件then结果"的形式，采用前向推理方法驱动客户逐步地得到一个有效的产品配置方案。最早的基于知识规则的配置系统R1/XCON，其数据库包含大约31000个零件、17500条配置规则，并且每年大约有40%的规则发生变化。由于规则具有关联性，当配置知识发生变化，需要修改以规则表示的知识库时，修改工作量较大且复杂。目前的方法包括：①建立约束满意问题方式模型，将产品族组成信息、配置规则、约束及其映射关系表示成语义模型，提高了规则配置的灵活性；②采用规则定制与逻辑推理分离的方法来支持面向产品族群、规则驱动的产品配置；③将配置规则分为结构映射规则、需求约束校验规则和结构约束校验规则，用以表达产品配置规则，完成基于规则推理的产品配置，此方法通过层层规则的约束方法达到了配置的准确性，但是配置效率较低；④将配置模型描述成模型树，在规则集的驱动下逐渐拓展树的分枝，寻找满足要求的模型树，该方法适用于较少的零部件情形，当零部件较多时会降低配置的智能化程度；⑤针对不同层次的客户需求建立合适产品配置设计的规则，并进行逐层检索，该方法有效地缩小了配置求解空间，同时降低了配置求解效率。

由于基于规则的产品配置方法在知识的获取与维护方式、一致性检验、模块化和适应性等方面存在问题，在产品配置过程中将其单独作为配置知识表达和推理的形式有一定的局限性。

（3）基于实例的产品配置　基于实例的推理是一种基于历史经验的问题解决机制，已被广泛应用于多种智能领域，如数据挖掘、智能诊断和图像识别等领域，在产品设计领域也得到了广泛应用。基于实例推理的产品设计原理是将经验知识按一定组织方式存储在实例库中，利用检索实例库得到相似实例，再对其进行重用或修正重用，从而获得当前问题的解；基于实例的产品配置方法以历史客户需求的产品配置实例为基础，通过寻找和调整匹配案例的配置来获得现行问题的配置方案，同时在产品配置中将产品结构特征树和实例推理（Case-Based Reasoning，CBR）技术相结合，生成满足客户订单需求的新产品物料清单（Bill of Material，BOM），降低产品开发成本。该方法适合少量标准化产品的配置，当已有案例较多、搜索案例较费时时，匹配变得困难，往往得不到最佳配置方案，影响配置的效率。

（4）基于模型的产品配置　基于模型的产品配置前提是必须构建一个良好的产品族通用模型，以系统模型为基础，将配置问题描述成功能 - 原理 - 结构信息的映射，实现知识和应用过程的分离。这种方法的显著特点是不依赖已有的配置经验，具有多样性的推理策略和问题求解能力，并具有良好的完整性和通用性。基于模型的产品配置方法提高了鲁棒性、可重用性和可组合性，能够大大提高配置效率。该方法可进一步分为基于逻辑、基于约束、基于连接、基于资源和面向对象的产品配置等方法。

5.3.2 面向大规模个性化定制的营销管理

1. 定制营销的含义

定制营销（Customization Marketing）是指在大规模生产的基础上，将市场细分到极限程度，即把每一个客户视为一个潜在的细分市场，并根据每一个客户的特定要求，单独设计、生产产品并迅捷交货的营销方式。它的核心目标是以客户愿意支付的价格并以能获得一定利润的成本高效率地进行产品定制。美国著名营销学者科特勒将定制营销誉为21世纪市场营销最新领域之一。在全新的网络环境下，兴起了一大批像戴尔（Dell）、亚马逊（Amazon）、宝洁（P&G）等提供完全定制服务的企业。例如，在宝洁的网站能够生产一种定制的皮肤护理或头发护理产品，以满足客户的需要。

2. 定制营销的优势

与传统的营销方式相比，定制营销体现出其特有的竞争优势。

首先，能体现以客户为中心的营销观念。从客户需要出发，与每一个客户建立良好关系，并为其开展差异性服务，实施一对一的营销，最大限度地满足了客户的个性化需求，提高了企业的竞争力。由于它注重产品设计创新与特殊化以及个性化服务管理与经营效率，因此实现了市场的快速形成和裂变发展。在这种营销中，客户需要的产品由其自己来设计，企业则根据客户提出的要求来进行大规模个性化定制。

其次，实现了以销定产，降低了成本。在大规模个性化定制下，企业的生产运营受客户的需求驱动，以客户订单为依据来安排定制产品的生产与采购，使企业库存最小化，降低了企业成本。

大规模个性化定制的目的是把大批量生产的低成本和定制生产以客户为中心这两种模式的优势结合起来，在不牺牲经济效益的前提下，了解并满足单个客户的需求。可以这样说，定制营销将确定和满足客户的个性化需求放在企业的首要位置，同时又不牺牲效率。

最后，在一定程度上减少了企业新产品开发和决策的风险。

3. 定制营销的劣势

定制营销也有其不利的一面：

首先，由于定制营销将每一个客户视作一个单独的细分市场，这固然可使每个客户都按其不同的需求和特征得到有区别的对待，使企业更好地服务于客户；但是，这样将导致市场营销工作的复杂化、经营成本的增加以及经营风险的加大。

其次，技术的进步和信息的快速传播，使产品的差异日趋淡化，今日的特殊产品及服务到明天则可能就大众化了，因而产品及服务独特性的长期维护工作变得极为不容易。定制营销的实施要求企业具有过硬的软硬件条件。企业应加强信息基础设施建设，还必须建立柔性生产系统，柔性生产系统的发展是大规模定制营销实现的关键。

4. 定制营销的形成途径

从营销实施的起点看，传统营销是"非零起点"营销，而定制营销是"零起点"营销。传统营销通常利用较多的库存缩短供货时间；而定制营销的库存较少甚至为零，导致供货周期较长、时间优势不明显。客户在通过定制化获得优质的个性化产品和服务的同时，更希望企业提供的产品和服务准时、快捷，以减少其购买决策的不确定性，降低购买决策的风险。这就要求企业在较短的时间内做出快速的反应。对于实施定制营销的企业而言，即在"零时间"——最短的时间内或者在最准确的时间点上，提供客户所需要的产品或服务，即时满足客户的需要。因此，构建基于时间竞争的定制营销系统对客户满意度、客户忠诚、客户终身价值、客户关系、客户服务价值链的提升有十分重要的意义。因而形成定制营销时间竞争优势的途径就很重要，主要包括以下几个方面：

（1）信息化是定制营销的基础　企业信息化是指企业在科研、生产、营销和办公等方面广泛利用计算机和网络技术，构筑企业的数字化管理系统，全方位改造企业，以降低成本和费用，增加产量与销售，提高企业的市场反应速度及经济效益。定制营销的一个重要特征就是数据库营销，即通过建立和管理比较完全的客户数据库，向企业的研发、生产、销售和服务等部门和人员提供全面的、个性化的信息，以理解客户的期望、态度和行为。在这个网络平台上，企业能够了解每一个客户的要求并迅速给予答复，在生产产品时就对其进行定制。企业根据网上客户在需求上存在的差异，将信息或服务化整为零或提供定时定量服务，由客户根据自己的喜好去选择和组合，形成"一对一"营销。因此，如果没有畅通的信息渠道，企业无法及时了解客户的需求，客户也无法确切表达自己需要什么产品，就无从谈定制营销。互联网、信息高速公路、卫星通信、声像一体化可视电话等的发展为这一问题提供了很好的解决途径，是企业电子商务、网络营销和定制营销的基础平台，即利用信息技术能够提高定制营销的时间竞争优势。

（2）选择合理的定制营销方式　企业要根据自身产品的特点和客户的需求情况，正确地选择定制营销方式，以取得时间优势。一般来说，定制营销方式有以下几种：合作型定制、适应型定制、选择型定制和消费型定制。例如，当产品的结构比较复杂时，客户一般难以权衡，不知道选择何种产品组合适合自己的需要，在这种情况下可采取合作型定制，即企业与客户进行直接沟通，介绍产品各零部件的特色性能，并以最快的速度将定制产品送到客户手中。当客户的参与程度比较低时，企业可采取适应型定制营销方式，即客户可以根据不同的场合、不同的需要对产品进行调整，变换或更新组装来满足自己的特定要求。而当产品对于客户来说其用途是一致的且结构比较简单，客户的参与程度很高时，可以采用选择型定制营销方式。在有些情况下，企业需要通过调查识别客户的消费行为，掌握客户的个性偏好，再为其设计好更能迎合其口味的系列产品或服务，即消费型定制营销方式，如金融咨询、信息服务等行业可以采用这种方式。因此，不同的定制营销方式适用于不同特点的产品，也对应于不同需求的，定制营销要充分考虑自身产品及服务客户的需求差异。

（3）企业的业务外包　业务外包（Out Souring）也被译为外部委托或者资源外包，其本质是把自己做不了、做不好，或别人做得更好、更安全、更快捷的事交由别人去做。业务外包是一种经营策略，它是某一企业（称为发包方）通过与外部其他企业（称为承包方）签订契约，将一些传统上由企业内部人员负责的业务或机能外包给专业、高效的服务提供商的经营形式。业务外包被认为是一种企业引进和利用外部技术与人才，帮助企业管理最终用户环境的有效手段。业务外包的精髓是明确企业的核心竞争能力，并把企业内部的智能和资源集中在那些具有核心竞争优势的活动上，然后将非核心能力部分的业务外包给最好的专业公司。由于发包方和承包方都专注于各自擅长的领域，能以更高的生产效率提供更快捷的产品和服务，取得了时间竞争的优势。例如，通用汽车公司通过采用业务外包策略，把运输和物流业务外包给理斯维物流公司（Leaseway Logistics），自己则集中力量于核心业务——制造轿车和货车，节约了大约10%的运输成本，缩短了18%的运输时间，提高了响应速度和反应能力。当然，这种机制的高效性是以信息技术为基础的，否则，需求放大的信号、需求信息扭曲的"牛鞭效应"就会产生。因此，增强企业之间的信息共享程度，增强决策信息的可获性、透明性和可靠性，以及增强企业间的合作是十分必要的。

（4）构建敏捷柔性的生产制造系统　敏捷制造（Agile Manufacturing）这一概念是1991年美国理海（Lehigh）大学艾科卡（Iacocca）研究所提出的。敏捷制造的特点如下：

1）敏捷制造是信息时代最有竞争力的生产模式之一。它在全球化的市场竞争中能以最短的交货期、最经济的方式，按客户需求生产出客户满意的、具有竞争力的产品。

2）敏捷制造具有灵活的动态组织机构。它能以最快的速度把企业内部和外部的优势集中在一起，形成具有快速响应能力的动态联盟。

3）敏捷制造采用了先进制造技术。敏捷制造一方面要"快"，另一方面要"准"，其核心就在于快速地生产出客户满意的产品。

4）敏捷制造必须建立开放的基础结构。定制营销企业要构建敏捷制造系统，关键要从生产运作管理入手，完成生产经营策略的转变和技术准备；适当的技术和先进的管理能使企业的敏捷性达到一个新的高度，如先进加工技术、质量保证技术、零库存管理技术以及MRP Ⅱ/ERP等。另外，为满足客户个性化的需求，企业的生产装配线必须具备快速调整的能力，使企业的生产线具有更高的柔性和更强的加工变换能力，从而使生产系统能适应不同品种、式样的加工要求。

总之，定制营销企业要想在竞争中取得优势，时间竞争是其不可回避的问题。企业通常需要对上述几种策略进行整合，以获得定制营销的时间优势。

5.3.3　面向大规模个性化定制的生产管理

1. 面向大规模个性化定制的生产管理的特点

大规模个性化定制是一种以客户为中心的制造，它要求企业能够迅速地响应客户的个性化需求，及时将产品交给客户，有效地管理产品的品种变化，所有这些工作都是在一个敏捷的集成组织中完成的。大规模个性化定制企业的产品品种多，所涉及客户和供应商的数目巨大，海量的数据对生产管理提出了新的要求。面向大规模个性化定制的生产管理的主要特点如下（见图5-6）。

（1）客户信息的细化和有效管理　客户信息的细化和有效管理的目标是：充分了解客户需求；为客户提供更好的"一对一"服务。主要方法是：建立客户关系管理（CRM）系统；建立客户信息数据库；采用数据挖掘技术等。

（2）供应商信息的细化和有效管理　供应商信息的细化和有效管理的目标是：充分了解供应商的历史信息；掌握供应商的生产进度；在产品中大量采用质优价廉的零部件。主要方法是：建立供应链管理系统；建立分布式生产计划系统等。

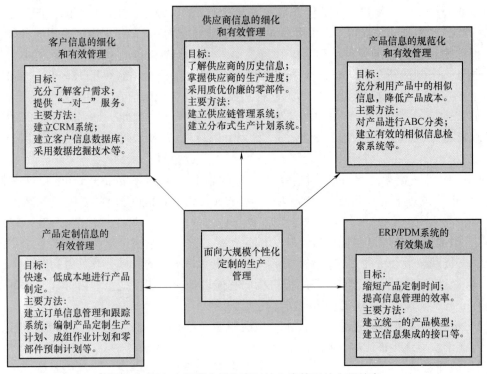

图 5-6   面向大规模个性化定制的生产管理的主要特点

（3）产品信息的规范化和有效管理   产品信息的规范化和有效管理的目标是：充分利用产品中的相似信息；降低产品成本。主要方法是：对产品进行 ABC 分类；建立有效的相似信息的检索系统等。

（4）产品定制信息的有效管理   产品定制信息的有效管理的目标是：快速、低成本地进行产品定制。主要方法是：建立订单信息管理和跟踪系统；编制产品定制生产计划、成组作业计划和零部件预制计划等。

（5）企业资源计划（ERP）系统与产品数据管理（PDM）系统的有效集成   ERP/PDM 系统的有效集成的目标是：缩短产品定制时间；提高信息管理的效率。主要方法是：建立统一的产品模型；建立信息集成的接口等。

2. 面向大规模个性化定制的生产管理的方法

随着信息技术和管理技术的不断发展，出现了一些新的管理思想和管理方法，如准时制造、粗生产计划管理等。企业在实施大规模个性化定制过程中可以根据自己的需要，不同限度地采用这些方法。

（1）准时制造   准时制造（Just-in-Time，JIT）是日本丰田汽车公司发明的管理方式。其特点是生产计划系统只给最终装配线下达生产计划任务，由装配线开始一级一级地向前分解，从部件、零件、在制品、毛坯直至原材料。后道工序只在必要时才到前道工序领取必要数量的在制品，且前道工序生产的在制品数等于被取走的在制品数。准时制造系统的控制流程如图 5-7 所示。

准时制造的核心就是消除来自库存和生产运作过程中的浪费。准时制造系统是一个"拉动"系统，即上一道工序的加工品种、数量和时间由下一道工序的需求确定，零部件供应商的交货品种、交货数量和交货时间根据生产组装线的进度和需求来确定。

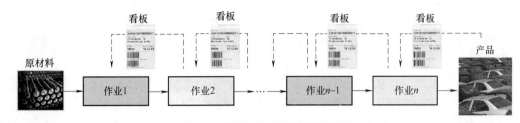

图 5-7　准时制造系统的控制流程

"看板"是实现准时制造的主要工具，通常情况下可以将其分成"领取看板"和"生产指示看板"两类。在领取看板上记载着后道工序应该从前道工序领取的产品种类和数量；生产指示看板也称准备看板，指示前道工序必须生产的产品品种和数量。为了顺利地实施看板管理，丰田汽车公司总结了五项规则：

规则 1：后道工序必须只按所必需的数量，从前道工序领取必需的物品。

规则 2：前道工序仅按被领走的数量生产被后道工序领取的物品。

规则 3：绝对不将不合格品送到后道工序。

规则 4：必须将看板的数量减少到最小。

规则 5：看板必须适应小幅度的需求变化（通过看板对生产进行微调）。

实施准时制造需要具备以下先决条件：

1）需要一组设备，能加工小批量、变化相对较小的产品，且其生产能力略有富余。

2）工件装卸速度要快，从而能经济地生产小批量产品。

3）最大限度地避免工作中断。这需要高水平的预防性维护能力，把潜在问题消灭在萌芽状态之中，并通过全面质量控制来减少废品和修复件的数量。

4）多面手式的高素质工人。工人不仅要一人看管一台以上的机器，而且还要利用机器自动工作时间进行离线的生产准备活动。

显然，准时制造的理念可以不同限度地应用于按库存生产（MTS）、按单装配（ATO）、按单制造（MTO）、按单设计（ETO）和按单研发（RTO）等不同的大规模个性化定制模式。当然，在大规模个性化定制中，将进一步扩展准时制造的实施范围和一些具体的做法，包括在供应链中实施准时制造等。

（2）粗生产计划管理　对于复杂产品的大规模个性化定制，特别是对于 ETO 和 RTO 的复杂产品，其生产计划的编制具有一定的难度。因为当对客户的需求进行产品报价时，一般还不知道该产品的准确结构，产品中的很多零部件还未设计出来，产品的物料清单（BOM）是不完整的，所以还不能使用通常的物资需求计划（MRP）方法处理订单。对于 ETO 和 RTO 的复杂产品，从接受客户的订货到形成准确的 BOM，这段时间大约占整个产品生产周期的一半。这就是说，通常的 MRP 方法只能适用于生产周期的后半部分。为了解决这些问题，可以采用粗生产计划管理系统来管理生产周期的前半部分，形成粗生产计划、生产计划和作业计划三层计划模式。

产品的粗生产计划是在合同签订过程中或合同签订以后，由经营计划部门根据该产品的交货日期以及企业的生产负荷，按照均衡生产原则安排出各关键零部件的生产计划日程。编制粗生产计划的主要步骤如下：

1）确定"压缩"的部件构成表。在制订当前产品的粗生产计划时，需要使用"压缩"的部件构成表，简称"产品粗结构"。产品粗结构中包括经过 ABC 分析后得到的生产周期长、生产成本高、制造技术难和对产品交货期影响较大的重要零部件（一般不超过 100 个）。

2）选择参考产品。从合同洽谈一直到技术准备完成之前，产品的 BOM 是不完整的，当然也无相应的技术数据、工艺数据和作业的周期数据。因此，需要从已经生产过的同类或相似产品中挑选一个"最接近"当前产品技术条件和要求的产品，作为编制当前产品粗生产计划的参考产品。

3）编制粗生产计划。编制粗生产计划时，先根据当前产品与选定的参考产品之间差别程度的估计，赋予相应的难度系数值，并按此难度系数来修正参考产品的工艺数据和作业周期，再按产品的交货期、产品粗结构和修正后的作业周期，倒排其生产进度计划，算出其关键路径及其有关各工序的最早开工期和最迟完工期，其中也包括技术准备的计划日程。

4）计算当前产品的预估负荷。按步骤 3）编制产品粗生产计划时，使用难度系数修正参考产品的工艺数据，并以此来计算当前产品的粗生产计划在各工位组的负荷。

由于难度系数是一个估计值，因此，参考产品的工艺数据用难度系数修正后作为当前产品的工艺数据，并按此算出的负荷只能是一个估计值，称为当前产品的预估负荷。

5）生成负荷 - 能力平衡表。将当前产品的预估负荷与所有正在生产的合同产品所对应的负荷（简称老负荷）按工位组叠加，形成各个工位组的总负荷，并将此总负荷叠合在对应工位组的能力曲线上，以形成各工位组的负荷 - 能力平衡表。

当负荷与能力不相平衡时，或者修改当前产品的交货期，或者选择当前产品中的某些零部件作为外协件，并重新执行步骤 3）~5），直到负荷和能力基本平衡为止。此时的粗生产计划经认可后，才算正式编定。

6）重新计算当前产品负荷。在步骤 4）按难度系数和参考产品的工艺数据计算得到的负荷只能是一种预估性的负荷，其精确程度是有限的。在当前产品的技术准备完成后，其 BOM 已经产生，工艺数据也已补全，这时较精确地计算当前产品负荷的条件已经具备。此时应该按照当前产品的 BOM 和工艺数据，结合其粗生产计划，重新计算其负荷，并将此负荷归并到老负荷上去，其预估负荷则随即从预估负荷数据库中被清除。

粗生产计划一旦编定就不再修改，在其规定的时间节点限定下编制生产计划。

在产品粗结构基础上编制而成的粗生产计划不但用作毛坯和原材料采购的依据，还起着协调和控制产品总体设计及产品详细设计进度的作用，一直到技术准备完成、完整的 BOM 产生。此时，可以在粗生产计划规定的时间节点限定下编制生产计划和作业计划。三层计划模式特别适用于 ETO 模式，如果能够按零部件组织生产，则得到的效果更佳。

5.3.4   面向大规模个性化定制的供应链管理

由于产品之间的技术差别越来越小，企业竞争的重点已经由产品本身转移到了与其相关的外部服务上。一个企业如果能够在更短的时间为客户提供更丰富的服务而成本又不高于同行业其他竞争者，那么它就能立于不败之地。在这样的环境下，密切供应链中各成员间的关系将极大地增强合作者的竞争优势。

表5-1对传统供应链与面向大规模个性化定制的供应链进行了比较。

表5-1 传统供应链与面向大规模个性化定制的供应链的比较

项目	传统供应链	面向大规模个性化定制的供应链
背景	市场比较稳定，大批量生产	市场竞争加剧，不确定性增加，定制生产
中心	以制造为中心	以客户为中心
供应链的构成	企业对客户需求进行预测，根据预测结果组织供应商一起制造产品，然后等待客户购买产品	源头是客户，客户可以根据个性化需求选择、组合最有价值的产品或服务；客户是供应链的核心，环绕在核心之外的是销售公司，起客户与供应商之间的纽带作用，包括取得信息、维持关系和提供服务等；最外围的是制造企业，执行采购、制造、装配与运输等功能
销售观念	将商品"推向"客户	通过客户的实际需求来"拉动"产品的生产或服务
目标	提高生产率，降低单件成本，提高产量	以满足客户的需求为目标，一切活动围绕客户的需求展开
方法	在制造和消费之间建立库存机制以不中断"推动"过程	基于互联网的供应链管理方法，延迟、快速响应法，有效客户响应法等；注重企业与外部企业的联系与合作，建立供应商、制造企业和零售商等之间的伙伴关系，培植企业生态文化，树立"双赢"理念
涉及的企业领域	供应、生产计划、后勤和财务	设计、供应、生产计划、后勤、财务和客户服务
供应链成员间的关系	关系比较稳定，主要是买卖关系；线性关系	关系变化较大，相互间除买卖关系外，有更深层次的关系，如技术、企业文化等方面的关系；非线性关系
供应链覆盖的范围	面向周围局部地区	面向全球

5.4 案例

5.4.1 家电行业

我国家用电器行业属于日用消费品传统行业，具有竞争激烈、市场化程度较高等特点。在经历了价格、广告与品牌等不同形式的竞争后，空调、冰箱、洗衣机等主要家用电器产品的产业集中度达到70%以上，家电企业的家电产品在性能、技术等方面已经比较成熟。企业之间的竞争逐渐从产品竞争转向服务竞争，家电产业的竞争格局也在发生变化。

为满足消费者需求，家电企业尝试由大规模生产向定制化生产转型，家用电器行业个性化定制日益发展。目前，理论界从需求交互、供应链管理、产品设计、产品制造、产品营销等不同角度对个性化定制新模式进行了深入的探讨与研究，取得了一定的理论成果。在家电企业中，仅有少数龙头企业搭建了需求交互平台，完成了生产线的数字化改造，实现了企业级的多系统集成，并实践了多品种小批量的家电产品的定制生产；但是对于大多数中小型家电企业来说，还不具备生产定制产品的能力和条件。

1. 家电行业的四种典型定制模式

（1）系统型定制模式　系统型家电产品本身就具有个性化定制属性，如空气调节系统、新风系统、智能家电系统等都属于此类模式的定制。下面以国内某品牌电器全屋电采暖个性化定制产品为例，阐述系统型家电产品的定制过程。

该品牌推出的全屋电采暖系统特点主要包括：①制热效率不受环境温度影响，在极端天气下仍可正常运行，长效稳定；②系统调节响应速度快，可满足各种复杂的采暖需求，使用灵活；③能够实现以不同用户对象和时间跨度为计量条件的能耗统计，准确计量；④散热终端与温控系统无线连接，智能温控设备感应室内真实温度，同时，可实现通过App远程控制室内散热终端，智能高效。通过此类产品，企业可以针对每个家庭不同的户型和个性化采暖需求，定制专属采暖方案，精准满足用户对采暖系统的需求。

个性化定制的过程是从销售环节开始的。对于家庭用户，销售工程师会上门进行现场测量，并与用户沟通家中采暖的运行方式，制定合理的采暖解决方案；对于工程用户，工程技术人员会与该项目的设计、施工方对接，根据不同建筑的使用特点以及工程项目的实施进度，制定相应的配置及施工方案。使用过程中还可根据天气变化、生活习惯选择性开关，达到节约能源的目的。

可以看出，对于此类定制，可灵活重构的模块化配置产品是实现个性化定制的前提，同时，智能化特性增加了产品可定制的维度；其次，这类定制对交互的需求在产品配置生产之前，需要消费者与企业进行充分的需求沟通和信息确认。

因此，针对系统型家电产品的定制模式，企业应重视产品的模块化、智能化技术的研发，为用户提供更多、更实用的定制化方案；其次，企业应建立健全标准化管理制度，对产品设计、需求分析、安装服务等进行规范。企业的设计人员依据规范化的标准条款，参与"需求分析""产品设计""安装服务"等全环节，将用户的需求内化为个性化定制的产品。

（2）模块化定制模式　模块化定制模式是指厂家向消费者提供可选择的定制方案，在交互平台上，消费者根据需求选配适用的机型并确认下单，厂家根据实时收到的订单及约定进行定制生产。下面以某品牌的"初见青春"系列定制洗衣机为例，阐述此类定制过程。

基于模块化设计方法，厂家向消费者提供了可选择的定制方案，包括公斤段、功能、整机颜色、门外观、门颜色等选项，可组合出上百种不同型号的洗衣机产品，并在该品牌官网上发布了这款洗衣机的定制入口。消费者可以根据外观、功能、价格等参数选择适用的定制产品。

定制洗衣机在一定程度上满足了消费者的个性化需求，是个性化定制家电产品的有效尝试。从这一示例中也可以看出，如果企业能够将模块化选配方案进一步细化，针对消费者更关心的尺寸、功能等参数指标进行模块划分和产品平台搭建，则"有限"的定制就能够在一定程度上满足"无限"的消费需求。

此类定制的技术难点包含以下几个方面：

1）需要企业对产品的全生命周期进行管理，采用平台化、模块化、标准化的设计方法，通过超级 BOM 管理技术，实现多品种小批量的个性化产品开发。

2）配置后的产品型号多达上百种，产品的质量评价和市场准入是一个繁杂的过程。目前，上述示例中该品牌提供的可选方案中，仅有简单的功能选择和外观颜色变化，对产品的关键质量指标如安全、性能等不会造成显著影响，企业可以提前对配置出的各类机型进行质量认证。但是，后期如果个性化需求涉及产品尺寸、功能等多项因素，则不同配置的产品其质量特性也不相同，测试过程中产生的时间和费用成本不能完全转嫁到消费者身上。因此，对单一定制产品的质量评价方法尤为重要。

3）柔性制造和供应链管理技术也是个性化定制得以实现的关键技术条件：面对各类复杂多变的装配工艺参数，需要企业具有柔性程度较高的生产线，来完成不同型号产品的混线生产；面对不同的装配零部件，需要企业建立完善的供应链管理系统，以实现关键零部件的按单配送。

（3）电商平台定制模式　除了家电制造企业外，很多电商平台也在开展定制化生产。例如，阿里巴巴包下了美的、九阳、苏泊尔等 10 个品牌的 12 条生产线，专为天猫特供小家电。阿里巴巴通过多年积累的消费数据，从价格分布、关键属性、流量、成交量、消费者评价等维度建模，挖掘出功能卖点、主流价格段分布、消费者需求、增值卖点等，来指导厂家生产线的研发、设计、生产、定价，以定制消费者需要的产品。

但是，电商平台收集的数据与实际需求之间有一定的偏差，如消费者购买行为的多样性、从众性和产品选择的盲从性，都会使实际需求产生变化，依据这些数据做出的产品会产生大量的大路货、便宜货。厂家为了获得利润，也会将产品的配置做到极简，将成本压至最低，从而变相损害了消费者利益。

对于此类定制，应利用大数据技术对消费群体和消费需求进行准确的深入挖掘，从而帮助厂家对产品设计、功能、外观等进行调整，实现消费需求的多样化供给。

（4）消费群体定制模式　消费群体定制模式是指家电市场上出现的为满足消费群体特定需求而定制的家电产品。这些产品将消费群体的需求信息反映到生产链，使产品设计、生产、销售的目标更加明确、精准，进而使用户成为主导新市场的核心。

这类模式的主要特点是消费者能够与企业进行联合创造和协同设计，并从一开始就参与到创新的快速迭代、双向创造和设计中。此类定制的本质是对用户需求进行了精细化划分。其优势在于既能够对现有产品进行持续改进，又能够根据用户需求开展新产品的发明和创新，便于后期的大规模推广。

这类定制的技术难点在于，开发出的新型号产品往往具有独创性，因此在质量评价和关键性能指标测试方面存在方法和标准缺失的问题。对此，需要企业建立完善的标准化体系，并积极参与标准化工作，积累标准和测试方法，通过制定科学的企业标准或团体标准，来快速满足新型产品的质量评价需求。

2. 海尔集团大规模个性化定制

互联网时代，用户需求日益个性化、多样化，为了快速满足用户需求，海尔从两化融合、互联工厂到智能制造、工业互联网，通过不断实践和升级，率先搭建了拥有中国自主知识产权、全球首家引入用户全流程参与体验的工业互联网平台——COSMOPlat（见图 5-8）。COSMOPlat 的核心是采用以用户体验为中心的大规模定制模式，为企业提供智能制造转型升级的大规模定制整体解决方案，助力企业实现由大规模制造向大规模定制转型，最终构建企业、用户、资源共创共赢的新型生态体系。

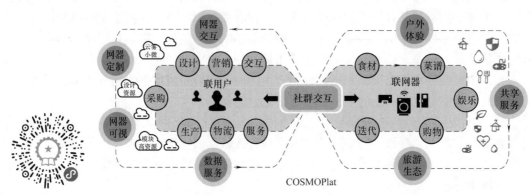

视频　　　　　　　　　　　　　　　图 5-8　海尔集团的大规模个性化定制平台

COSMOPlat 大规模定制构建了开放共享的工业生态体系。这个生态体系的中心是在用户端，用户信息及订单需求通过前端的海尔定制体验平台等端口直接传递到工厂，生产线上的每一台产品都是有用户（客户）信息的。在产品端，用户与智能网器产品的交互使用过程，让用户的体验可以随时反馈回企业全流程各节点，集成相应的用户操作大数据，企业会根据用户反馈加快产品的迭代。在整个流程中，不仅用户全流程参与，与用户实时互联的还包括各个资源方，从研发设计商、供应商到物流商，通过全流程、全供应链整合实现企业价值和用户价值的倍增。

3. 海尔集团大规模个性化定制系统的结构

大规模个性化定制的核心之一是为了解决需求侧用户专业知识不足和用户需求不明确的问题，通过提升用户能力来实现用户场景体验和产品的闭环。大规模个性化定制模式是超越单一环节的思考，从全流程上实现用户体验价值，且用户体验价值不是静态，而是动态的、持续迭代的。如何通过提升用户能力来解决这两个问题，这就体现大规模个性化定制模式的核心——以用户为中心。通过建立企业 - 用户 - 产品实时互联的平台，用户可以在平台上实时表达符合自身个性化的需求，企业通过已有连接产品或者用户场景积累的大数据，结合用户提出的需求进行智能整合，生产预测场景的产品再与用户实时交互，让用户参与进来，用户在平台上也拥有了专业知识，与设计师沟通而形成满足用户需求的产品模型。大规模个性化定制模式创造用户价值，它不是简单的人与机器、产品的互联，而是实现人与人之间的互联。

大规模个性化定制模式与大规模制造模式的区别在于：完成协同设计与协同制造，需要打通全流程各节点系统进行横向集成，实现用户全流程参与。横向集成在技术上需要搭建以用户为中心的研发、制造和销售资源创新协同与集成平台，构建工业智能领域资源云端生态模式。通过社群交互将用户碎片化、个性化需求合并整合成需求方案，同时设计师与用户实时交互并通过虚拟仿真不断修正形成符合用户需求的产品，用户参与智能制造全过程（质量信息可视、过程透明）并驱动各攸关方进行升级，实现企业 - 用户 - 产品的实时连接，通过场景定制体验创造用户价值，使用户需求不断迭代，实现智慧生活的生态，同时将用户变为企业的终身用户（见图 5-9）。

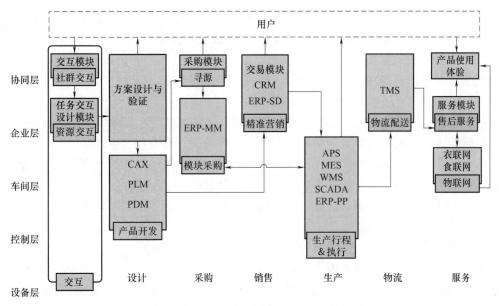

图 5-9　COSMOPlat 大规模个性化定制系统

4. 海尔集团大规模个性化定制案例的特点

海尔依托 COSMOPlat，实践着从大规模制造向大规模定制转型的战略目标，COSMOPlat 大规模个性化定制模式的变化体现在以产品为中心到以用户为中心的转变，在企业内部实现了研发、制造、营销三大模式的颠覆（见图 5-10）。通过这种转变，不仅有效地解决了用户碎片化需求与生产端高效率不可兼得的矛盾，同时也驱动企业在研发、制造等全流程中的竞争力持续提升。

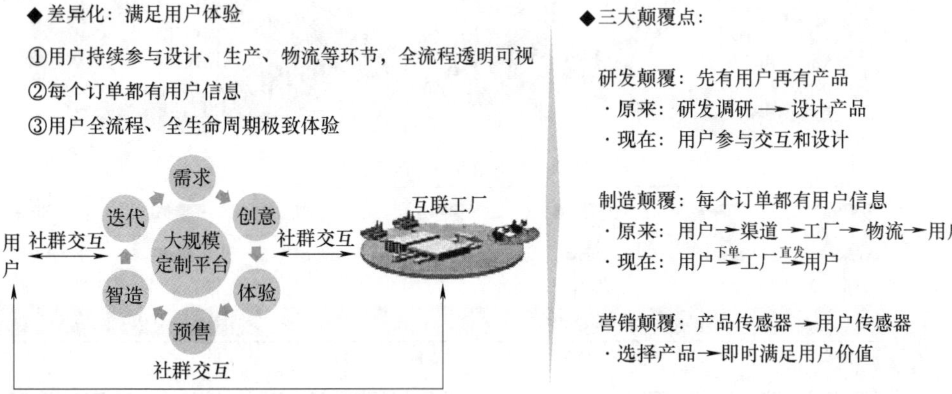

图 5-10　COSMOPlat 大规模定制转型颠覆点

（1）研发模式的颠覆　由瀑布式到迭代式，即先有用户再有产品。传统的研发模式称为瀑布式研发，呈现调研、研发、市场三段瀑布状，传统的研发就是企业闭门研发出产品再推销给用户，即先有产品再有用户；而迭代式研发一切以用户需求为核心，先有用户再有产品，解决了产品生产出来卖不出去的问题。

海尔通过汇集全球网络资源在平台上与用户零距离交互，"世界变成我的研发部"，并将用户的需求送达全球研发专家和资源，共同提供方案满足用户需求。海尔迭代式研发不仅实现了用户深度参与，满足了用户的需求，而且研发周期大大缩短。

（2）制造模式的颠覆　用户下单到工厂，工厂直发到用户。传统制造是大规模统一、标准化的库存生产；现在是用户需求驱动的柔性化生产的，生产每台产品都有用户信息，是为用户生产的，产品可不进仓库直发用户。

基于 COSMOPlat 赋能，海尔实现全流程数据链贯通：用户订单下达后，信息直达工厂进行智能排产，同时用户定制信息并行传达至模块商、设备商、生产线等，进行模块采购及加工；生产线根据用户订单进行柔性总装，对标准化模块采用大规模流水线生产、对非标准化模块采用柔性单元作业方式，生产进展及过程透明可视；用户订单完成后直发用户，真正做到以用户订单驱动智能生产。在这种模式下，从用户提需求到交付，海尔均可快速响应，交付速度大幅度提升。

（3）营销模式的颠覆　由传统的顾客经销到用户交互模式。

海尔的营销转型旨在打造聚焦"诚信生态，共享平台"的线上店、线下店、微店"三店合一"的社群经济生态平台，整合海尔集团前端的产品研发、生产资源和后端的物流配送、服务资源，为用户提供差异化的产品和服务。

5. 海尔集团大规模个性化定制的生态体系

COSMOPlat 大规模个性化定制构建了开放共享的工业生态体系。这个生态体系的中心是用户，交互、设计、营销、采购、制造、物流、服务七大节点都是与用户并联的。在全流程中，所有的内外部资源都同时参与用户交互，全流程、全周期为用户提供服务（见图 5-11）。

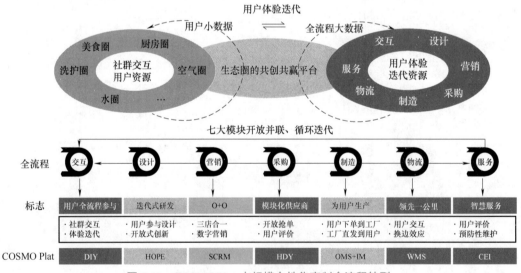

图 5-11　COSMOPlat 大规模个性化定制全流程转型

从大规模制造到大规模个性化定制，对交互、设计、营销、采购、制造、物流、服务全流程节点的业务模式进行了变革，输出了七个可以社会化复制的系统应用。这些应用一方面可以帮助企业实现开放、跨界的协同，提升企业精准交互用户、实现外延式创新的能力，实现高精度；另一方面可以通过信息集成共享，提升企业柔性制造和响应速度等内在的能力，实现高效率。另外，大规模个性化定制转型不是简单依靠某些系统就可以实现，而要从流程、组织、体系上全流程进行变革。

5.4.2　服装行业

1. 酷特智能的大规模个性化定制案例

青岛酷特智能股份有限公司（以下简称酷特智能）创建于 1995 年，旗下有"酷特云蓝""红领"等子品牌。起初与传统服装制造行业一样，批量生产单一款式版型的服装。公司敏锐感觉到未来行业的方向，早在 2003 年就开始研究"互联网＋工业"模式，并向定制化方向转型。历经 10 余年努力，投入 3 亿元以上做"大规模个性化定制"，运用大数据、云计算、物联网、智能化的方式，建立了个性化、差异化、数字化的服装全定制工业化流水线生产模式，提出个性化定制的全程解决方案。不仅通过数据建模实现"一人一版"，且在工艺上实现个性化定制，让消费者成为服装设计师，同时在流水线上实现大规模工业化生产，无论来自哪个国家的订单，从量体、定制、排程、生产到出厂，全过程交付时间只需要 7 个工作日，产量则提升至每天 4000 套。

当同样款型的衣服从流水线上被生产出来，去量体裁衣、私人定制后便成了"奢侈品"。红领集团总裁张蕴蓝认为"顾客对品牌没有忠诚度，只对自己的风格有忠诚度"。酷特智能作为国内首家规模化定制服装的企业，正在将私人定制规模化，让更多人穿上富有个性的定制服装。

从红领集团定制一款服装，首先要用手机下载一款名叫"魔幻工厂"的 App。通过"魔幻工厂"，顾客可以挑选服装款式，对不喜欢的款式在 App 上模拟修改，设计完成后通过店面预约进行量体裁衣，量体完毕之后下单，进入工厂环节，而目前工厂制版只需 1分钟，之后即可进入制作生产环节。从下单环节到顾客收到衣服，一般经过 10 个工作日即可。

在张蕴蓝看来，所谓个性化定制，"从服装角度出发，一是从款式方面来讲，消费者可以像设计师一样设计自己的款式；二是从版型方面来讲，为每一个消费者打造一个版型，这种版型可以起到掩盖人体不足、发挥人体优势的作用。"

因为"顾客只对自己的风格有忠诚度"，所以在"魔幻工厂"里有众多系列，每个系列由专业设计师推出非常多的专业款式供顾客挑选；或者由基本设计师推出基本款，顾客可以修改；又或者顾客对自己很有信心，完全可以选择一个版型从零开始设计，同时可以邀请好友多人在线同屏设计，共同完成这件作品，让它变得好玩且有意义、有情感。张蕴蓝认为互联网让个性化定制成为一件有情怀的事。个性化有广泛的需求，满足消费者需求的过程，即是企业转型的过程。

2. C2M 模式倒逼 M 端转型升级

其实，比"魔幻工厂"更早的是红领集团率先在国外推出的"酷特智能 C2M 商业模式"，这是一种运用大数据和云计算技术构建顾客直接面对制造商的个性化定制平台。张蕴蓝说："C2M 就是将消费者和厂家直接对接，打造一个工厂直销平台。"

在 C2B（消费者对企业）时代，消费者大多通过网络平台发起的定购活动参与定制，因此 C2B 的成果往往是家电、电子产品等适合微调的批量化生产产品。而在 C2M 中，要实现以 C 端为原点、按需生产的逻辑，M 端就必须具备互联网时代的生产能力。张蕴蓝强调，C2M 的关键点在于打造一个能够真正生产个性化需求且高效率运作的 M 端。这种 M 端的打造离不开三个重要举措：

（1）简单实用的量体法——"坐标量体法"   在红领集团 C2M 模式中，顾客通过客户端预约量体，获得自己的量体信息。将这些数据录入平台系统后（如果是老客户，系统将自动保存客户档案），顾客就可以选择自己对款式、工艺、风格等个性化设计的要求，对面料花型、色系、肩型、驳头型、胸口袋等 100 多项款式做出选择，并预定自己喜欢的里料、刺绣和面料标等设计细节。当然，C2M 客户端自带的设计系统也会给予用户专业的设计建议。

这些均建立在准确的量体数据之上。据了解，在 C2M 模式中，红领集团研发出一套具有自主知识产权的"坐标量体法"。具体做法是用一把尺子和一套量体工具（肩斜测量仪）在人体上找坐标：肩端点、肩颈点、第七颈椎点和中腰水平线，形成三点一线的"坐标量体法"。以点对点简量体之后，定制平台客户端页面上会展示出一个 3D 模型，通过立体模型，顾客可以细致地观察款式颜色、细节设计、布料材质等。与此同时，酷特智能系统会将顾客提交个性化的信息变成标准化数据，直接传入工厂订单平台进行排单。

（2）数据驱动的业务模式   C2M 的核心竞争力是打造一个智能化的工厂运行体系。在红领集团的智能工厂工作线上，每一件衣服都不一样。张蕴蓝谈到，目前智能工厂已经拥有 210 万条数据，十多年积累的人体数据非常精准，使工厂的衣服很直观，数据驱动业务的模式让整个运行体系非常流畅。

数据化驱动和网络化运作还对产品定制、交易、支付、设计、制作工艺、生产流程、后处理到物流配送、售后服务全程跟踪。通过数据建模，智能工厂能在一分钟内完成"一人一版、一衣一款"，在所有细节上达成个性化定制，在流水线上做到大规模工业化生产。

（3）以消费者为主的按需生产   通过打造这样一座信息化的大规模定制工厂，酷特智能将 C 端的百万种款式和设计等最终都归结为 1 和 0 的组合。正是在这个前提下，酷特智能 C2M 平台才能真正具备"以消费者的需求驱动制造"的能力。

其"按需生产"体现在两个层面：一方面，将产品拆分为细分模块，如纽扣、花纹颜色、面料种类、领口形状等，按照顾客的订单需求进行生产，实现真正的个性化定制生产；另一方面，顾客下单后工厂才进行生产，下一单生产一单，从而实现零库存，减少 M 端资源浪费，而 C 端顾客购买衣服也无须再分摊库存成本。这种基于大数据为核心的大规模个性化定制，让红领集团成为全球第一家完全实现西装 100% 定制的公司。

3. C2M 大规模个性化定制模式

酷特智能将服装大规模个性化定制的实践经验进行提炼，总结出一套智能制造解决方案。通过工程改造，可以实现酷特智能模式的 C2M 商业生态，实现消费者（C 端）直接驱动制造（M 端）的工业级直销平台模式，实现用工业化的效率和手段制造个性化的产品，打造健康、诚信、高质、高效、高收益的互联网工业模式。以下对 C2M 大规模个性化定制模式的总技术路线及系统结构进行展示（见图 5-12 和图 5-13）。

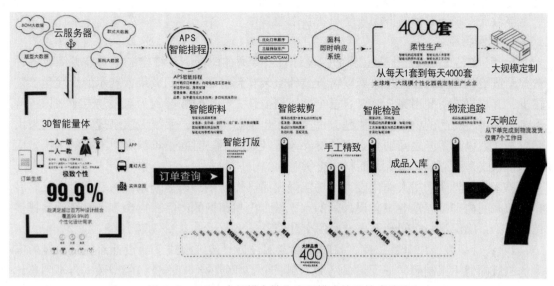

图 5-12 C2M 大规模个性化定制模式的总技术路线

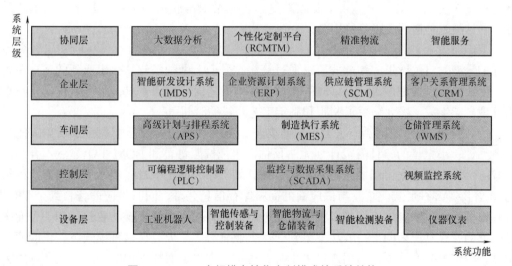

图 5-13 C2M 大规模个性化定制模式的系统结构

个性化定制平台（RCMTM）位于系统层级的协同层。RCMTM通过"3D立体设计师＋着装顾问"的服务机制全程为客户提供从选面料到选款式工艺的即时设计方案，从而让客户直接看到最直观的展示效果。与传统的手工裁缝店作坊相比，RCMTM拥有强大的订单数据处理中心，来自全球的客户只需通过一台个人终端（PC、IPAD及智能手机），轻点鼠标或按钮即可解决所有问题。RCMTM会给客户带来五大体验：

体验一：着装顾问配合3D设计即时进行产品研发。

体验二：方便快捷的支付结算。

体验三：多品类产品在线定制一站式服务体验。

体验四：物流配送全球网络体系。

体验五：私人衣橱的搭配攻略与着装指导。

4. 案例特点

1）需求交互：人性化交互界面，设计自己专属的时尚。传统定制由着装顾问将各种款式图册给到客户，客户想象着模特款式的服装穿到自己身上的效果，展示的个性化工艺较少，客户很难搭配出完全符合自己个性风格的款式。有时顾客因为对服装专业知识了解不多，很难将自己的要求描述清楚，许多工艺也是随意组合，系统无法呈现完整模型来供客户确认效果。系统之间缺少必要的交互，着装顾问第一时间很难给客户准确的承诺，比如这个款式是否能生产、有无面料、交货时间等。

RCMTM 界面采用人性化设计，功能强大而操作简单，与多个系统有着信息交互。客户在短时间内即可以专业服装设计师的水平设计出超预期的产品，后台多个系统为其提供信息支持，确保第一时间给客户准确的交互信息。

2）设计研发：海量数据库，瞬时完成专属设计。传统模式下的设计研发是由经验丰富的制版师傅手工制版，一天最多两套。制版全凭师傅的经验，公司版型数据得不到累计和沉淀，技术流失严重。每个订单的工艺由制版师傅单独编写，一人一个方法，没有统一的标准，工艺信息没有数据化的传输模式，导致产品做错返工率高。面对大规模个性化定制一人一个专属版的需求，人工制版的效率、质量根本满足不了每天几千个订单的需求量，而且制版师傅的工资等费用高，企业成本大增。

智能研发设计系统有资源庞大的数据库系统，以工艺代码通过算法匹配出数据库中的标准号型，将关键尺寸和款式要求通过算法在号型上做细部调整，生成新的客户专属版型，生成的版型匹配度高达99.9%；同时，订单工艺设计自动生成，生产流程的质量数字化管理自动生成，极大缩短了制版和制定工艺路线的时间。

3）物料采购：协同供应平台，信息共享、互利共赢。大规模个性化定制需求的物料是多品种、小批量的，且需求计划无法预估，单纯按照订单和 BOM 下单显然不合理。酷特智能与供应商建立协同供应平台，支持按计划下单、固定循环备料（从安全库存批量采购）、客供等多种形式。企业与供应商的面料库存信息共享，同时供应商备料到企业仓库，月底根据耗用过账。供应商可以根据企业近期的面料耗用制订自己的备料计划，企业根据供应商的库存状况采购，一般从下单到送达企业只需 2~3 天。在这种模式下，供应商可以制订较稳定的生产计划，不用按订单小批量送货，省去了面料管理的费用；企业则省去了面料库存资金占用，实现"零库存"。协同供应平台实现了供应上的快速响应，以及信息共享、互利共赢。

4）计划排产：交期优先，多种资源模型择优。人工安排计划无法保证生产的均衡，经常导致车间停产、积压等问题；车间计划跟踪不到位，导致无法按期交货，加急订单、撤单也无法及时协调安排，导致订单的延误或差错。在满足产品交付期的前提下，制订小时计划综合考虑裁床资源模型、缝制资源模型、订单难易结合等，以提高生产效率和降低生产成本。下达投产计划后，物料在何时在何处由何人完成，都有准确的节点时间。

5）柔性制造：数据驱动流水线模式的个性制造。裁剪经历了数次改造：从原来的制纸版——人工按照纸板裁剪；到之后的机械裁床——人工按照订单进行制版，排料给到裁床按照设定的轨道程序裁剪；再到现在的自动制版自动排版——数控裁床自动根据订单号从系统抓取版型图投影到工作台，根据投影轨迹自动裁剪，制版和裁剪的效率得到极大提升。

改造后车间工站按照通用的工序流进行排布，智能吊挂串联起车间各道工序。将订单工艺信息扫描入 RFID 卡，作为产品的身份识别卡随产品从裁剪到成品入库的各道工序，实现数据驱动。智能吊挂识别卡配送到不同车间、不同组，缝制工序刷卡显示本工序相关的工艺信息，质检刷卡显示品质管控信息，成品仓库刷卡显示包装发货信息……一张卡片贯穿了整个生产制造过程，实现流水线式无重复的大规模个性化制造。

6）物流分拣：一体化的智能立体仓库。传统模式仓库成品入库后，暂存于底层货架上，仓库高度有 10m，但实际用到的不足 3m。员工将发货订单打印出来分发到数十位工作人员手中，工作人员在暂存区及地面摆满纸箱的打包区往来奔走，按照订单顺序将配对产品挑选出来打包，每天处理的订单有几千个，可以想象现场的情景。

经过立体仓库改造后，RFID 与物联网技术融合，产品按照发货地点及发货时间自动处置出货路径，自动完成订单产品的配对；后段辊筒线、智能吊挂与包装机、称重机、分拣机配合，自动完成快递发货前的一系列打包分拣动作。

5.4.3　汽车行业

如今用户可以随时随地购车，不仅在 4S 店、大型商场，而且在"互联网 +"的应用下，在移动端 App 都可以进行网购。这种网购不是买成品，而是定制自己喜欢配置的车，然后再进行生产，通过发运才能拿到车。这种新的模式即 C2M（Customer-to-Manufactory），其中文简称为"客对厂"。"客对厂"是一种新型电子商务互联网商业模式，这种模式是基于社区 SNS 平台以及 B2C 平台模式的一种电子商务模式。

在汽车行业，"定制"早已不是什么新鲜事，为了体现个性化和奢华度，很多手工打造的豪华品牌如劳斯莱斯、宾利和迈巴赫，早已能根据客户需求来打造专属车型。此后，随着客户的需求越来越多元化，一些时尚小型车也推出了诸多的定制个性化方案，如出现在《私人定制》剧中的 MINI COOPER 品牌，可为购车者提供内饰、颜色和时尚装备的定制选择。

个性化定制不是高端汽车品牌才有的福利，早在 2010 年，东风日产首家"私人定制中心"便已现身成都，所用装饰部件均通过严格认证并提供质保。服务专员还会在了解客户需求的基础上，推荐合理的装饰方案供客户选择：从最简单的铺脚垫、贴膜，到复杂的影音系统改装等，只要客户有需求，店家就能帮其做到位。据了解，目前在国内市场 10 万 ~50 万元的价格区间已经出现可以个人定制的汽车厂商，一汽大众奥迪更是在其官网上开辟了"私人定制"的先河。

长城汽车在 2011 年开始研究与试探这种模式，2014 年 7 月 11 日，长城汽车率先为用户提供了个性化定制购车的电商平台——哈弗商城。通过哈弗商城，用户可进行线上选车、下单并追踪车辆生产情况，同时可对选购车型的搭配方案进行在线分享和评价。

1. 长安汽车的大规模个性化定制

重庆长安汽车股份有限公司（以下简称长安汽车）是中国汽车四大集团阵营企业、中国品牌汽车领导者，拥有 40 年经验积累，在全球有 12 个制造基地、22 个工厂。长安汽车打造了世界一流的研发实力，连续 5 届 10 年居中国汽车行业自主品牌销量第一。在这一背景下，长安汽车因市场和用户的需求迅速采取行动，于 2015 年 5 月 21 日启动了大规模个性化定制项目，对现有业务管理方式、操作流程等进行了改革和转变，对相关的 IT 系统进行了新建或升级改造，除传统销售渠道外，新增电商网络销售渠道，成为行业内首个天猫汽车旗舰店建设者，进一步推进与落地 C2M 模式，实现交付周期缩短 10 天。通过个性化定制的实施，长安汽车不仅开拓了新型消费市场，还有效降低了库存，资金周转期也随之缩短。长安汽车于 2016 年在小型 SUV 领域也迈出了个性化定制的步伐，用户可通过长安电商平台选择适合自己个性化要求的产品配置，而产品配置多达 20 多种个性化选配，为用户提供了不同的购车体验。2020 年 3 月，长安汽车正式发布新序列"引力"的首款车型 UNI-T，并在同年 6 月正式上市。该车型提供定制化服务，消费者可根据自身喜好与需求，在颜色、功能、内饰风格上按照一定规则进行定制。定制一辆个性化的汽车，从网上下单到提车需要多长时间？长安汽车给出的答案是 5 天。

未来，长安汽车将继续以"引领汽车文明，造福人类生活"为使命，努力为用户提供高品质的产品和服务，为员工创造良好的环境和发展空间，为社会承担更多责任，向"打造世界一流汽车企业"的宏伟愿景迈进。

2. 长安汽车大规模个性化定制系统的结构

大规模个性化定制项目是长安汽车的首次创新型业务改变，也是 C2M 供应链模式的进一步推进与落地。通过大规模个性化定制业务的开展与实施，长安汽车建立了用户的个性化定制需求直达工厂，以及供应链快速、敏捷响应的长安 C2M 商业模式，主要涉及的业务点有电商平台、整车编码自动生成、超级 BOM 平台、拉动式生产计划模式、MES（制造执行系统）柔性生产、ESB（企业服务总线）接口应用、用户订单实时跟踪等。

长安汽车大规模个性化定制的整体架构如图 5-14 所示。

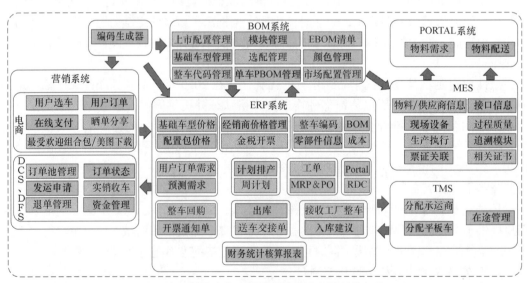

图 5-14 长安汽车大规模个性化定制的整体架构

（1）电商平台 CS15 个性化定制是长安汽车打造电商平台的切入点。长安汽车作为自主品牌销量第一的汽车集团，在汽车电商的布局上没有盲目跟风"纯电商"的做法，而是基于供应链、货源、线下服务优势，选择"个性化定制服务"切入。

"通过数据来驱动制造"的C2M在线定制模式是部分商业零售领域的发展趋势，即用户先下单，工厂根据用户需求数据进行生产。该模式之前在服装和家具行业有部分应用，如今已被引入汽车行业。该模式不仅可以为线下渠道引流，更是通过一些定制化的内容满足用户的个性化需求。长安汽车主推的正是汽车行业的C2M在线定制模式CS15。CS15个性化定制车拥有6个定制服务包，超过1万种个性化定制方案，包括外观7种可选基色、3种车顶辅色、4种可选拉花、3种可选内饰以及16种可选配置，用户可以根据喜好直接在线选择车型、颜色、天窗等多种配置，点击下单后直接进入排单生产。如此缩减了用户沟通、交易的环节，从而节约了成本；同时，满足个性化时代用户的多样化需求，让用户可以低成本享受定制化的产品，抓住了更多年轻用户的心，这正是契合了互联网时代"体验为王"的定律；更值得一提的是，这种C2M模式是按需求生产的，即有订单再生产，没有库存，在一定程度上解决了库存问题。电商平台主要包含以下三部分：

1）基础运营系统：通过建立产品运营、交易支付、会员管理、在线客服等子系统解决基础运营问题。

2）用户运营系统：通过建立多渠道的导流机制，实现用户的导购管理，建立完善的用户运营系统。

3）商家运营系统：通过搭建上游供应商和下游服务商的运营管理系统，实现线上货品销售和线下服务商服务的商家运营系统。

（2）整车编码自动生成　整车编码系统主要实现对用户选配的选配包进行自动编码，生成选配包顺序号，以便于BOM系统进行解码。其主要功能包括：从BOM收集基础车型、老车型整车编码、颜色、基础车型编码规则、选配包基础信息；生成选配包序列号；生成整车编码。

（3）超级BOM平台　现有的BOM结构不足以支撑自由配置组合的需要，只支持有限的BOM层次和人为的BOM搭建。其结构流程如图5-15所示。

图 5-15　BOM 结构流程

在个性化业务的特殊需求下，BOM的结构必须是配置型的，可以由整车编码通过BOM系统进行超级解算，形成单车的BOM信息（见图5-16），而不是人为设置BOM结构。现阶段长安汽车的BOM系统已经由人工搭建转换为自动创建BOM的配置型系统，并建立了长安汽车BOM系统平台。BOM系统平台现已实现产品基础数据集中管理，同时零件通用化率及研发效率也在逐步提升，可实现的车型选配状态总数预计会超过100万个。

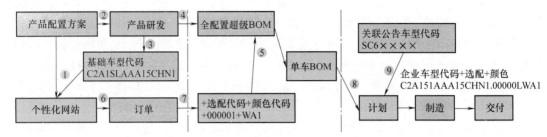

图 5-16　单车 BOM 信息的形成

（4）拉动式生产计划模式、MES（生产制造执行系统）柔性生产　从生产计划到产品入库全生产过程增加选配包代码的识别和应用，针对长安汽车合肥基地目前的基础数据，在作业指示、法规信息、设备识别等阶段都加入选配包代码的应用，尽可能减少用户数据维护工作量。

（5）ESB（企业服务总线）接口应用　个性化业务的总体要求是业务系统之间的数据处理要快，这必然对系统之间的接口工具提出更高的要求。以前定时触发的方式已经满足不了要求，必须是及时响应的方式才能满足个性化业务的需求。

根据个性化定制的数据接口实际需求，长安汽车采用了 ESB 作为个性化业务系统接口的主要数据交互工具。ESB 被长安汽车首次用于业务系统之间的接口管理（见图 5-17）。数据交换平台主要用于定时、大量的数据交互；ESB 主要用于及时、频率高、小量的数据交互。

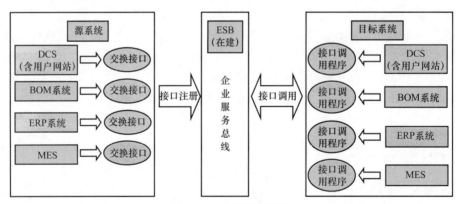

图 5-17　数据接口架构

3. 案例特点

汽车行业特别是乘用车和商用车，都是遵循一体化、批量化的原则进行生产和销售的。但是，大规模个性化定制完全打破了这一常规流程，并按照用户的需求进行一系列供应链的供应活动。其主要特点如下：

（1）需求交互方面　随着时代变迁，个人喜好逐步引导商品市场，现在很多商品生产厂家也在挖空心思满足用户的各种想法，并通过各种渠道满足用户的这些要求，比如在商品上刻字、拉花、增加附加功能等一些小的变化。但如果要对汽车进行个性化需求改变则是非常困难的，外观方面的变化较容易满足，而内部的变化则需要改变汽车内部的一些结构。

长安汽车秉承对用户负责、满足用户需求的原则，在研发领域进行大胆尝试和改革，对汽车配件进行有效组合，将可单独运行的独立元器件进行组合打包，形成选配包，并把这个选配包面向用户开放。这就为用户进行个性化选配打下了坚实的基础。个性化定制的基础条件具备了，长安汽车还对用户的需求方面做了一些调研。

长安汽车通过对用户需求进行归纳分析，形成用户画像，如图 5-18 所示。

汽车价值观

关注外观和安全性、乘坐空间、价格和舒适性

消费观念

理性，追求实用兼顾品质、设计体面、时尚

性别：	男性（80.47%）	兴趣爱好：	户外活动（35.96%）
年龄：	30~40岁（22.75%）	居住城市：	五线城市为主（24.39%）
学历：	高中及以上（50.28%）	行业：	制造业为主（58.28%）
个人收入：	3000~5999元/月（73.36%）	职业：	其他职业（44.54%）
星座：	天秤座为主（10.16%）	职务：	一般员工为主（100%）

图 5-18 用户画像

通过对用户群体的分析，从年龄、婚姻状况、经济实力、价值观及消费观等各个方面看，要满足用户的个性化需求，不能从单一的因素去研究产品未来发展趋势和服务人群；战略上更是要全面考虑以上因素，以制定研发团队的研发方向。

（2）供应链模式变革 为满足个性化定制业务的需要，必须对现有供应链的模式进行改革，把以前的正向思维转变成逆向思维，等用户订单发起时才进行生产经营活动。

各供应链流程以用户订单为纲，逐级展开业务。大规模个性化定制的供应链流程主要有用户（电商）流程、BOM 流程、生产计划流程、生产制造流程、销售流程、整车物流流程等。

1）用户（电商）流程：属于创新业务，而且直接面对客户，所以电商就以用户为导向、以用户体验为中心，规划了长安汽车电商总体发展规划，构建集新车销售、售后服务、汽车生活、汽车金融保险、二手车、汽车共享等汽车相关业务于一体的汽车互联网 O2O 生态圈，围绕用户消费生命周期提供愉悦服务体验，建立用户车生活愉悦体验生态圈。采用自主和第三方合作模式：自主掌握核心架构；与第三方合作，引进成熟技术、人员和经验。

2）BOM 流程：个性化定制业务的开展必须依托配置 BOM 才能实现，因此建立一套完整的超级 BOM 体系是个性化业务的基础。长安汽车通过引进行业先进的 BOM 管理经验和 IT 技术，建立了 BOM 系统平台。

3）生产计划流程：包括零部件物流计划和生产计划。零部件物流计划在前期依据市场调研，预计部分零部件库存；在后期根据个性化订单的数据分析，理性地制订零部件的采购计划。生产计划以用户的需求优先进行计划排产，实现当日订单排产。

4）生产制造流程：在生产计划生成时带有用户订单号信息，因此在生产过程中可根

据订单号以及个性化选配信息指导生产。生产工位上会有个性化需求装配的指示，在总装完成装配后下线，进行入库。

5）销售流程：用户订单生成后，首先进入的是整个销售系统，然后再把订单信息传到整车编码系统和生产计划排产系统，这主要是为了车辆到达后作为收车的基本依据。根据已经入库的订单，系统会自动生成销售订单，然后传入发运系统。

6）整车物流流程：根据传入的销售订单和入库时的车辆详情，已经知道该订单对应的是哪个条码，在物流管理和业务上优先发运个性化定制的用户订单。个性化定制订单流程如图 5-19 所示。

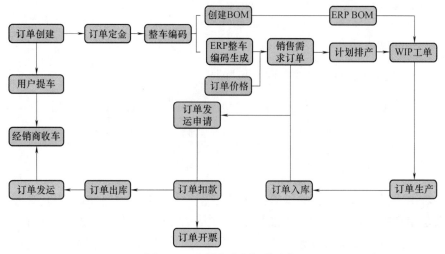

图 5-19　个性化定制订单流程

（3）颠覆传统定制模式　大规模个性化定制在供应方式、BOM 方式、整车编码方式等方面都颠覆了传统模式。大规模个性化定制与传统定制模式的差异如图 5-20 所示。

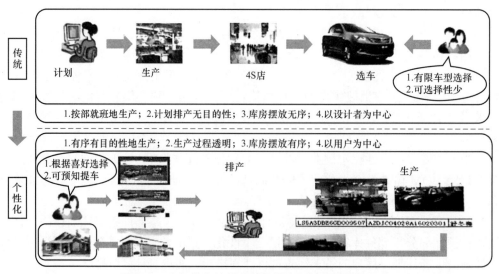

图 5-20　大规模个性化定制与传统定制模式的差异

　　1）供应方式：大规模个性化定制是需求拉动式生产，即根据订单进行生产；传统模式是计划式生产（库存式）。

　　2）BOM 方式：大规模个性化定制是选配 BOM（超级 BOM）；传统模式是一般的树状 BOM。

　　3）整车编码方式：大规模个性化定制是系统自动编码；传统模式是预编码。

习　题

　　1. 请比较定制生产、大批量生产和大规模个性化定制生产的特点。

　　2. 请分别举例说明产品设计、生产过程中的相似性原理。

　　3. 大规模个性化定制是以用户需求驱动的，请举例说明目前产品个性化需求的发展趋势。

　　4. 基于主结构的产品配置设计原理是什么？

　　5. 基于模块化的未来工厂的共同特点是什么？

　　6. 除本书中的案例外，请举例说明模块化技术如何降低产品生产成本、如何缩短产品生产周期？

科学家科学史

"两弹一星"功勋
科学家：杨嘉墀

第 6 章

服务型制造及智能运维服务

PPT 课件

6.1 服务型制造的定义和范畴

6.1.1 服务型制造的定义

服务型制造是制造业与服务业融合发展的新兴产业形态，也是制造业转型升级的关键方向。制造企业通过创新和优化生产组织形式、运营管理方式以及商业发展模式，逐步提升服务在投入和产出中的比重。这一转型不仅从以加工组装为主向"制造+服务"演进，还从简单的产品销售转变为"产品+服务"模式，从而有助于延伸和提升整个价值链，提高全要素生产率、产品附加值及市场占有率。

服务型制造作为一种新型制造模式和产业形态，是我国产业融合化发展、建设现代化产业体系的重要举措。它深度融合了先进制造业和现代服务业，为实现制造业的转型升级、促进高质量发展提供了关键路径。近年来，我国服务型制造取得了加速发展的成就，不断涌现出新的业态和模式。然而，标准化工作相对滞后，迫切需要建立完善的标准体系，以规范引导服务型制造的发展，夯实其技术基础。

服务型制造是产业融合发展的关键路径，其核心特征涵盖四个方面：首先，以客户对产品功能和体验需求为出发点，服务型制造系统化地设计、生产、交付、运维、升级基于产品的服务，以实现各利益相关方的价值增值；其次，服务型制造标志着整个生产经营过程的系统性变革，制造企业需要从产品主导思维向客户主导思维的转变，对企业的战略决策、组织架构、业务流程、生产制造、人力资源、评价核算等进行全方位、系统性的优化和改变；再次，服务型制造的核心产出是高附加值的"产品服务组合"，在制造能力基础上，以信息化、数字化等技术支撑，融合产品、人、设备、数据、服务等要素资源，创造新的价值；最后，服务型制造强调以制造业为基础，通过制造与服务的融合提升服务能力，进一步强化制造技术与实力，推动制造业的高质量发展。

服务型制造旨在满足制造和服务的综合需求，深度挖掘客户需求，提高服务要素的投入产出效率，是实现需求升级、增强产业核心竞争力、构建新发展格局的重要策略。通过服务型制造，企业可以与客户签订长期服务协议，稳定营收和利润增长，构建与利益相关方的长期合作关系，提高产业链和供应链的稳定性。这也是制造业应对宏观经济波动、促进工业稳增长、提升产业链和供应链韧性与安全水平的重要手段。此外，服务型制造要求各利益相关方共同构建产业融合所需的共性技术体系、关键技术体系、标准体系等，建立用户参与、共享制造、集成服务的新型产业生态，是实现产业转型升级、推动业态创新的关键途径。

6.1.2 服务型制造的范畴

服务型制造的范畴如图 6-1 所示。

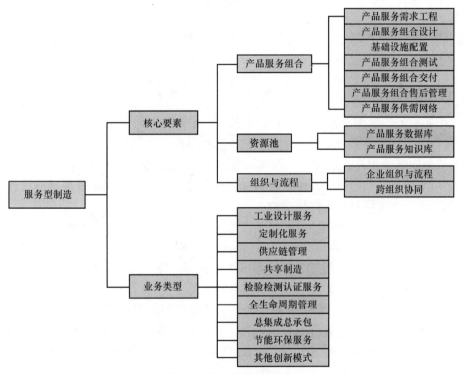

图 6-1 服务型制造的范畴

1. 核心要素

服务型制造的核心要素包括产品服务组合、资源池、组织与流程三个关键部分，如图 6-1 所示。

（1）产品服务组合 产品服务组合包括七个关键部分，分别为产品服务需求工程、产品服务组合设计、基础设施配置、产品服务组合测试、产品服务组合交付、产品服务组合售后管理及产品服务供需网络。

1）产品服务需求工程：涉及在产品服务组合设计之前挖掘客户需求的相关技术与管理，包括需求获取、需求分析与建模、需求管理等方面。

2）产品服务组合设计：涵盖产品服务组合前期开发过程中的方案概念设计、详细设计、原型设计的技术和管理，内容包括产品服务组合配置、产品服务组合蓝图、产品服务接口、产品服务等级协议、产品服务组合定价等。

3）基础设施配置：设计和部署支持产品服务组合交付和运营所需的基础设施，包括数字系统、物理设施、设施布局与规划、设施部署与测试等。

4）产品服务组合测试：根据客户体验对产品服务组合进行仿真模拟的过程，包括质量测试、可靠性测试、服务流程测试等。

5）产品服务组合交付：涉及服务型制造企业交付产品服务组合的过程，包括交付流程管理、交付绩效评估等。

6）产品服务组合售后管理：基于客户反馈的产品服务组合售后管理，包括服务质量控制、服务监管、服务优化、服务补救等。

7）产品服务供需网络：在服务型制造实施过程中，对跨企业、跨行业、跨地域的物流、信息流、资金流进行规划设计与运作等管理，包括产品服务组合物料清单要求、产品服务组合采购要求、产品服务供应链管理业务参考模型、产品服务供应链管理平台、产品服务供应链管理绩效评价等。

（2）资源池   资源池主要分为产品服务数据库和产品服务知识库两个关键部分。具体如下：

1）产品服务数据库：涉及关联数据的获取、转换、存储、查询及应用。其目标是建立一个完备的数据库系统，支持服务型制造中的各项数据处理和业务应用。

2）产品服务知识库：负责关联知识的存储、组织、管理和使用，包括科学知识、组织知识、情报信息、信息科学技术等。该知识库的建设旨在提供对服务型制造业务所需的丰富知识资源，为决策和创新提供支持。

（3）组织与流程   组织与流程包括企业组织与流程、跨组织协同两个部分。

1）企业组织与流程：涉及服务型制造企业的组织架构调整和协作流程改进，旨在实现快速服务响应和有效的人员配置、管理资源配置及物料资源保障配置，通过对组织结构和业务流程的优化提高企业的运营效率和服务质量。

2）跨组织协同：服务型制造相关企业之间的协同制造和服务业务流程接口。通过形成有效的协作网络，实现企业间的价值共创。其包括协同设计、协同制造、协同供应链管理等方面，旨在促进整个产业链上下游企业的协同作业，提高整体竞争力。

2. 业务类型

如图 6-1 所示，服务型制造的业务类型包括工业设计服务、定制化服务、供应链管理、共享制造、检验检测认证服务、全生命周期管理、总集成总承包、节能环保服务和其他创新模式等。

（1）工业设计服务   服务型制造企业开展的工业设计服务，侧重于需求多样化、能力平台化、技术共享化等特点，关键重点包括工业设计服务需求分析、共性技术等。

（2）定制化服务   服务型制造企业开展的定制化服务，针对客户类型多、体量大、用户参与度深等特点，关键关注点包括客户需求挖掘方法、个性化产品和服务的设计方法、定制化服务实现流程等。

（3）供应链管理   服务型制造企业开展的供应链管理服务，以协同化、绿色化等特点为重点，关键方面包括供应商选择、供应商准入、供应商评价、采购流程与合同管理等。

（4）共享制造   服务型制造企业所提供的共享制造服务，侧重于弹性化、动态化等特性，关键聚焦点包括制造资源的共享、共享制造需求分析、共享制造平台的建设等。

（5）检验检测认证服务　服务型制造企业所提供的检验检测认证服务，关注点包括检验检测服务提供商的准入、检验检测方法、检验检测质量管理、检验检测程序、认证服务提供，以及相关公共服务平台的建设等。

（6）全生命周期管理　服务型制造企业提供的全生命周期管理服务涵盖了从研发设计、生产制造、安装调试、交付使用，一直到状态预警、故障诊断、维护检修和回收利用等全链条服务。该服务围绕产品服务全生命周期状态的监测数据，关注点包括产品健康管理、产品远程运维，以及系统回收、升级等。

（7）总集成总承包　服务型制造企业提供的总集成总承包服务涉及资源整合和系统集成，以"硬件+软件+平台+服务"为一体化解决方案，关键聚焦点包括集成系统运营服务、集成商服务提供、工程总承包服务，以及相关战略和管理咨询服务等。

（8）节能环保服务　服务型制造企业所提供的节能环保服务，关键方面包括节能环保评定、节能环保监测、合同能源管理、再制造再利用服务、专业节能服务等。

（9）其他创新模式　服务型制造企业提供的其他创新模式，实现了"制造+服务"的独特服务方式。

6.2　智能运维

以智能运维为核心的远程运维模式是《中国制造2025》中列举的五种智能制造新模式之一，是主动预防型运维、全生命周期运维和集成系统运维在集中化、共享化、智慧化趋势下的集中体现。智能运维是面向全生命周期管理的服务型制造的典型模式之一。

6.2.1　设备运维的历史发展

随着工业革命的不断推进和发展，设备的复杂程度也在不断增加，涵盖了各种新技术，因此设备运维的方式也在不断创新和发展。按照设备维修模式的分类，设备运维主要经历了事后维修、预防性维修、状态维修及预测性维修等几种模式。

1. 事后维修

事后维修（Breakdown Maintenance，BM）是指在设备发生故障或性能降低至合格水平以下时采取的非计划性维修方式，或对无法预计的突发故障进行的维修。这种维修模式在20世纪50年代之前占主导地位，当时机电设备的发展尚处于初级阶段，相关技术尚未升级，因此无法有效地进行设备的预防性维修。事后维修意味着设备发生机械故障后，维修人员才对设备进行必要的修复。换言之，只有机电设备遇到问题并停止正常运行，维修人员才采取措施修复设备。

事后维修是在设备故障后进行修理的最早形式。该方式存在一定的时间延误，因为它不是防止设备出现问题，而是在问题出现后才采取措施。采用这种维修方式与当时相应的生产环境和处理技术密切相关。由于生产技术和管理水平的限制，大多数设备维修工作都采用"抢修式"维修手段，其最终目标是确保设备尽快恢复正常运行。

2. 预防性维修

预防性维修（Prevention Maintenance，PM）起源于19世纪第二次工业革命的工业技术逐渐发展过程。在工业技术不断进步的情况下，仅仅依赖简单的事后维修模式难以确保设备的持续正常使用。此外，故障维修无法精确估计缺陷设备的修理时间。因此，随着技术的革新，具有计划性和更为有效的机电设备维修方式逐渐出现，并在实践中迅速发展。

3. 状态维修

状态维修（Condition-based Maintenance，CBM）兴起于 20 世纪 80 年代，得益于监测手段的进步和计算机技术的发展。该维修方式以设备当前的工作状况为依据，通过状态监测手段、获取的设备状态信息和分析结论，诊断设备健康状况，从而确定设备是否需要检修或最佳检修时机，并安排维修计划。状态维修旨在利用技术和管理手段对设备状态进行全面把握，以达到最佳维修效果。该维修方式没有固定的维修间隔期，而是根据监测数据的变化趋势由维修技术人员判断，管理部门再确定设备的维修计划。状态维修的出现是随着故障诊断技术的进步而发展起来的，因为如果检查手段滞后，设备的劣化无法得到及时、准确的诊断，状态维修将难以实施。

4. 预测性维修

预测性维修（Predictive Maintenance，PdM）是一种新兴维修方式，整合了装备状态监测、故障诊断、故障（状态）预测、维修决策支持和实际维修活动。它以装备的状态为基础，通过在机器运行时对主要或关键状态进行监测和故障诊断，判断机器的当前状态，预测未来状态的发展趋势，然后提前制订维修计划，确定维修的时间、内容、方式以及必需的技术和物资支持，以解决可能出现的问题。

预测性维修起源于状态监测，该监测通过设备传感器收集振动、噪声、压力、温度等动态特征，监测机器的运行状态，并进行判断和预测可能的故障和磨损。故障诊断技术是预测性维修的重要组成部分，包括专家系统诊断、神经网络诊断和人工智能等信息化方法，以及基于统计数学模型的故障诊断方法。

预测性维修的成熟度可以通过专家经验、技术创新以及组织架构的提升等方面进行评估。该维修方式能够实现设备零故障运行的理想目标，因此被视为工厂企业在设备运维方面的未来发展方向。

不同的维修模式有各自的特点，针对不同的设备和维修要求，可以选择适当的维修模式，以在维修成本、效率和设备安全性等方面取得平衡。在工业互联网和智能化的推动下，各种维修模式将在技术发展过程中长期共存，充分发挥各自的优势，从而提升和改进设备的维修效果。

6.2.2   设备运维的范畴

随着数字化和智能化技术的发展，设备运维正朝着远程智能运维的方向迈进。远程智能运维是在工业物联网、大数据、人工智能、云计算、5G、LoRa 及 RFID 等技术的支持下实现的一种高效运维流程，包括"智能采集—智能分析—智能诊断—智能排产—自动委托—推送方案—远程支持—智能检验"等步骤。其独特之处在于以数据为核心，通过技术赋能、管理赋能和价值赋能，提高人员效率、管理效率，减少停机时间和突发故障，降低备件库存和维修负担，从而实现互联化、智能化和协同化的设备远程智能运维，引领新旧动能的转换。

远程智能运维建立在故障预测与健康管理的基础上，具备自检和自诊断能力，实时监督大型装备并进行故障报警。借助智能运维，可以降低维护成本，提高设备可靠性和安全性，减少失效事件风险。通过最新的传感器检测、信号处理和大数据分析技术，智能运维对装备参数进行实时在线/离线检测，自动辨识装备性能退化趋势，设定预防维护时机，改善设备状态，延缓设备退化，降低突发失效可能性，减少维护损失，延长设备寿命。

远程运维的内涵在于基于设备状态变化趋势的智能决策。设备状态分为当前状态和未来状态：前者用于运行数据监控、异常数据报警、故障准确定位；后者用于设备健康评价、劣化趋势预知、使用寿命预测等。智能决策实现设备状态数据化，所有决策源于数据，主要包括"4W1H"：是否维修（Whether to repair）、维修对象（Whom to repair）、维修人员（Who to repair）、维修时间（When to repair）及维修策略（How to repair）。

远程智能运维系统是一个整体，包含数据处理的全部流程。在数据层面，包括状态监测的六大功能：数据采集、数据操作、状态检测、健康评估、预测评估和建议生成；同时，涵盖监测数据的存储、挖掘和利用功能，以及其他运维过程所需的功能（如资财管理、工器具管理、维护维修规程、远程指导等）。在物理层面，系统包括从传感器、数据采集、边缘服务器到中心服务器的整体分布计算系统。系统的设计不仅注重数据的获取和处理，还强调维护规程和远程指导等辅助功能，以全面支持远程智能运维的各个方面。

6.3　智能运维的关键技术

智能运维的关键技术是智能诊断技术。数据分析之后，需要利用已有的数据分析结果和融合后的数据类型进行智能诊断，智能诊断的方法如下：

1. 基于规则的智能诊断

基于规则的智能诊断是根据故障征兆信息确定系统故障原因的过程。当设备发生某种故障时，其输出或者行为将与正常状态时不同，规则库是故障诊断的先决条件，征兆是推理过程的先决条件，诊断模型中特征频率的变化即是故障发生的征兆。由于实际中设备的故障数据可遇而不可求，因此设备故障特征难以获得，难以使用实际的故障数据来构建规则。为了解决构建规则库的问题，以离线数据统计分析为基础，加上已有的故障诊断经验知识，建立初始故障规则，然后通过后期更多离线数据的统计学习不断更新完善规则。

基于规则的故障识别模块利用离线学习得到的规则对发生故障时的设备进行自动诊断，以给出故障类型和诊断依据。故障识别是由征兆触发，并最后由征兆来表征故障的过程，因此不同的征兆信息对应着不同的故障类型。规则故障诊断是根据故障征兆信息确定系统故障原因的过程，规则是故障诊断的先决条件，设备运行频谱的变化是故障的征兆信息；基于规则的故障识别模块利用前面得到的故障特征和规则进行对比搜索，当匹配到规则对应的故障特征后可识别设备运行故障的类型，规则知识即为故障类型的诊断依据。

如图6-2所示，故障诊断模型利用振动、温度、转速信号和相关计算参数进行故障判断；振动信号分别计算时域特征指标和频谱，频谱经过校正后，搜索各故障特征频率，对其幅值进行归一化处理，消除工况影响；时域和频域特征共同作为故障特征，通过基于规则的故障识别和概率神经网络故障识别两个子模块给出判断结果，其中判断规则根据历史数据离线学习，神经网络通过离线子模块训练获得；最终模块输出故障类型与诊断依据。

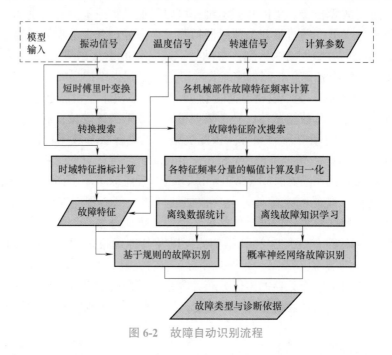

图 6-2   故障自动识别流程

该模型主要包括频谱校正、故障特征频率搜索、离线规则学习与故障识别和概率神经网络故障识别等子模块。

通过项目研究，构建基础性的数据预处理服务模型、监测诊断模型方法库，包括时域特征参数（波形指标、脉冲指标、峭度指标等）、频域特征参数（精确 FFT、故障通过频率等）及其他时域、频域分析工具。以此为基础，完成了风机、齿轮箱、滚动轴承的设备（部件）类别的预警模型、诊断模型开发，已植入相关设备诊断系统中运行，实现了上述设备类别常见故障的自动诊断。

2. 基于传统机器学习的智能诊断

基于传统机器学习的智能诊断方法适用于处理变量维度低、线性强的数据。传统机器学习作为故障模式分类器，其诊断精度极大程度上取决于特征向量的合理性及准确性。因此，对故障信号进行合理分析并提取故障特征，构建特征向量，以实现对原始数据的有效降维，以满足传统机器学习的输入需求。

典型的传统机器学习方法包括 K 近邻（K-Neighbor Nearest，KNN）、人工神经网络（Artificial Neural Networks，ANN）以及支持向量机（Support Vector Machine，SVM）等。KNN 是一类简单的无参数模型，没有显式的训练过程，是"懒惰学习"的代表。KNN 是通过度量测试数据到训练数据的距离实现对数据的分类，导致其在数据维度高时计算量大，同时，KNN 对数据容错性差，容易受异常数据点影响，因此 KNN 通常适用于少量低维度数据预测。ANN 基于经验风险最小化（Empirical Risk Minimization，ERM）理论，需要利用有标签数据训练及优化网络，通常在训练样本容量大时能保证较好的学习效果。然而，在样本容量小时，ANN 会产生过拟合问题，影响了其性能表现。SVM 基于结构风险最小化（Structural Risk Minimization，SRM）理论，优化了训练样本容量小时网络过拟合问题。SVM 通过有监督训练实现网络的优化，对异常数据点容忍度较高，保证了预测的准确性和稳定性，因此 SVM 当前仍被广泛研究及应用。

3. 基于深度学习模型的智能诊断

现代机械装备与系统在精度、速度、复杂度等方面逐步提升，为了保证机械装备及整个工业系统的安全性与可靠性，需要对其状态信息进行实时采集与分析，与之配套的信息化与智能化改造也需要逐步实现。由于机械系统规模大、机械装备复杂度高，实现状态监测需要大量测点布置、高采样频率、短采样间隔等种种原因，机械故障诊断方法需要进一步向智能化方向发展，以适应"机械大数据"的特点与实时诊断的要求。

智能制造时代的机械状态数据除具有体量大、类型多、价值密度低、处理速度快等大数据特性，还具有复杂系统故障的基本特性。传统基于数据驱动的故障诊断方法难以适应新时期具有大数据模式下的机械状态数据，众多单元之间的相关性难以界定，使得机械装备或系统的状态具有较强的非线性。基于深度学习的诊断模型适用于处理变量维度高、非线性强的大量复杂数据，能建立从数据空间到类别空间端到端的映射，避免了显式的特征向量构建过程，极大地减少了对经验知识的依赖。其代替手工分析数据并提取故障特征，完成故障模式识别。

在基于深度学习的故障诊断理论中，基于自编码器（Auto Encoder，AE）、受限波尔兹曼机（Restricted Boltzmann Machine，RBM）和卷积神经网络（Convolutional Neural Network，CNN）的深度学习网络被广泛研究和应用。其中，卷积神经网络可以采用多种维度的输入利用梯度下降方法实现有监督的网络训练，既克服了基于自编码器的深度学习网络通过无监督学习提取特征不具有良好的可解释性的缺点，又克服了基于受限波尔兹曼机的深度学习网络输入单一、训练过程复杂的缺点。同时，卷积神经网络独特的权值共享机制使其具有更少的网络参数。此外，卷积神经网络结构更具有灵活性，可以通过在网络深度、宽度以及卷积核尺寸各维度进行网络的轻量化改进，在保证网络拟合数据能力的同时，极大地减少卷积神经网络模型的参数量，一方面优化了卷积神经网络拟合问题，另一方面降低了网络训练、预测过程中对计算能力的要求。此外，卷积神经网络在自然图像处理领域的成熟应用积累了大量经验知识，这些经验知识为优化深度诊断模型的训练、拟合问题提供了依据。

以一种基于卷积神经网络的诊断模型为例。相对时域信号而言，基于 FFT 的频域特征具有更强的鲁棒性与可读性，其特征不具有空间可交换性，随着框选时间域范围的工况变化、环境变化等产生变化量相对较小；同时，卷积神经网络采用卷积核滑移提取输入信号局部特征，通过池化对卷积特征进行稀疏化，其特殊的拓扑结构增强提取特征的鲁棒性，所获得的特征图谱对平移、旋转等因素具有良好的抗干扰性与不变性。

4. 基于迁移学习的智能诊断

尽管基于深度学习的故障诊断取得了如此高的理论准确率，目前提出的算法仍存在巨大缺点，难以满足实际应用要求。目前基于深度学习的故障诊断算法都基于一个共同的假设，即训练数据（也称为源数据）与测试数据（也称为目标数据）必须具有相同的概率分布。然而，在实际工业应用中，这一假设很难满足。当训练数据与测试数据分布不同时，深度学习模型的识别准确率往往会显著下降，识别的效果也变得不稳定。这是由于不同工况的故障数据特征分布不同，传统的深度学习算法在训练数据中提取的特征在测试数据中不适用。通过对迁移学习（Transfer Learning，TL）进行深入研究，可解决跨域问题的机器学习方法。

迁移学习通过引入与目标域（Target Domain）数据具有相似分布的数据作为源域数据（Source Domain），并利用源域数据辅助训练，以获取一个在目标域数据上有优秀泛化能力的深度学习模型。根据类别空间和特征空间的异同，迁移学习可以被分为异构迁移学习和同构迁移学习。微调是一种典型的异构迁移学习方法；同时，领域适配是同构迁移学习中研究最为充分的问题。

6.4 运维平台

6.4.1 运维平台的体系架构

远程运维作为运维服务在新一代信息技术与制造装备融合集成创新和工程应用中的产物，突破了人、物和数据的空间与物理界限，是智慧化运维在智能制造服务环节的显著体现。远程运维是基于工业互联网的延伸与拓展，其组成结构、技术和功能与工业互联网紧密相连。

基于工业互联网的远程运维平台的总体目标是构建一个功能完整、符合工业网络信息安全架构、能够跨设备运行全生命周期的设备远程运维平台。该平台贯通远程运维的各业务环节，全面获取设备运行全生命周期过程数据，具备远程操控、健康状况监测、设备维护、产品溯源、质量控制等功能；同时，该平台支撑运维模式的转型发展，拥有强大的工业级安全防护能力。通过这一平台，新的基于设备远程运维的工业技术服务模式将得以形成，实现与用户共享"状态稳定、费用可控、效率提升"的双赢成果。

远程运维平台主要分为端层、边层和云层，与工业互联网平台中的 IaaS 层、边缘层、PaaS 层及 SaaS 层相关。该平台实现各类被监测设备的数据采集、传输、处理、存储、加工、分析功能，以及在线监测、故障诊断、状态预警、设备维修管理、备件管理及体系优化等功能。其核心组成包括设备远程运维数据中心、远程运维平台服务中心、示范区域的在线监测诊断及边缘计算系统、支撑设备互联的高性能动态数据采集装置及其应用软件，如图 6-3 所示。

1. 底层设备通信

底层设备通信是远程运维服务的基础。传统运维服务存在一定的物理界限，要实现装备物联化、监控在线化、诊断智能化、维护服务协同化，需要智能化技术和设备的改造与应用，将信息传感设备与互联网连接起来进行信息交换，为远程运维信息数据的收集、分析等提供服务基础。

2. 工业互联网平台应用

工业互联网中的大数据、云计算平台等平台层工业 PaaS 应用是远程运维的技术核心。

（1）数据采集及边缘处理 通过广泛的数据采集和深层次的边缘处理，构建远程运维平台的数据基础。这包括各类设备的海量数据采集、通过协议转换技术实现多源异构数据的归一化和边缘集成，以及利用边缘计算设备实现底层数据的汇聚处理。

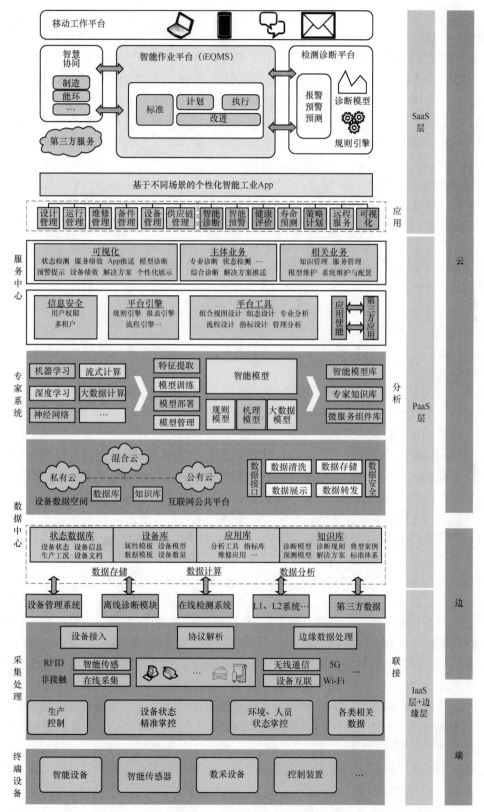

图6-3 设备远程运维平台的总体架构

（2）数据分析层　在数据分析层，通过基于通用 PaaS 的大数据处理，结合工业数据管理建模与分析，以及智能诊断等创新功能，构建可扩展的开放式云操作平台操作系统；提供工业数据管理能力，将数据科学与工业机理相结合，协助制造企业构建工业数据分析能力，实现对数据的深度挖掘，以期发现其中的潜在价值；通过构建应用开发环境，利用微服务组件和工业应用开发工具，支持用户快速构建定制化的工业分析软件。

（3）数据中心　在远程运维服务中，海量数据的快速、精确处理与分析对成功实施远程预警、检修和诊断至关重要。企业在提供远程运维服务时，需要建立大数据和云计算平台，将运行数据、运维数据和环境预测数据输入大数据库进行存储。一方面，通过云计算技术对数据进行深度挖掘、关联分析和智能分析，实现自动运行调整及策略优化，自动执行故障诊断、故障排除与维护；另一方面，建立信息共享平台，在保证信息数据安全的前提下，实现数据平台的互联互通，为每个运维环节包括第三方服务机构提供数据支持。

数据中心主要负责存储持久性的数据以及大数据计算任务，并与相关业务系统和设备远程监测诊断平台进行数据对接，实现多态异构数据的接收、处理、融合、存储、分析、传输等管理功能。

（4）服务中心　服务中心是工业 SaaS、工业软件和工业 App 形成远程运维平台最终价值的地方。一方面，它提供了一系列创新性业务应用，包括设计、生产、管理、服务等；另一方面，它构建了良好的工业软件开发创新环境，使开发者能够基于平台数据及微服务实现应用创新。

服务中心为客户提供了移动便捷的监控管理方式，使其能够在远程进行设备状态分析、供应链分析和能耗分析优化等。通过模型、微服务组件、知识库等核心模块的建设，服务中心贯通了设备健康诊断、状态维护、解决方案推送等主要业务环节，实现了跨全生命周期运维业务管控的应用功能。此外，有关业务运行的 App 如设计 App、生产 App、管理 App、服务 App 和工业软件等能够为使用者提供运维管理中所需的丰富信息。服务中心对各监测设备的监测数据进行综合分析，提供面向现场的在线监测、故障诊断、状态预警等业务功能，以及设备维修管理、备件管理和检修计划优化等功能。

（5）信息物理系统　智能制造的核心在于信息物理系统（CPS），设备及与设备相关的数据是智慧设备管理 CPS 的基础。因此，智慧设备管理 CPS 是规划的系统支撑。

智慧设备管理 CPS 将最底层的设备连接到网络，通过与周边系统整合，将设备状态等数据传递到大数据中心。借助专业知识、大数据分析和人工智能技术，系统进行模型建立和状态诊断、预警、预测；随后，将结果反馈至设备信息系统 EQMS，最终实现设备管理系统的自我配置、自我调整和自我优化，以满足设备维护智能化管理的需求；同时，通过有效联动采购供应链，确保能环设备正常运行，最大限度地减少排放，共同支撑绿色智能制造体系的运作，为生产提供更多的运转时间和更优质的产品。

（6）工业网络信息安全　在远程运维系统纵深防御安全解决方案中，采用防火墙、专用工业安全网关等方式，以确保移动终端、外网其他系统与内网云平台通信功能的安全性。这种纵深防御安全方案通过多层次的保护措施，能有效防范和应对潜在的威胁。通过建立这些安全防线，能够确保远程运维系统的稳定性和安全性，从而保障运维过程中的通信安全，防止未经授权的访问和数据泄露，保护整个系统免受网络攻击的侵害。这种综合而有力的安全策略有助于维护系统的完整性和用户数据的隐私安全。

6.4.2 远程运维平台的功能设计

设备远程运维平台的功能架构如图 6-4 所示，主要包括数据处理、数据传输、数据存储，数据管理点检管理，精密检测诊断，在线监测诊断，智能诊断，状态监控，检修管理，备修管理，标准维护，统计分析、知识库、可视化监控、移动 App 和系统维护等功能。

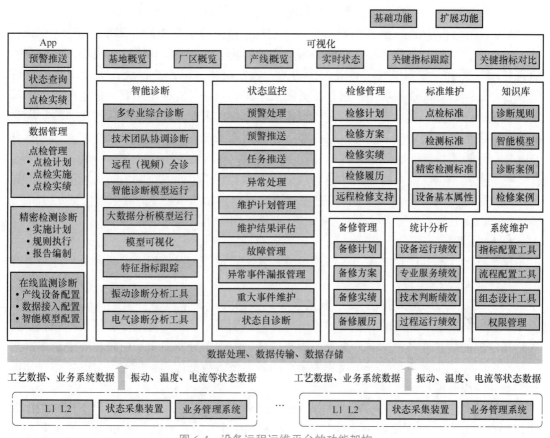

图 6-4　设备远程运维平台的功能架构

其中，平台各模块的具体功能如下：

- 在线监测装置的功能。在线监测装置实现被监测设备状态信息的自动采集、测量、就地数字化等功能。它通常安装在被监测设备上或附近，是用以自动采集、处理和发送被监测设备状态信息的监测装置（含传感器）。该监测装置能通过现场总线、以太网、无线等通信方式与数据采集单元通信。

- 数据采集单元的功能。数据采集单元实现被监测设备的监测数据汇集、数据加工处理、标准化数据通信代理、阈值比较、监测预警等功能。它以被监测设备为对象，接收与被监测设备相关的在线监测装置及离线方式发送的数据，并对数据进行加工处理，实现与终端监测系统或直接与云平台进行标准化数据通信。

- 终端监测系统的功能。终端监测系统实现对被监测设备的监测数据在终端层面上的汇集、加工处理、综合分析、故障诊断、监测预警、数据展示、数据存储和标准化数据转发等功能。它以被监测设备为对象，实现对监测装置、数据采集单元的管理，对监测数据进行加工处理、综合分析、预警，以及对监测装置和数据采集单元设置参数、数据召唤、对时、强制重启等，同时能与云平台进行标准化通信。

- 数据中心的功能。数据中心具有以下功能：接收、加工、存储多个终端监测系统或数据采集单元提供的数据；存储大规模结构化、非结构化数据；对实时数据以及历史数据进行高效、可靠计算；对海量数据进行智能分析；与服务中心通信等。

- 服务中心的功能。服务中心具有以下功能：建立设备模型库，实现设备建模功能；建立设备库，实现设备配置接入、设备信息维护功能；建立设备在线监测模块，实现设备状态显示、预警、异常推送、异常确认功能；建立设备故障诊断模块，实现设备模型诊断、专业诊断、协同诊断功能；建立设备知识库，实现设备资料库功能；建立设备维护模块，实现设备维修工单功能；建立设备管理优化模块，实现设备备件库存优化、检修周期调整、健康等级分析功能；能与数据中心、终端监测系统、数据采集单元通信，同时具有与其他信息化系统交互的接口。

- 工业网络信息安全的相关功能。基于防火墙、专用工业安全网关实现通信隔离与过滤功能，规范外网与云平台的通信，过滤掉进出安全区域的不必要的数据通信。

根据以上功能设计了接入层、数据层、工具层和应用层的四层结构：

1. 接入层

接入层的主要功能是实现对工业现场设备状态数据、工况数据、工艺参数、环境等数据的在线与离线采集。

（1）现场设备状态数据采集　数据采集模块通过全面采集设备全生命周期的各种要素相关数据和信息，如振动、温度、扭矩等传感器数据，以及设备维修数据，打破设备独立感知监控的信息孤岛，建立一个统一的数据环境。数据分发模块采用高性能消息集群充当核心中间件，负责将数据采集模块采集到的各类设备数据传递到监控平台的数据存储模块、业务模块及展示模块等。

（2）主流控制系统工艺数据采集　开发面向产线自动控制系统如西门子、ABB等的数据采集技术，确定数据采集的规范，确保获取设备状态数据分析所相关的工艺过程数据。

2. 数据层

设备状态数据分析处理中心包括数据采集和分发服务器、网络、服务器集群、大数据融合存储设备，以及基于这些硬件设备的软件系统。软件系统包括数据采集模块、大数据融合存储模块、数据分发模块、数据库模块、数据计算模块、智能分析模块、业务模块、展示管理模块及集群运维监控模块，如图6-5所示。

大数据融合存储模块负责存储各产线设备状态的监控数据，以满足未来对重要产线、重要单体设备多种专业监控数据的存储要求，数据集总量庞大。传统存储设备难以满足设备状态智能管控平台对存储的需求，因此采用分布式存储系统来统一解决结构化和非结构化数据的存储需求。先进的云计算技术、网络通信技术以及分布式存储系统技术被采用，以提供高性能和高可靠性的存储服务。

图 6-5 设备状态数据分析处理中心框架

数据库模块按照不同设备监控数据的业务，将不同的数据归类到不同的数据库中进行有效管理，包括保存实时数据的实时数据库、存储归档离线数据的离线数据库，以及提供知识的知识库和模型存储的模型库。

数据计算模块采用先进的大数据引擎为设备诊断健康预测等提供大数据计算支持，根据业务的智能分析需求，通过不同的计算模块对数据进行计算和整理。智能计算提供的计算能力包括：实时计算，如实时监控设备是否有异常；流式计算，如对温度的时间序列数据进行趋势分析计算；离线计算，如大规模历史数据统计计算等。

智能分析模块采用各类人工智能和机器学习的算法，为智能监控平台设备诊断等业务提供智能分析支持。本模块支持的智能算法包括深度学习、强化学习、数据降维、支持向量机、信号分析等。

数据层的功能大致可以分为大数据基础平台和工业数据处理两大部分。

（1）大数据基础平台 大数据基础平台主要提供数据接入服务、数据存储服务、数据计算服务（包含实时计算和离线计算）、监控报警服务、平台管理服务和数据交换服务。该平台部署了工业大数据平台软件及其众多应用型组件，通过这些组件的协同搭配能够解决许多工业数据方面的问题。

大数据中心的模块包括数据对象、数据转换与传输、大数据融合存储、数据库、数据计算、智能分析、集群运维监控以及示范应用等。软件系统通过数据接口与外部应用和业务进行交互，向外部系统如各区域内在线系统、诊断中心业务系统提供大数据分析支持。数据中心的功能架构如图 6-6 实线框内所示。

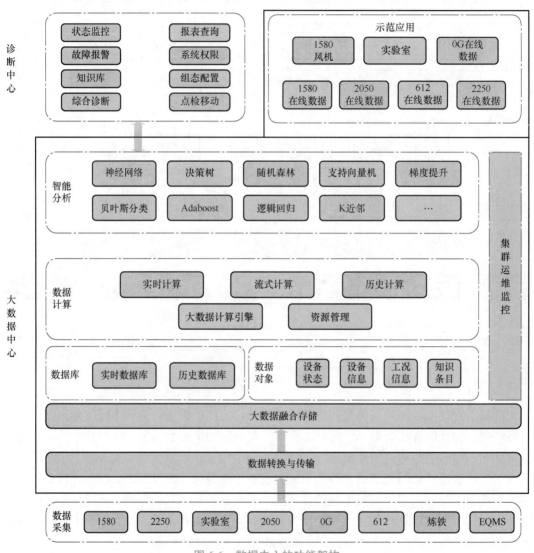

图 6-6　数据中心的功能架构

（2）工业数据处理　工业数据处理的主要功能是针对设备全生命周期监测过程中产生的高维、动态、开放和异构的多源数据流进行监测。由于获取和传输等环节中的干扰因素，数据可能存在缺失、错误和冲突等问题。因此，一方面要研究数据服务模型，根据数据来源、类型和产生背景，形成可复用、可扩展的清洗模型；另一方面要对采集的振动信号、温度等数据进行预处理，为故障模型诊断数据进行多种分类计算。

3. 工具层

工具层用于实现数据管理、运算与分析功能，包含机器学习计算工具、智能分析工具等。其中，机器学习计算工具提供各类机器学习基础运行库及建模、训练工具；智能分析工具则专注于故障模式识别所需的信号处理、特征提取和判别模型等算法库。下面具体介绍各模块及其功能：

（1）平台工具集　诊断业务的核心功能在于根据各专业特点，对状态监测数据、离线检测数据进行相应的数学变换、图谱分析，结合设备的工况参数、关键指标的趋势分析、历史履历等信息进行综合分析判断。不同专业处理的数据、分析的过程、使用的分析方法差异较大，统一提供与支持这些不同专业的诊断分析界面，需开发面向诊断分析的配置管理工具，可通过对数据变换公式、图谱分析组件、历史趋势、工艺参数等进行组件化封装，以类似"搭积木"的方式配置各专业的分析界面。这种配置形式非常灵活，当各专业的分析过程、方法、辅助信息发生变化时，或引入新的诊断分析专业时，可通过配置实现。配置方式可以通过配置模板或图形化设计器实现。

（2）指标设计器　指标设计器提供丰富的常用计算函数库，同时具备动态定义新的数据分析方法和计算函数的能力，以及生成复杂综合性指标数据等。这些能力是数据分析的关键。

（3）组态设计器　通过组态设计器，用户可以数字化方式在虚拟空间中呈现生产现场的物理设备。组态设计功能是实现状态监测等业务可视化的基础与关键，用户可以根据关注的监控对象特点和监控目的进行任意的组合、布局、操作设置、数据源配置等。

（4）数据分析视图设计器　数据分析视图是实现设备远程运维平台各项业务的必要工具组件之一。结合数据分析模型与算法，可灵活设计的分析视图是诊断业务、综合运营分析等功能的关键。利用数据分析视图设计器，用户可以通过友好的人机交互方式如鼠标拖拽，创建各种类型的统计分析视图、数据报表等。其主要功能如下：

1）可定义分析视图中各图形组件的位置、布局。

2）提供丰富的图形展示组件，包括折线图、柱状图、饼状图、仪表盘、地图、散点图、堆积图等类型，如图 6-7 所示。

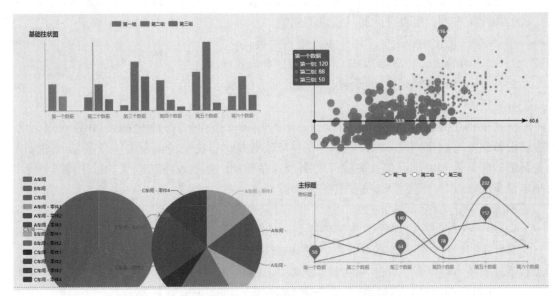

图 6-7　数据分析视图的图形展示组件类型

3）数据源配置功能，可配置每个图形所对应的数据源参数，包括设备信息、测点、信号二维数据、时间周期等。

（5）组合视图设计器　通过仪表板设计工具实现组合视图设计功能，用户可以自定义运营仪表板或设备仪表板，全面掌控设备远程运维平台业务运营的总体情况、设备总体运行情况。组合视图设计器通过提供友好的人机交互界面，提供拖拽式设计数据视图能力，实现数据的灵活个性化呈现。组合视图需具备页面布局、数据源、其他视图组态等嵌入能力，以及多视图之间的操作联动机制。

（6）功能组件配置器　通过仪表板设计工具，设备远程运维平台完成视图功能组件的设计与封装。用户可以对封装完成的功能组件进行配置，根据实际的业务流程和需求选择相应的功能组件，自由设定页面布局，实现定制角色的快速建设。功能组件配置器的引入极大地提升了前端展现的灵活性和实现速度，降低了角色功能配置门槛，将设计工作更多地交给用户，从而提高了系统的可扩展性、实施效率和用户满意度。

（7）业务流程设计器　故障诊断、诊断报告发送等业务处理流程都可以通过业务流程设计器进行可视化的设计。业务流程设计器需要与整体系统完整、无缝地集成在一起，与工单、用户、角色、消息发送方式等管理功能有机融合，以实现流程的灵活设计与配置。业务流程设计器应具备自由定义功能，使得当业务流程变化时，用户可以通过图形界面进行流程的修改配置，而无须更改程序代码。

（8）业务流程配置器　设备远程运维平台通过业务流程设计器完成业务流程的设计与封装，如故障诊断、诊断报告发送等。在通过业务流程设计器进行可视化的设计后，用户可以通过业务流程配置器对设计完成的流程组件进行流程节点的再次关联配置，实现多角色用户的灵活设定。此外，用户数据权限可以进行划分，根据实际业务需求将相应的部分的数据授权到相应的流程节点，实现数据权限与功能权限的多对多关联。

（9）报表设计器　平台提供报表管理工具，包括报表设计、报表生成规则、报表发送规则，支持自定义报表、交叉表、多维分析等功能，并将报表内容与权限体系结合，实现报表的授权与查看。报表设计器具备以下功能：

1）提供图形化设计工具，用于设计报表模板。

2）报表可导出，并支持 PDF、Excel 等多种形式导出。

3）支持表格、图形组件的设置，以及数据源的绑定。

4. 应用层

应用层的主要任务是实时监测设备的运行状态数据和生产过程数据，并执行以下功能：设备预警与报警推送、异常确认；根据状态数据、历史记录以及人类专家知识进行设备智能故障诊断和关键设备及关键部件剩余寿命预测；基于设备状态生成维护保养计划；制定设备维修方案。下面具体介绍各模块及其功能：

（1）可视化监控　其功能如下：

1）异常统计：通过在线监测预警模型和诊断模型生成的告警，以及点检过程中检测到的异常进行统计。异常来源包括在线诊断系统、模型分析系统、大数据分析系统、离线诊断系统以及点检异常。对设备产生的异常按来源和状态级别进行统计分析。

2）测点状态统计：通过在线监测预警模型生成的告警对在线测点的状态进行统计，实时显示测点状态。按专业统计各状态级别的测点数量，用红色表示警告测点数、黄色表示注意测点数、绿色表示正常测点数，具体如图 6-8 所示。

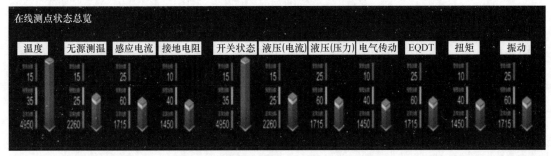

图 6-8 测点状态统计

（2）点检管理 点检管理涉及对设备的点检任务进行系统化管理，流程如图 6-9 所示。

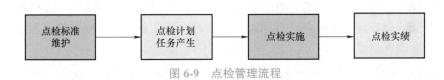

图 6-9 点检管理流程

产线工程师通过"点检标准维护"页面完成对点检任务的维护，系统会根据点检标准生成点检计划。产线工程师每日可在个人首页查看并执行当天的点检任务，并录入对应的点检结果。

在"点检计划"页面，用户可以查看所有系统已生成的点检任务。该页面需支持多维度的计划查询，包括点检状态、点检员、数据类型、计划日期等，以方便用户了解点检信息。此外，用户可根据实际情况对已生成的任务进行手动计划调整，并手动设定额外的计划，以灵活应对实际状况。

（3）精密检测管理 精密检测管理包含设备的精密检测计划处理和精密检测实施两个部分，流程如图 6-10 所示。

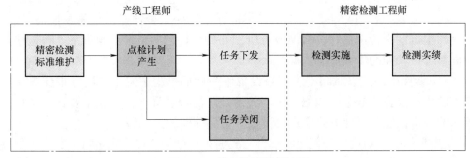

图 6-10 精密检测管理流程

首先，产线工程师在"精密检测标准"页面维护好精密检测标准后，系统将根据标准自动生成精密检测计划。产线工程师可以对计划执行的任务进行下发或关闭操作，被下发的检测任务会分发给相应权限的精密检测工程师。接到任务后，精密检测工程师实施检测，完成后将上传检测报告。系统支持对计划任务进行检测专业、分析项目、点检员、计划实施日期等多维度的搜索查询。同时，用户可以查看已完成计划的状态。对于已执行任务下发的计划，产线工程师可以查看精密检测的实施状态及最终的检测报告。在个人首页，精密检测工程师可以方便地查看所授权设备的检测任务，执行检测并上传检测报告。

（4）智能诊断 设备远程运维平台在原有诊断分析工具的基础上新增了电气专业分析工具，其中包括历史趋势分析、趋势对比、概率分析和趋势预测等功能。此外，还新增了模型分析可视化功能，集成了模型分析系统，支持模型分析的配置。

设备远程运维平台的诊断应用需要覆盖目前已有的产线诊断工具。专业诊断工程师可以根据计划或报警情况选择相应的设备和数据，利用不同的诊断分析工具和信号处理方法对设备的健康状况和告警原因进行分析。相关的诊断工具和信号处理方法还可在后期进行扩展。

（5）状态管控 其功能如下：

1）异常处理。在设备产生不同来源的告警和点检异常时，进行详细的分析和判断。如果判定为异常情况，将进行综合处理，包括设备诊断分析、检修委托、备件申领及优化设计等，形成综合处理报告。在处理的过程中，也可启动多专业诊断和技术团队的会诊请求。处理方案编制完成后，将其推送至检修工程师，由其实施设备检修。

2）维护计划管理。对设备根据点检标准、检修标准、精密检测标准生成的计划进行全面管理，根据设备的实际状态，实施或关闭委派计划任务。

3）维护结果评估。对设备从异常产生到处理完毕的整个状态管控过程中的业务处理操作进行评价验收，包括设备推送告警结果评价、诊断分析评价、检修验收和异常处理评价。评价验收的结果将进行存档，为后续的统计分析提供数据支持。

4）故障管理。在设备的生命周期过程中，记录和维护发生的故障情况，积累并形成故障数据库，为后续的统计分析提供数据支持。

故障信息管理：对设备生命周期中的故障信息进行记录和维护，形成故障信息数据库，为统计分析提供数据支撑。

故障处理流程管理：对设备生命周期中的故障处理流程进行记录和维护，积累形成故障处理流程数据库，为统计分析提供数据支持。

5）异常事件漏报管理。记录和维护设备生命周期过程中在线检测模型、诊断模型未发现的告警，以及点检过程中未发现的异常情况。产线工程师提供故障漏报情况的说明；诊断工程师根据漏报说明进行漏报原因分析，并提出相应的整改措施方案。将这些记录存档，为设备维护管控的优化提供依据。

6）重大事件维护。以时间维度记录设备生命周期过程中发生的所有重要事件，包括设备产生的告警、点检异常、检修维护、故障处理流程、异常漏报及重要备忘信息，通过记录事件的内容描述及处理方式实现对设备全生命周期的追溯管控。

7）状态自诊断。对设备远程运维平台与数据采集层的连接状态进行监测，确保现场传感器采集的设备数据能够实时传输至设备远程运维平台；通过监测数据连通性，对设备数据通道的中断次数与中断时间进行统计。当数据通道发生中断时，系统会发出异常提醒，管理人员可根据异常原因进行排查处理，以保证数据通道的连通性和采集数据的实时上传。

8）周期报告。对设备的健康状态进行定期性诊断，通过分析设备在一定周期内各项指标参数的状态趋势，评估设备在该时间范围内的健康状况，并提出相应的检修与维护建议。报告结论将被推送至设备管理人员，并进行记录存档，形成设备状态周期维护档案，实现对设备健康状态的日常维护。

（6）状态分析　其功能如下：

1）预警诊断分析。对设备产生的不同来源告警进行初步分析判断，确定异常后进行诊断报告编制。在处理过程中，还可发起多专业诊断和技术团队会诊请求。诊断方案编制完成后，将结果推送至产线工程师进行告警的最终确认，以及综合处理方案的编制。

2）诊断评价。诊断工程师对通过在线监测预警模型和诊断模型产生的告警和诊断信息的准确性进行评价。将评价验收结果存档，为统计分析提供数据支持，并为在线预警模型的持续性优化提供依据。

（7）检修管理　系统根据检修标准设定自动生成检修计划，产线工程师可以对检修计划进行"发起委托""自行处理""暂不处理"等操作。检修委托一旦发放至检修工程师，需由其审核委托信息并判断是否需要进行检修，若无须检修，可以退回处理。产线工程师可以直接关闭被退回的委托或者更改委托信息后再次发起。检修工程师确认委托后，需要制定检修方案并实施检修，最后录入检修实绩。检修实绩被录入后，产线工程师需要对检修过程和结果进行评价验收。最终，将整个检修过程的数据包括检修委托、检修方案、检修实绩，全部存档形成检修履历。

（8）备修管理　设备远程运维平台对设备相关备件进行维护管理，涉及的可修复件在设备状态维护过程中进行综合管理，能够发起相应的备修流程，记录备件管控过程中产生的业务数据，包含卷筒备修、辊道备修、常规备修等功能模块。产线工程师能够发起备修委托申请，将任务分配给相应专业备修工程师进行备件修复处理。备件状态管控可以通过相应的功能模块进行。

（9）标准维护　产线工程师可以通过"标准维护"页面对设备基础信息及对应的标准进行系统管理。标准维护模块包含设备基础信息、点检标准、检修标准、精密检测标准及工作日调整五个模块。

1）设备基础信息：包含设备位置、设备编码、设备名称、设备类型、设备型号、制造厂商、备件名称、备件编码、设备图样等基础信息的维护。同时，用户可在本模块进行设备易耗件的关联。

2）点检标准、检修标准及精密检测标准：用户通过本模块对设备的点检标准、检修标准、精密检测标准进行增删改查等维护操作，页面支持基本的条件查询功能。

3）工作日调整：系统可根据点检标准、检修标准、精密检测标准项目的设定周期自动产生计划，系统在每月指定日期一次性生成整月计划任务。若遇到节假日或者年休等特殊情况，产线工程师可在工作日调整模块中手动进行计划调整。

（10）统计分析　设备远程运维平台负责全生命周期的设备状态管理和维护，记录设备全生命周期状态管控过程中生成的业务数据和设备运行状态数据。这些存档数据被计算和统计，形成可对比分析的趋势视图和详情列表，为绩效考核、整体状态概览及设备运维优化提供参照依据。用户可以通过多个维度，如区域、时间区间、指标参数和类别分类等，查询统计分析结果。其具体包括以下内容：

1）设备运行绩效指标。设备运行绩效指标反映设备运行过程中状态类数据的统计结果，包括报警数量、预警准确率、故障时间、故障次数、异常处理准确率等与设备运行状态相关的统计指标。这些指标能够在一定周期内全面反映设备的健康状况。

2）过程运行绩效指标。过程运行绩效指标反映设备状态管控过程中业务类数据的统计结果，包括易耗件使用量、检修项目数、检修工时数、检修人数、会诊次数、备修项目数、点检项目数、点检计划完成及时率等与设备状态管控流程相关的统计指标。这些指标在一定时间周期内能够全面反映设备状态运维的绩效与效果。

3）报表。对统计分析记录的指标结果列表，用户可以按照制定的表格模板导出内容，生成报表文件。其主要有以下两种类型：

① 告警统计报表：对告警统计分析结果列表按照指定的表格模板导出内容，生成报表文件。

② 点检统计报表：对点检统计分析结果列表按照指定的表格模板导出内容，生成报表文件。

6.5　案例和实践项目

6.5.1　ROOTCLOUD根云平台

树根互联技术有限公司（简称树根互联）专注构建以 ABIoT［A 即人工智能（AI）；B 即区块链（Blockchain）；IoT 即物联网］为核心能力的工业互联网平台。ROOTCLOUD 根云平台能提供从工业设备连接到数据管理分析再到工业应用的端到端服务，助力大中小型各类企业转型。目前，ROOTCLOUD 根云平台已经接入各类工业设备 69 万台，打造了包括工程机械、环保、铸造、注塑、纺织和定制家居等在内的 20 个行业云平台，覆盖多个细分行业，帮助各类客户以工业互联网平台为抓手，快速搭建起智慧产品、研发、制造、服务和产业金融的创新链，带动一批上下游企业完成了数字化转型。

视频

6.5.2　基于大数据平台的工业机器人预测性维护应用

北京奔驰汽车有限公司（简称北京奔驰）以数据驱动的维护理念，基于工业物联网技术建立了工业机器人实时运维大数据平台，并自主开发了工业机器人预测性维护系统。系统针对机器人不同部件的失效机理提取故障数据的多维度特征，通过机器学习构建适用于复杂工况的失效预测模型；基于专家知识系统形成定制化的预测性维护策略，在故障发生前消除隐患。工业机器人预测性维护系统已覆盖超过 3500 台工业机器人，以海量的实时运行数据实现准确预测性维护并取得多项预测性维护落地应用，大幅减少设备维护成本、提高运维效率、保障设备稳定与产品质量。

视频

6.5.3　实践项目

项目一：监测数据分析与可视化

数据集

　　要求：对高频采集的设备监测数据进行数据预处理、时频域特征计算、异常检测，并对分析结果进行可视化展示。

　　项目二：轴承故障诊断

　　要求：通过深度学习方法，对轴承振动数据构建诊断模型。

数据集

习　题

　　1. 监测数据分析与可视化：对高频采集的设备监测数据进行数据预处理、时频域特征计算、异常检测，并对分析结果进行可视化展示。

　　要求：

　　1）使用 pandas 从 csv、mat 文件读取数据，并进行异常处理、窗口截断等预处理。

　　2）信号的时域分析，计算常用时域统计量。

　　3）信号的时频域分析，使用短时傅里叶变换、连续小波变换进行时频域分析。

　　4）计算典型轴承故障特征频率，对故障信号进行 FFT 变换并计算包络谱，检测计算结果与频谱中显示结果是否一致。

　　2. 旋转机械是现代机械装备中的重要组成部分。从工业生产中的锻钢轧机、汽轮机，到生活交通中的内燃机、航空发动机等，其旋转机构一旦发生故障，容易引起整个运转过程的瘫痪与设备整体的损毁，造成巨大的经济损失，甚至威胁到工作人员的生命安全。因此，对旋转机械的故障诊断技术研究具有重要的价值。

　　要求：请将给定标签的样本数据集合理划分成训练集、验证集、测试集，建立故障诊断模型并进行模型优化，能够选取合适的性能指标对模型进行评估，并使用来自同工况的单独测试文件进行测试。（提示：可针对一维/二维输入，分别使用一维/二维 CNN 构建诊断模型）

科学家科学史

"两弹一星"功勋
科学家：钱学森

参考文献

［1］周济，李培根.智能制造导论［M］.北京：高等教育出版社，2021.

［2］辽阳市工业和信息化局.服务型制造系列解读之六：全生命周期管理［EB/OL］.(2021-04-02). http：// gxj. liaoyang. gov. cn/govxxgk/LYJXW/2021-04-02/161734234803664. html.

［3］VARGO S L，LUSCH R F.Institutions and axioms：an extension and update of service-dominant logic ［J］.Journal of the Academy of Marketing Science，2016，44（1）：5–23.

［4］GUMMESSON E，MELE C.Marketing as value co-creation through network interaction and resource integration［J］.Journal of Business Market Management，2010，4（4）：181–198.

［5］SCOTT W R.Institutions and organizations：ideas and interests［M］. New York：Sage，2008.

［6］HAN J，KAMBER M.Data mining：concepts and techniques［J］. Data Mining Concepts Models Methods and Algorithms Second Edition，2006，5（4）：1-18.

［7］KALSOOM T，RAMZAN N，AHMED S，et al. Advances in sensor technologies in the era of smart factory and industry 4. 0［J］. Sensors（Basel，Switzerland），2020，20（23）：6783.

［8］YOU X，WANG C-X，HUANG J，et al.Towards 6G wireless communication networks：vision，enabling technologies，and new paradigm shifts［J］.中国科学：信息科学（英文版），2021，64（1）：5-78.

［9］鲁储珊. 人工智能服务在智能化图书馆中的应用探究［J］.科技资讯，2023，21（18）：195–198.

［10］宋红.直播卫星综合客服系统多元智能服务优化与实现［J］.电声技术，2023，47（4）：1–4，10.

［11］傅磊，曲晓峰.车间智能制造 CPS 智能服务平台技术研究［J］.机械工程师，2022（8）：138–141.

［12］张卫，王兴康，石涌江，等.工业大数据驱动的智能制造服务系统构建技术［J］.中国科学：技术科学，2023，53（7）：1084–1096.

［13］王立平，史慧杰，王冬.面向智能制造的微服务聚类与选择方法［J］.清华大学学报（自然科学版），2024，64（1）：109–116.

［14］吴心钰，王强，苏中锋.数智时代的服务创新研究：述评与展望［J］.研究与发展管理，2021，33（1）：53–64.

［15］傅兰华，刘小飞.校企合作智能服务平台的构建研究［J］.福建电脑，2024，40（2）：50–54.

［16］朱学芳，王贵海，祁彬斌.5G 时代数字信息资源智能服务研究内容及进展［J］.情报理论与实践，2020，43（11）：16–21.

［17］江志斌，伏跃红，周利平，等.服务 4.0 与智能服务：以能源智能服务为例［J］.工业工程，2021，24（4）：1–9.

［18］刘晓明，杨承霖.数智化赋能企业研发转型：破茧成蝶，塑造未来［EB/OL］.(2024-03-29). https：//www2. deloitte.com/cn/zh/pages/technology/articles/digital-intelligence-empowers-enterprise-rnd-transformation. html.

［19］FIRMANSYAH M R，AMER Y.A review of collaborative manufacturing network models［J］. International Journal of Materials，Mechanics and Manufacturing，2013，1（1）：6-12.

［20］ZALETELJ V，SLUGA A，BUTALA P. A conceptual framework for the collaborative modeling of networked manufacturing systems［J］.Concurrent Engineering，2008，16（1）：103-114.

［21］　LIN，H W，NAGALINGAM S V，KUIK S S，et al. Design of a global decision support system for a manufacturing SME：towards participating in collaborative manufacturing［J］. International Journal of Production Economics，2012，136（1）：1-12.

［22］　VARELA M L，PUTNIK G，MANUPATI V，et al. Collaborative manufacturing based on cloud，and on other I4. 0 oriented principles and technologies：a systematic literature review and reflections［J］. Management and Production Engineering Review，2018，9（3）：90-99.

［23］　ZHANG F Q，JIANG P，ZHU Q，et al. Modeling and analyzing of an enterprise collaboration network supported by service-oriented manufacturing［J］. Proceedings of the Institution of Mechanical Engineers Part B：journal of engineering manufacture，2012，226（9）：1579-1593.

［24］　ZHANG X，MING X，BAO Y，et al. System construction for comprehensive industrial ecosystem oriented networked collaborative manufacturing platform（NCMP）based on three chains［J］. Advanced Engineering Informatics，2022，52：101538.

［25］　WANG H J，SHU C H. Constructing a sustainable collaborative innovation network for global manufacturing firms：a product modularity view and a case study from China［J］. IEEE Access，2020，8：173123-173135.

［26］　柏芸. 面向智能制造的协同网络关键技术研究［D］. 北京：北京邮电大学，2023.

［27］　周玉刚，安成飞. 智能制造企业网络安全建设方案［J］. 信息安全与通信保密，2020，（S1）：17-22.

［28］　WANG J L，XU C，ZHANG J，et al. A collaborative architecture of the industrial internet platform for manufacturing systems［J］. Robotics and Computer-Integrated Manufacturing，2020，61：101854.

［29］　《中国智能制造绿皮书》编委会. 中国智能制造绿皮书：2017［M］. 北京：电子工业出版社，2017.

［30］　TCHOFFA D，FIGAY N，GHODOUS P，et al. Digital factory system for dynamic manufacturing network supporting networked collaborative product development［J］. Data and Knowledge Engineering，2016，105：130-154.

［31］　魏代森，李学庆，张家重. 协同制造环境下 ERP 软件演化及其实现［J］. 计算机集成制造系统，2016，22（6）：1558-1569.

［32］　CAMARINHA-MATOS LUIS M，AFSARMANESH H，GALEANO N，et al. Collaborative networked organizations：concepts and practice in manufacturing enterprises［J］. Computers and Industrial Engineering，2009，57（1）：46-60.

［33］　祁国宁，顾新建，谭建荣. 大批量定制技术及其应用［M］. 北京：机械工业出版社，2003.

［34］　谭建荣，冯毅雄. 大批量定制技术：产品设计、制造与供应链［M］. 北京：清华大学出版社，2020.

［35］　葛江华，王亚萍. 大批量定制产品设计规划技术及其应用［M］. 北京：科学出版社，2016.

［36］　王晓聪. 大规模定制下客户需求识别及定价策略研究［D］. 北京：北京交通大学，2011.

［37］　孙熙冉. 可重构制造系统布局规划方法研究［D］. 天津：天津大学，2021.

［38］　赵中敏. 可重构制造系统的优化布局配置研究［J］. 精密制造与自动化，2019（4）：19-21，33.

［39］　杜尧. 面向大规模定制生产的智能成组技术研究［D］. 南京：南京理工大学，2005.

［40］　左铁峰. 产品创成式设计及其策略解析［J］. 长春大学学报，2023，33（3）：75-80.

［41］　中国电子技术标准化研究院. 智能制造大规模个性化定制案例集［M］. 北京：电子工业出版社，2020.